KB121594

Fundamental
Nutrition

기 초
영양학

최향숙 · 정지영 · 김서현 · 김영숙 · 이상준 · 배인영 공저

光 文 閣
www.kwangmoonkag.co.kr

머리말

국민경제의 향상과 더불어 국민 의식구조가 변화하면서 삶의 질 향상에 관심이 높아졌고, 그 중심에 바른 식생활과 영양 정보에 대한 부분이 크게 차지하게 되었다. 식생활이 서구화되면서 열량 과다로 인한 관련 질병 발생이 증가하고 있다. 이에 국민들이 식품에 함유된 열량에 관심을 갖기 시작하였고, 현재는 무분별한 다이어트와 넘쳐나는 영양 정보로 인해 영양 불균형이 초래되어 다양한 건강상의 문제가 드러나고 있다. 우리나라는 선진국으로 도약과 함께 식품의 소비량도 증가하면서 영양소의 섭취가 증가하고 있으나 다른 한편 영양에 대한 정확한 이해 부족으로 균형 잡힌 식사보다는 오히려 기호에 치우치거나 불균형한 식사를 하고 있는 경향이 있다.

이러한 시대에 바른 영양 정보 제공을 위해 전문적인 지식을 갖춘 영양사, 조리사 등의 인력이 필요하게 되었고, 또한 이들을 교육할 수 있는 체계적인 영양학 서적도 필요하게 되었다. 대부분의 국가에서는 영양소 섭취기준을 제정하여 국민의 식생활 개선과 영양 증진에 활용해 오고 있다. 우리나라는 2020년도에 한국인 영양소 섭취기준을 재정비하여 발표하였다. 따라서 개정된 한국인 영양소 섭취기준을 반영한 영양학 교재가 요구되는 시점이다.

영양학의 분야는 점차 세분화되고 있고, 국민의 건강과 영양을 책임질 식품, 영양, 외식 및 조리 부분에 종사하는 전문 인력들이 알아야 할 영양 정보의 양과 질도 지속적으로 변화하고 있다.

저자들은 이 책을 집필하면서 식품영양학, 조리학, 외식학 등의 전공자들이 반드시 알아야 할 기초적인 영양 지식을 쉽게 습득할 수 있도록 노력하였다. 또한, 2020

년도에 개정된 한국인 영양소 섭취기준을 반영하였고, 시대적 변화를 반영한 새로운 영양 정보를 수록하였다. 집필진 모두가 국내외의 최신 정보와 연구 결과를 토대로 본 교재를 준비하였고, 영양학을 공부함에 있어서 기초적으로 알아야 할 모든 영역을 포함하고자 노력하였다.

끝으로 이 책이 출간되기까지 많은 지원을 아끼지 않으신 광문각 박정태 회장님을 비롯한 임직원들께 진심으로 감사를 드린다.

저자 일동

목차

CONTNETS

CONTNETS

목차

6 | 다량 무기질

7 | 미량 무기질

목차

CHAPTER

01

영양 개요

CHAPTER 01

영양 개요

영양이란 인체를 비롯한 생물체가 외부로부터 영양소를 섭취하고 신진대사에 의하여 생명을 유지하며 생활 현상을 지속하는 전반의 관계를 의미한다. 즉 우리 몸의 세포에서 동화작용(합성)과 이화작용(분해)으로 열량을 방출시키고 생명을 유지하는 모든 과정을 말한다. 세계보건기구에서는 영양이란 "생명이 있는 유기체가 생명의 유지, 성장, 발육, 장기·조직의 정상적 기능의 영위, 에너지의 생성을 위해 음식물을 이용하는 과정이다."라고 정의하였다.

영양소란 생명을 유지하기 위해 외부로부터 섭취해야 하는 물질을 말한다. 우리가 섭취하는 대부분의 음식물은 수십, 수백 개의 다양한 물질들로 구성되어 있다. 영양소 중 일부는 필수영양소인데, 필수영양소란 신체가 그 영양소를 합성하지 못하거나 필요한 만큼 충분히 합성하지 못하는 영양소를 의미한다. 따라서 여러 가지 음식을 매일 골고루 섭취해야만 건강을 유지할 수 있다.

영양학이란 음식물 속의 영양소에 관한 특징, 필요량, 함유 식품, 결핍 증세, 과잉에 의한 독증세, 소화, 흡수, 운반, 대사, 저장, 배설 등의 상호작용과 이에 관여하는 효소와 호르몬에 대하여 연구하는 학문으로서, 보다 넓은 의미로는 이러한 과정과 관련된 환경과 인간 행동에 대한 전반적인 연구를 포함한다. 영양학은 크게 기초영양학, 고급영양학, 임상영양학, 보건영양학, 지역사회영양학, 응용영양학 등으로 분류할 수 있다.

경제 성장과 함께 식품의 소비량이 증가함에 따라 영양소의 섭취도 증가하고 있으나 영양에 대한 이해 부족으로 균형 잡힌 식사보다는 오히려 기호에 치우친 식습관을 갖게 되었다.

현대 사회에서는 식생활과 긴밀한 질병 패턴의 변화로 인해 건강 문제 중에서 영양 부족이 차지하는 비중은 점점 줄어들고 있는 반면 과잉 섭취 및 가공과 조리에 따른 영양소의 변화에 의한 비만과 만성질환의 위험률이 증가하고 있으며, 영양소의 과다 섭취가 건강에 미치는 영향이 증가하고 있다. 오늘날 영양에 대한 관심과 영양학에 대한 연구가 활발해지면서 영양이 건강에 미치는 영향, 영양 불균형과 건강 문제에 대해 깊이 이해하게 되었으며, 이를 기반으로 앞으로의 영양학은 인간을 위한 인간 중심의 영양학으로 발전할 것이다.

1-1 영양과 영양소

모든 생물은 성장하고 번식하는 등 생명 현상이 지속적으로 이루어지고 있다. 이들 생물체 안에서는 끊임없이 물질의 합성 및 분해가 일어나는 동시에 에너지의 생산과 방출이 일어나는데 이 과정에서 생물체의 성분이 분해, 소모된다. 이 소모된 물질을 보충하기 위하여 모든 생물은 외부에서 물질을 섭취하여 몸을 구성하고 체온을 유지하는 등 체성분의 분해와 소모, 보충, 즉 생리작용을 한다. 식품을 섭취하고 소화시키고 흡수하여 몸의 세포에서 동화(anabolism)하고 이화(catabolism)하는 일, 즉 체내 합성과 분해로 열량을 방출시키고 생명 유지를 위한 힘을 만드는 모든 일을 총칭하여 '대사'라고 한다.

영양의 정의는 생물이 적당한 물질을 외부로부터 들여와 대사(metabolism), 즉 동화와 이화작용을 하여 에너지를 방출하는 등 신체를 유지하고 생활을 영유하는 모든 과정을 말한다. 영양소란 영양을 유지하기 위하여 외부로부터 섭취하는 식품의 성분 중 우리 몸에서 이용되는 성분을 말한다. 이들 영양소는 탄수화물, 지방, 단백질, 무기질, 비타민 및 물 등 6종류로 나뉜다. 이 중 단백질과 무기질은 주로 몸의 구성 성분으로 되며 지방, 탄수화물 그리고 단백질은 주로 에너지원으로 이용되며 비타민과 무기질은 몸의 각 기능을 조절하는 데 쓰인다. 또한, 근래 들어 식이섬유(dietary fiber)의 중요성이 알려지면서 이들을 새로운 영양소로 구분하기도 한다.

식품을 통해 제공된 영양소는 생명 유지에 필요한 에너지를 공급하고, 신체를 구성하며, 체내의 여러 기능을 조절하여 정상적인 생활을 영위하도록 하는 중요한 요소이다. 영양소의 불균형으로 각종 질환이 발병될 수 있으며, 이로 인해 신체적·정신적 및 사회적 문제가 나타나므로 올바른 영양소 섭취는 매우 중요하다. 우리나라는 영양 부족과 영양 과잉의 문제를 모두 가지고 있는데 칼슘 등의 영양소 섭취 부족은 지속되고 있으며, 가임기 여성의 저체중 문제, 만성질환을 가진 노인의 저영양 문제도 중요한 과제이다. 반면 비만 인구는 점차 증가하고 있고, 나트륨은 세계보건기구(WHO)에서 권하는 제한선인 2,000mg의 2배 이상을 섭취하고 있다. 영양부족은 결핍증뿐 아니라 면역기능을 저하시켜 감염성 질환에 의한 사망률을 높이며, 영양 과잉은 비만, 심장질환, 당뇨병, 암과 같은 만성질환의 유발 가능성을 높이므로 적절한 영양 섭취는 건강한 생활 유지에 매우 중요하다. 영양소의 종류와 역할은 [표 1-1]과 같다.

표 1-1 영양소의 종류와 역할

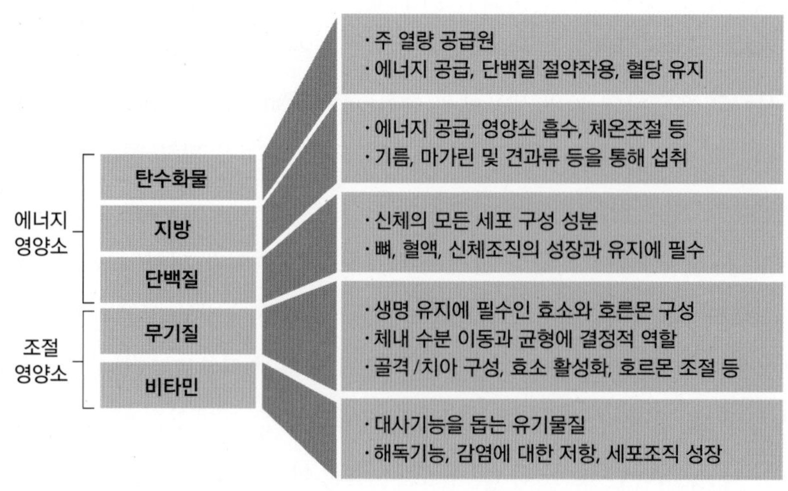

1-2 영양과 건강

세계보건기구(WHO) 헌장에 "건강은 질병이나 몸이 허약한 상태가 아닌 육체적, 정신적 및 사회복지 측면에서 지극히 안정적이고 평안한 상태"라고 정의하고 있다. 건강은 단순히 육체적인 질병이나 불균형뿐만 아니라 신체의 안녕과 함께 건전한 양식이 있는 사회의 일원으로 존재한다는 데 그 의의가 있다. 건강을 유지하기 위하여서는 적당한 운동과 휴식이 필요하며 또한 필요한 영양소를 과하거나 부족하게 섭취해서는 안 되고 균형적으로 적당량을 섭취하여 건강한 생체 활동을 하도록 하여야 한다.

최근 우리나라를 비롯한 경제적으로 풍요로운 국가들은 국민 전체가 양적으로 결핍이 없는 식생활을 영위하고 있는 것이 현실이다. 이런 상황에서는 영양과 질병을 관련지어 고려할 때 영양의 질적인 균형을 우선하여야 할 것이며, 개인의 유전적인 면 등을 고려한 적당한 영양소를 섭취하는 것이 중요하다.

영양소의 불균형한 섭취는 단기간에는 질병의 직접적인 원인이 되지는 않으나 지속적으로 계속될 때에는 건강상의 문제를 일으킬 수 있으며, 과잉 섭취 등에 의한 비만은 이제 질병으로 규정하는 등 식품 섭취와 건강은 불가분의 관계에 있다. 따라서 우리나라의 건강 정책도 운동, 휴식 및 영양(식사)의 세 가지를 고려하여 수립하여 진행되고 있다.

영양 문제의 해결을 위해서는 영양소의 결핍이나 과잉 문제의 해소와 질병 예방이 중요하며 생활 습관성 질병 유발의 위험 요인을 줄이거나 제거하여 생활 습관성 질병을 예방하는 데 힘써야 할 것이다. 선진국뿐만 아니라 우리나라에서도 영양소 섭취의 불균형, 결핍 그리고 과잉 상태인 사람의 수가 증가하고 있음으로 적극적인 건강 증진 정책을 수립하는 것이 중요하다.

균형 잡힌 식사는 우리 몸에 필요한 영양소의 종류와 양을 충족하는 식사를 말하며, 이를 위해서는 하루에 어떤 식품을 얼마나 먹어야 하는지 알아야 한다. 균형 잡힌 식사를 위한 계획을 세울 때 식품 구성 자전거를 이용하면 도움이 된다.

식품 구성 자전거의 기본 개념은 적절한 영양 및 건강 유지를 위한 한국인 영양

섭취 기준을 충족하도록 구성되었고, 다양한 식품 섭취를 통한 균형 잡힌 식사와 충분한 수분 섭취를 하도록 하며, 적절한 운동을 통해 비만을 예방하도록 구성하였다. 즉 식품 구성 자전거는 운동을 권장하기 위해 자전거의 이미지를 사용하였고, 자전거 바퀴 모양을 이용하여 5개의 식품군에 권장 식사 패턴의 섭취 횟수와 분량에 비례하도록 면적을 배분하고, 또 하나의 바퀴에 물 컵 이미지를 삽입함으로써 수분의 중요성을 상징하였다[그림 1-1].

1-3 영양소의 섭취기준

1. 목적

한국인 영양소 섭취기준은 건강한 개인 및 집단을 대상으로 하여 국민의 건강을 유지·증진하고 식사와 관련된 만성질환의 위험을 감소시켜 궁극적으로 국민의 건강 수명을 증진하기 위한 목적으로 설정된 에너지 및 영양소 섭취량 기준이다. 따라서 한국인 영양소 섭취기준 제·개정 방향은 에너지 및 영양소 섭취 부족으로 인

▌그림 1-1 식품 구성 자전거

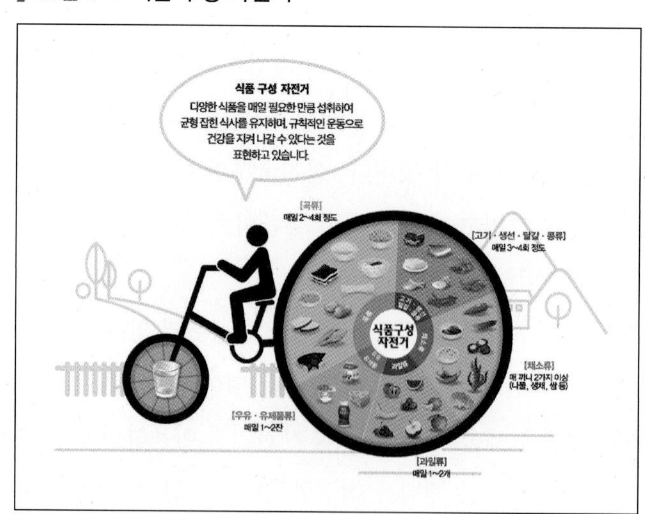

해 생기는 결핍증 예방에 그치지 않고, 과잉 섭취로 인한 건강 문제 예방과 만성질환에 대한 위험의 감소까지 포함하도록 정하고 있다. 이러한 점에서 2020 한국인 영양소 섭취기준에는 안전하고 충분한 영양을 확보하는 기준치(평균필요량, 권장섭취량, 충분섭취량, 상한섭취량)와 식사와 관련된 만성질환 위험 감소를 고려한 기준치(에너지 적정 비율, 만성질환 위험 감소 섭취량)를 제시하였으며, 이런 기준치들을 뒷받침하는 과학적 평가 방법 및 체계적 문헌 고찰로 얻어진 근거 자료, 한국인 영양소 섭취 실태 및 주요 급원 식품, 그리고 글로벌 동향에 대한 정보를 함께 수록하였다[그림 1-2].

그림 1-2 2020 한국인 영양소 섭취기준 제·개정 방향

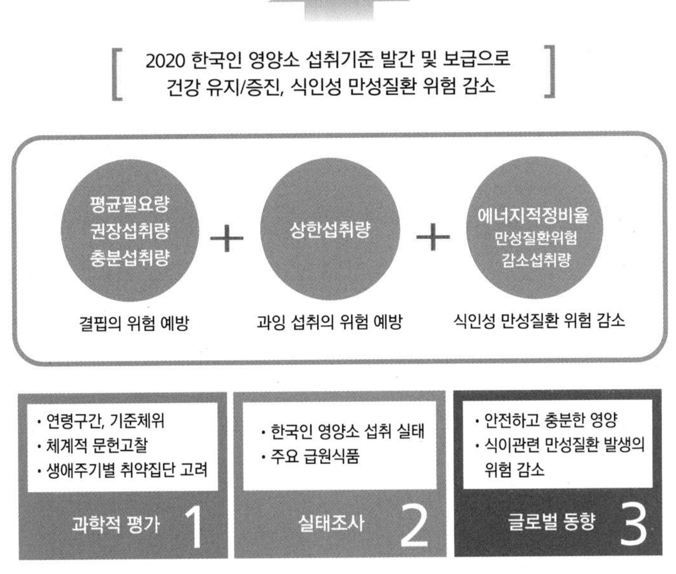

2. 우리나라 영양소 섭취기준의 역사

음식에서 특별한 인자가 결핍되면 질병에 걸린다는 것을 처음으로 알게 된 것은

1905년이다. 이후 불과 100년 사이에 필수 영양소가 모두 발견되었고, 각 영양소와 결핍증 사이의 인과관계도 밝혀졌다. 따라서 초기에는 영양 결핍 질환 예방에 초점을 두고, 영양소 결핍 질환은 피하고 정상적인 신체 기능과 성장을 유지하기 위해 필요한 양을 의미하는 영양권장량(Recommended Dietary Allowance, RDA)을 제정하였다. 최초의 영양권장량으로 1941년 미국 National Academies를 통해 이런 문제를 모두 고려한 새로운 개념의 영양소 섭취기준(Dietary Reference Intakes, DRIs)을 발표하였다.

우리나라에서는 1962년 유엔식량농업기구 한국지역사무소의 주도로 10종 영양소(에너지, 단백질, 비타민 A, D, C, B_1, B_2, 니아신, 칼슘, 철분)에 대한 한국인 영양권장량을 최초로 제정하였으며, 그 이후에 1967년과 1975년 2차례에 걸쳐 개정하였다. 1985년과 1989년에는 보건사회연구원의 주도로 2차례 개정하였다. 1995년과 2000년에는 한국영양학회가 주도하여 비타민 E, 피리독신, 엽산, 인, 아연을 추가하여 총 15종 영양소에 대한 영양권장량을 제·개정하였다. 그 무렵 우리나라에는 영양 부족과 과잉으로 인한 건강 문제가 공존하고 있는 것으로 확인되었다. 에너지와 지방을 과잉으로 섭취한 사람의 비율은 증가한 반면에, 칼슘, 철, 리보플라빈 등을 평균필요량 미만으로 섭취하는 사람의 비율은 여전히 높으며, 식생활과 밀접하게 관련되어 있는 것으로 알려진 비만, 당뇨병, 고콜레스테롤혈증 등의 유병률이 증가 추세를 보이고 있다. 1999년 이후에는 암 발생률이 매년 증가하여, 2017년에는 10만 명당 443명으로 높아졌다. 이에 한국영양학회는 2005년 대상 영양소를 15종에서 34종으로 확대하고 영양권장량에서 영양소 섭취기준으로 패러다임을 전환하였다. 포함된 영양소는 에너지와 다량영양소 6종(탄수화물, 지질, 단백질, 아미노산, 식이섬유, 수분), 지용성 비타민 4종(비타민 A, 비타민 D, 비타민 E, 비타민 K), 수용성 비타민 9종(비타민 C, 티아민, 리보플라빈, 니아신, 비타민 B_6, 엽산, 비타민 B_{12}, 판토텐산, 비오틴), 다량무기질 6종(칼슘, 인, 나트륨, 염소, 칼륨, 마그네슘), 그리고 미량무기질 8종(철, 아연, 구리, 불소, 망간, 요오드, 셀레늄, 몰리브덴)이다. 2010년에는 총당류를 추가하여 총 35종의 영양소 섭취기준을 제·개정하였다. 2010년에는 국민영양관리법이 공포되어 영양소 섭취기준의 제·개정의 주관이 민간에서 국가로 전환되었다. 동법 제14조 제1항은 보건복지부 장관이 국민 건강 증진에 필요한 영양소 섭취기준을 제정하고 정기적으로 개정하여 학계·산업계 및 관련 기관 등에 체계적으로 보급하도록 규정하고 있다. 또한, 영양소 섭취기준은 그 활용도와 효과를 높이기 위해 매 5년마다 최신 과학적 연구 결과, 우리 국민의 체위와 질병 양상의 변화, 그리고 식생활 및 식생활 환경의 변화 등을 반영하여 제·개정하도록 하였다. 이에 따라 보건복지부는 한국영양학회에 영양소 섭취기준 제정 업무를 위탁하여 2015년 총 36종 영양소에 대한 영양소 섭취기준치를 제1차 국가 기준으로 제정하여 발표한 바 있으며, 2020년에는 제2차 한국인 영양소 섭취기준의 제·개정이 이루어졌다[표 1-2].

표 1-2 **한국인 영양소 섭취기준 제·개정 역사**

차수(년도)	개정 기관	기준 설정 영양소	기준 형태
1-3차 (1962-75)	FAO 한국협회	- 에너지, 단백질 - 6 비타민(A, D, C, B_1, B_2, 니아신) - 2 무기질(Ca, Fe)	영양권장량 (10종)
4-5차 (1985-89)	보건사회연구원	- 에너지, 단백질 - 6 비타민(A, D, C, B_1, B_2, 니아신) - 2 무기질(Ca, Fe)	영양권장량 (10종)
6-7차 (1995-2000)	한국영양학회	- 에너지, 단백질 - 9 비타민(A, D, E, C, B_1, B_2, B_6, 니아신, 엽산) - 4 무기질(Ca, P, Fe, Zn)	영양권장량 (15종)
제정 (2005)	한국영양학회	- 에너지, 탄수화물, 지질, 단백질, 아미노산, 식이섬유, 수분 - 13 비타민(A, D, E, K, C, B_1, B_2, B_6, 니아신, 엽산, B_{12}, 판토텐산, 비오틴) - 14 무기질(Ca, P. Na, CI, K, Mg, Fe, Zn, Cu, F, Mn, I, Se, Mo)	영양섭취기준 (34종)

2차 개정 (2010)	한국영양학회	- 에너지, 탄수화물, 당류, 지질, 단백질, 아미노산, 식이섬유, 수분 - 13 비타민(A, D, E. K, C, B1, B2, B6, 니아신, 엽산, B12. 판토텐산, 비오틴) - 14 무기질(Ca, P, Na, Cl, K, Mg, Fe, Zn, Cu, F, Mn, I, Se, Mo)	영양섭취기준 (35종)
제정 (2015)	보건복지부 한국영양학회	- 에너지, 탄수화물, 총당류, 지질, 단백질, 아미노산, 식이섬유, 수분 - 13 비타민(A, D, E, K. C. B1, B2. B6. 니아신, 엽산, B12, 판토(텐산, 비오틴) - 15 무기질(Ca, P. Na, Cl, K. Mg, Fe, Zn, Cu, F. Mn. I. Se, Mo, Cr)	국가 기준치 영양소 섭취기준 (36종)

3. 한국인 영양소 섭취기준 지표

한국인 영양소 섭취기준(Dietary Reference Intakes Koreans, KDRIs)은 섭취 부족의 예방을 목적으로 하는 3가지 지표, 즉 평균필요량(Estimated Average Requirement. EAR), 권장섭취량(Recommended Nutrient Intake, RNI), 충분섭취량(Adequate Intake. AI)과 과잉 섭취로 인한 건강 문제 예방을 위한 상한섭취량(Tolerable Upper Intake Level, UL), 그리고 만성질환 위험감소 섭취량(Chronic Disease Risk Reduction intake, CDRR)을 포함하고 있다. 영양소의 필요량에 대한 과학적 근거가 충분한 경우에는 평균필요량과 권장섭취량을 제정하였고, 과학적 근거가 충분하지 않은 경우에는 충분섭취량을 제정하였다. 과잉 섭취로 인한 위해 영향에 대한 과학적 근거가 확보된 경우에는 상한섭취량을 제정하였다. 따라서 상한섭취량이 제정되어 있지 않다고 하여 위해성을 완전히 배재할 수는 없다. 에너지 불균형으로 인해 나타나는 만성질환에 대한 위험을 감소시키기 위해 탄수화물, 지방, 단백질의 에너지 적정 비율을 제정하였다. 2020 한국인 영양소 섭취기준에는 심혈관질환과 고혈압 등 만성질환과 영양소의 관계를 검토하여 과학적 근거가 확보된 영양소에 대해서는 만성질환 위험 감소 섭취량을 제정하였다. 따라서 영양소 중에는 평균필요량, 권장섭취량, 상한섭취량을 모두 설정한 것도 있고, 충분섭취량이나 상한섭취량 혹은 만성질환 위험 감소 섭취량 등의 일부 섭취기준만 제시한 것도 있다.

1) 평균필요량

평균필요량은 건강한 사람들의 일일 영양소 필요량의 중앙값으로부터 산출한 수치이다[그림 1-3]. 영양소 필요량은 섭취량에 민감하게 반응하는 기능적 지표가 있고 영양 상태를 판정할 수 있는 평가기준이 있을 때 추정할 수 있다. 모든 영양소의 기능적 지표가 알려져 있는 것이 아니므로, 일부 영양소에 대해서는 인체 필요량을 추정할 수 없고, 특히 개인의 에너지 필요량을 측정하는 것에는 기술적인 문제 등 제한점이 있음으로, 에너지 필요량은 에너지 소비량을 통해 추정하고 있다. 따라서 에너지는 평균필요량이라는 용어 대신에 필요추정량(Estimated Energy Requirements, EER)이라는 용어를 사용한다.

2) 권장섭취량

권장섭취량은 인구 집단의 약 97~98%에 해당하는 사람들의 영양소 필요량을 충족시키는 섭취 수준으로, 평균필요량에 표준편차 또는 변이계수의 2배를 더하여 산출한다.

3) 충분섭취량

충분섭취량은 영양소의 필요량을 추정하기 위한 과학적 근거가 부족할 경우, 대상 인구집단의 건강을 유지하는 데 충분한 양을 설정한 수치이다. 충분섭취량은 실험 연구 또는 관찰 연구에서 확인된 건강한 사람들의 영양소 섭취량 중앙값을 기준으로 정했다. 따라서 충분섭취량은 대상 집단의 영양소 필요량을 어느 정도 충족시키는지 확실하지 않기 때문에, 대상 집단의 97~98%에 해당하는 사람들의 필요량을 충족시키는 양인 권장섭취량과는 차이가 있다.

4) 상한섭취량

상한섭취량이란 인체에 유해한 영향이 나타나지 않는 최대 영양소 섭취 수준이므로, 과량을 섭취할 때 유해 영향이 나타날 수 있다는 과학적 근거가 있을 때 설정할 수 있다. 상한섭취량은 유해 영향이 나타나지 않는 최대 용량인 최대무해용량(No Observed Adverse Effect Level, NOAEL)과 유해 영향이 나타나는 최저 용량인 최저유해용량(Lowest Observed Adverse Effect Level, LOAEL) 자료를 근거로, 불확실계수(Uncertainty Factor, UF)를 감안하여 설정하였다

상한섭취량 = 최대무해용량 또는 최저유해용량/불확실계수

5) 에너지 적정 비율

에너지를 공급하는 영양소에 대한 에너지 섭취 비율이 건강과 관련성이 있다는 과학적 근거가 있으므로 탄수화물, 지질, 단백질의 에너지 적정 비율을 설정하였다. 에너지 적정 비율은 각 영양소를 통해 섭취하는 에너지의 양이 전체 에너지 섭취량에서 차지하는 비율의 적정 범위로 제시하였다. 각 다량 영양소의 에너지 적정 범위는 무기질과 비타민 등의 다른 영양소를 충분히 공급하면서 만성질환 및 영양 불균형에 대한 위험을 감소시킬 수 있는 에너지 섭취 비율을 근거로 설정했다. 따라서 각 다량 영양소의 에너지 섭취 비율이 제시된 범위를 벗어나는 것은 건강 문제가 발생할 위험이 높아진다는 것을 의미한다.

6) 만성질환 위험 감소 섭취량

만성질환 위험 감소를 위한 섭취량이란 건강한 인구집단에서 만성질환의 위험을 감소시킬 수 있는 영양소의 최저 수준의 섭취량이다. 이는 그 기준치 이하를 목표로 섭취량을 감소시키라는 의미가 아니라 그 기준치보다 높게 섭취할 경우 전반적으로 섭취량을 줄이면 만성질환에 대한 위험을 감소시킬 수 있다는 근거를 중심으로 도출된 섭취기준을 의미한다. 만성질환 위험 감소를 위한 섭취량은 과학적 근

거가 충분할 때 설정할 수 있다. 영양소 섭취와 만성질환 사이에 인과적 연관성이 확보되었는지에 대해 확인하고, 용량–반응 관계에 대한 연관성 분석 결과를 바탕으로 만성질환의 위험을 감소시킬 수 있는 구체적 섭취 범위를 고려하는 과정을 통해 설정하였다.

▌그림 1-3 **영양소 섭취기준**

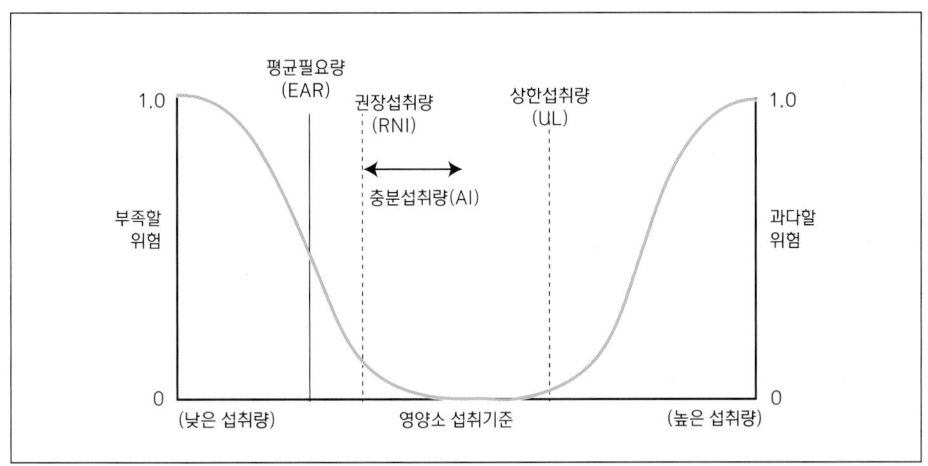

4. 연령 구분

영아기(1세 미만)는 두 단계로 구분하여 0~5개월과 6~11개월로 구간을 정하였고, 성장기 중 유아기(1~5세)도 두 단계로 구분하여 12세와 3~5세로 구간을 정하였다. 성장기 중 아동기 시작인 6세부터 성별을 구분하기 시작하였으며, 6~14세까지는 3세 단위로 하여 6~8세, 9~11세, 12~14세, 15~18세로 구간을 정하였다. 성인기(19~64세)는 10세 단위로 구분하여 19~29세, 30~49세, 50~64세로 구간을 정하였다. 노인기(65세 노인의 이상)는 2단계로 구분하여 65~74세와 75세 이상으로 구간을 정하였다. 노인기는 노년층의 증가와 노인의 생리적 상태 등을 고려하여 65세인 노인기 시작점은 유지하되, 이후 구간을 세분화하여 구분하는 방안에 대해 논의하였으나, 현재까지 이를 수정할 만한 과학적인 근거가 불충분하다고 판단하여 현재의 분류 기준을 유지하기로 하였다[표 1-3].

▌표 1-3 한국인 영양소 섭취기준 설정을 위한 연령 구분

<table>
<tr><th>구분</th><th>남여 구분</th><th>2020 한국인 영양소 섭취기준 연령 구분</th></tr>
<tr><td rowspan="2">영아기</td><td rowspan="2">남 · 여 구분 없음</td><td>0~5개월</td></tr>
<tr><td>6~11개월</td></tr>
<tr><td rowspan="6">성장기</td><td rowspan="2">남 · 여 구분 없음</td><td>1~2세</td></tr>
<tr><td>3~5세</td></tr>
<tr><td rowspan="4">남 · 여 구분</td><td>6~8세</td></tr>
<tr><td>9~11세</td></tr>
<tr><td>12~14세</td></tr>
<tr><td>15~18세</td></tr>
<tr><td rowspan="3">성인기</td><td rowspan="3">남 · 여 구분</td><td>19~29세</td></tr>
<tr><td>30~49세</td></tr>
<tr><td>50~-64세</td></tr>
<tr><td rowspan="2">노인기</td><td rowspan="2">남 · 여 구분</td><td>65~74세</td></tr>
<tr><td>75세 이상</td></tr>
</table>

5. 체위기준

영양소의 필요량은 생애주기에 따른 생리적 변화 및 신체 크기에 영향을 받으므로, 체위기준이 함께 고려되어야 한다. 신체 크기는 개인별로 차이가 크기 때문에, 성별, 연령별 집단의 표준 체위기준치를 설정한 후, 그 기준치에 맞추어 영양소 섭취기준을 설정한다. 2015 한국인 영양소 섭취기준에서는 1세 미만 영아의 체위기준을 소아·청소년 신체 발육 표준치를 사용하여 설정하였다. 2020 한국인 영양소 섭취기준에서는 기존 2015 한국인 영양소 섭취기준에서와 동일한 원칙으로 소아·

청소년 신체 발육 표준치를 사용하였으며, 다만 2007년 기준치 이후 최근 발표된 2017년 기준치를 사용하였다. 1세 이상의 성장기 소아·청소년의 경우, 2015 한국인 영양소 섭취기준에서는 최근 5년의 국민건강영양조사 자료를 활용하여 각 연령군의 체질량지수와 신장의 중위수를 산출하여 체위기준을 설정하였다. 2020 한국인 영양소 섭취기준에서는 기존의 원칙을 변경하여 1세 미만에서 사용했던 것과 같이 '2017 소아·청소년 신체 발육 표준치'를 사용하였다. 성인의 경우, 2015 한국인 영양소 섭취기준에서 사용했던 원칙과 동일하게 최근 5년(2013~2017년) 의 국민건강영양조사 자료를 근거로, 19~49세의 건강한 성인 중에서 체질량지수 18.5~24.9 kg/m² 인 대상자의 체질량지수 중위수(남성 BMI 22.6, 여성 BMI 21.4)를 산출하여 적용함으로써 건강 체중의 개념을 포함한 체위기준을 적용하였다[표 1-4].

표 1-4 한국인 영양소 섭취기준 제정을 위한 체위기준

연령	2015 체위기준					
	신장(cm)		체중(kg)		BMI(kg/m2)	
0~5(개월)	58.3		5.5		16.2	
6~11	70.3		8.4		17.0	
1~2(세)	85.8		11.7		15.9	
3~5	105.4		17.6		15.8	
	남자	여자	남자	여자	남자	여자
6~8(세)	124.6	123.5	25.6	25.0	16.7	16.4
9~11	141.7	142.1	37.4	36.6	18.7	18.1
12~14	161.2	156.6	52.7	48.7	20.5	20.0
15~18	172.4	160.3	64.5	53.8	21.9	21.0
19~29	174.6	161.4	68.9	55.9	22.6	21.4
30~49	173.2	159.8	67.8	54.7	22.6	21.4
50~64	168.9	156.6	64.5	52.5	22.6	21.4
65~74	166.2	152.9	62.4	50.0	22.6	21.4
75 이상	163.1	146.7	60.1	46.1	22.6	21.4

6. 섭취기준 설정 영양소

2020 한국인 영양소 섭취기준은 에너지 및 다량영양소 12종, 비타민 13종, 무기질 15종의 총 40종 영양소에 대해 설정되었다. 2020 한국인 영양소 섭취기준 제·개정에서는 탄수화물에 대한 평균필요량과 권장섭취량, 지방산(리놀레산, 알파리놀렌산, DHA+EPA)에 대한 충분섭취량이 새롭게 제정되었으며, 단백질에 대한 평균필요량과 권장섭취량이 개정되었다. 또한, 나트륨에 대해 심혈관질환과 고혈압 등 만성질환 위험 감소를 위한 섭취량이 새롭게 설정되었다[표 1–5].

▌표 1–5 한국인 영양소 섭취기준 대상 영양소

영양소		영양소 섭취기준					
		평균필요량	권장섭취량	충분섭취량	상한섭취량	만성질환 위험 감소 섭취량 에너지	
						에너지 적정 비율	만성질환 위험 감소 섭취량
에너지	에너지	○[1)]					
다량 영양소	탄수화물	○	○			○	
	당류						○[3)]
	식이섬유			○			
	단백질	○	○			○	
	아미노산	○	○				
	지방			○			
	리놀레산			○			
	알파-리놀렌산			○			
	EPA+DHA			○[2)]			
	콜레스테롤						○[3)]
	수분			○			
지용성 비타민	비타민 A	○	○		○		
	비타민 D			○	○		
	비타민 E			○	○		
	비타민 K			○			
수용성 비타민	비타민 C	○	○		○		
	티아민	○	○				
	리보플라빈	○	○				

수용성 비타민	니아신	○	○		○		
	비타민 B_6	○	○		○		
	엽산	○	○		○		
	비타민 B_{12}	○	○				
	판토텐산			○			
	비오틴			○			
다량 무기질	칼슘	○	○		○		
	인	○	○		○		
	나트륨			○			○
	염소			○			
	칼륨			○			
	마그네슘	○	○		○		
미량 무기질	철	○	○		○		
	아연	○	○		○		
	구리	○	○		○		
	불소			○	○		
	망간			○	○		
	요오드	○	○		○		
	셀레늄	○	○		○		
	몰리브덴	○	○		○		
	크롬			○	○		

1) 에너지필요추정량
2) 0~5개월과 6~11개월 영아의 경우 DHA 단일성분으로 충분섭취량 설정
3) 권고치

7. 분야별 활용 방안

한국인 영양소 섭취기준을 국가, 지역사회, 개인 단위의 다 분야에서 활용하는 방안은 그림 1-4와 같다. 개인의 경우 개별적으로 영양소 섭취 실태를 평가하거나 식단을 계획할 때 영양소 섭취기준을 활용한다. 학교의 경우 급식 및 학생들을 대상으로 하는 영양 상태 평가, 영양교육에서 영양소 섭취기준을 가이드라인으로 활용한다. 병원의 경우 환자 급식 계획, 영양 상태 평가, 식사 지도 등에 영양소 섭취

기준을 활용한다. 산업체의 경우 제품 개발, 식품표시 등에 영양소 섭취기준을 활용한다. 정부 부처의 경우 식생활 관련 정책 및 영양/건강 사업의 계획, 실행, 평가 시 영양소 섭취기준을 활용한다.

▌그림 1-4 **영양소 섭취 기준 활용 방안**

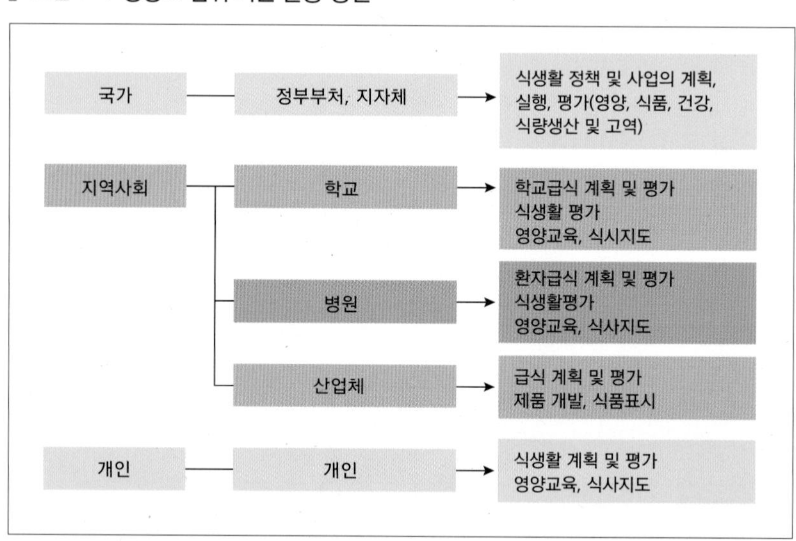

1-4 영양소와 세포

신체는 피부, 뼈, 근육, 뇌, 신경, 기관(간, 심장, 폐, 신장, 췌장), 혈관, 요관 그리고 소화관으로 되어 있다. 이들 몸의 각 부분 모두는 그 기본 단위가 세포로, 모든 세포는 크기, 모양 그리고 작용이 각기 달라서 인체의 세포는 100종류가 넘는다.

세포는 그림 1-5에서 보이는 바와 같이 세포막(cell membrane), 세포질(cytoplasm), 핵(nucleus), 리보솜(ribosome), 미토콘드리아(mitochondria), 소포체(endoplasmic reticulum), 골기체(golgi body) 및 라이소솜(lysosome) 등으로 이루어져 있다.

▌그림 1-5 **세포와 세포막**

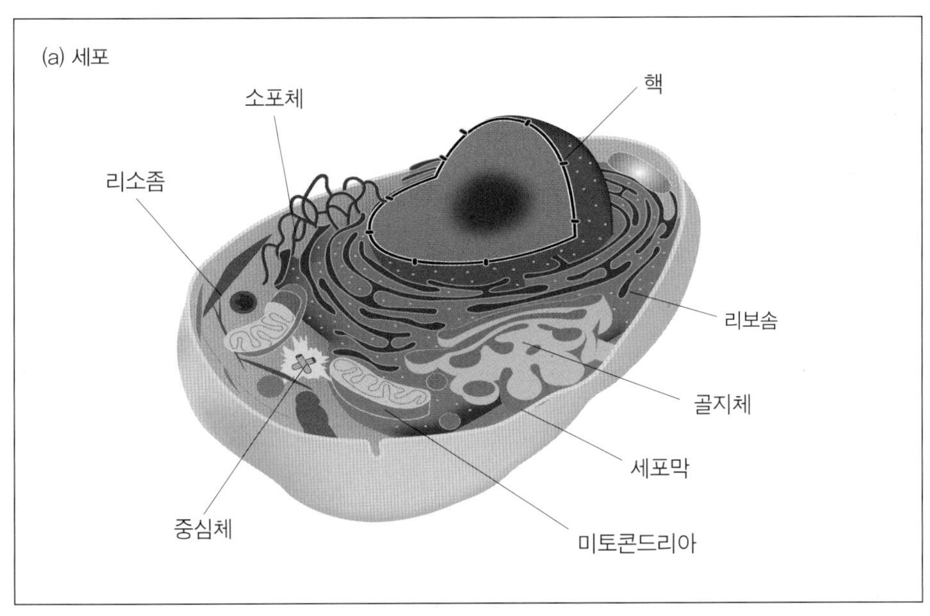

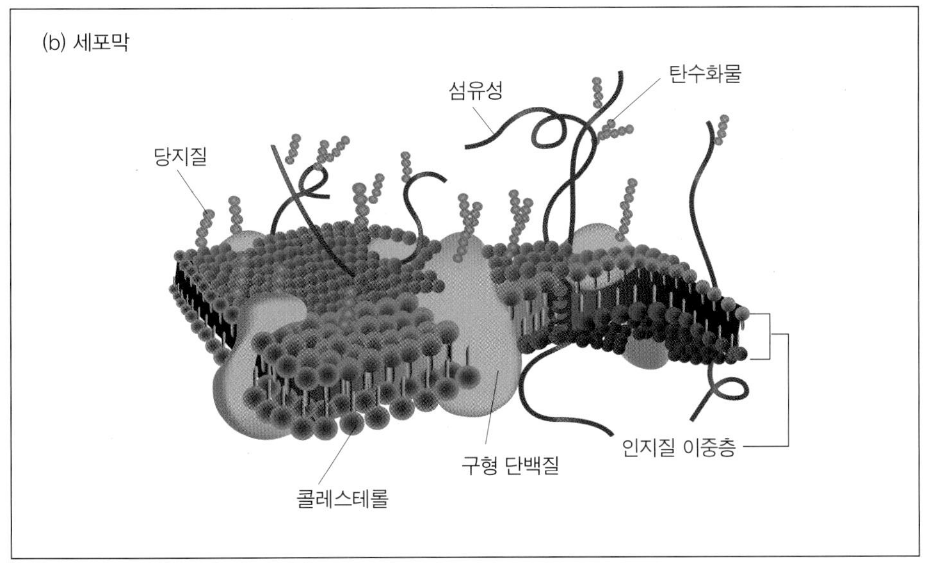

핵에는 DNA와 RNA가 존재하며 DNA는 유전정보 전달에 관계하고 RNA는 단백질의 합성에 관여한다. 리보솜은 약 50%가 RNA이고 나머지는 단백질로 이루어져

있으며 세포질에 유리 상태로 존재하거나 세포막과 결합하여 존재한다.

리보솜은 세포 안의 몇 군데에서 수십 개가 미세섬유에 의하여 결합되어 작은 집단을 이루고 있는데 이것을 폴리솜(polysome)이라 하며, 이곳에서 단백질의 합성이 활발히 진행되는 것으로 알려져 있다.

미토콘드리아는 세포가 하는 일에 필요한 에너지를 생산하는 일종의 발전소와 같은 역할을 하는 곳이며, 이곳에는 산화환원효소인 시토크롬 옥시다제(cytochrome oxidase)가 상존하여 이곳에 들어온 영양소는 탄산가스와 물로 산화되어 에너지가 생긴다.

소포체는 단백질 합성의 보조 역할을 하는 것으로 생각된다. 골기체에서는 합성된 단백질이 운반되어 와서 탄수화물과 결합되기도 하고 분비물의 저장 장소로도 쓰이는 곳으로 알려져 있다.

라이소솜은 많은 가수분해효소를 갖고 있기 때문에 세포 밖으로부터 취한 물질이나 노폐 물질을 세포 내에서 소화 분해하는 장소로 추측되고 있다. 세포가 사후에 자기소화를 하는 것은 라이소솜의 막이 파괴되어 내부의 효소가 세포 내로 널리 퍼져 분해작용을 일으키기 때문이다.

세포의 성장은 유아기, 청년기, 임신 기간 동안 그리고 사고나 질병, 즉 골절, 심한 화상 등에 의한 체조직 손실의 회복에서 볼 수 있다. 간이나 근육조직과 같이 특수한 조직으로 구성된 세포는 그 수의 증가 또는 증식에 의해 성장한다. 세포의 이와 같은 성장에는 다양한 영양소가 요구된다. 이들 영양소는 에너지 공급, 성장, 조직의 수선 및 체내 대사조절에 이용된다. 특히 에너지는 새로운 조직의 구성과 장기, 근육 그리고 신경 등의 지탱에 필요하며 이는 탄수화물, 지질, 단백질 그리고 알코올에서 얻어진다.

한편 성장과 조직의 수선과 유지는 모든 영양소에 의해 이루어지나 단백질이 가장 중요한 인자로 작용한다.

CHAPTER

02

탄수화물

CHAPTER 02

탄수화물

탄수화물(炭水化物)은 곡류나 서류의 주요 구성 성분으로 탄소 한 분자에 수소와 산소가 결합한 $(CH_2O)n$의 분자식을 가지고 있기 때문에 함수탄소(含水炭素) 또는 탄수화물이라고 불린다. 탄수화물은 지질, 단백질과 같이 생물체를 구성하는 유기화합물로서 자연계에 다량 존재한다. 탄수화물은 사람이 이용하는 식품 중에서 가장 많으며 동물의 중요한 에너지 급원이고 소화가 잘 되어 유용성이 있는 주된 에너지 영양소이다. 탄수화물의 기본 단위는 단당류이며, 식물은 광합성 과정(그림 2-1)을 통해 공기 중의 이산화탄소와 토양 중의 물로부터 단당류를 합성한

그림 2-1 광합성 과정

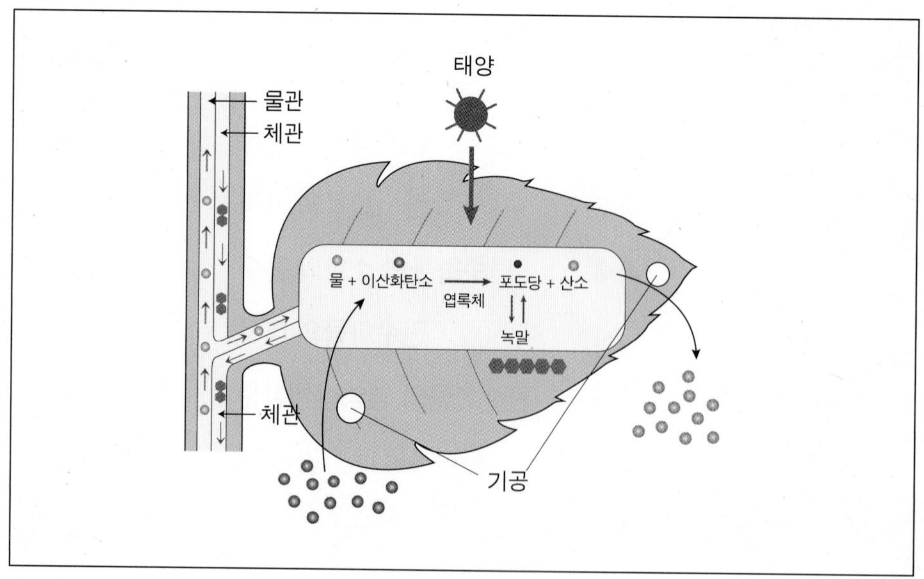

다.

탄수화물의 섭취는 아프리카에서는 총에너지의 80%, 한국은 65~70%, 미국은 45~50% 정도이다. 인체의 구성 성분 중 탄수화물은 성인 남자의 경우 1% 미만이며 과잉된 탄수화물은 지방으로 변하여 체내에 저장된다.

탄수화물은 탄소(C), 수소(H), 산소(O) 등의 원소로 이루어진 화합물로 수소와 산소의 비율이 물과 같이 2 : 1로 되어 있다. 화학적으로 탄수화물은 한 분자 내에 2개 이상의 알코올기(OH)와 1개의 알데히드기(CHO) 또는 케토기(CO)를 가지는 화합물 또는 그 축합물이다. 탄수화물은 다양한 방식으로 연결되어 이당류, 소당류(올리고당류), 다당류를 형성하는데 인체 내에서 여러 역할을 수행하고 있다. 에너지원으로 이용되는 탄수화물을 당질(sugar) 또는 소화성 탄수화물, 에너지원으로 이용되지는 않으나 인체 내에서 생리적 기능을 발휘하는 탄수화물을 식이섬유(dietary fiber) 또는 비소화성 탄수화물이라고 부른다. 탄수화물은 단순당질(단당류, 이당류)과 복합당질(올리고당, 전분, 식이섬유)로 분류되기도 한다.

2-1 탄수화물의 분류

탄수화물은 그 종류가 40여 종이 있으나 분자의 크기에 따라서 단당류, 소당류(올리고당류), 다당류로 분류한다. 이 중 단당류와 소당류는 단순당(simple carbohydrate)이라 하며, 다당류는 복합당(complex carbohydrates)이라고도 한다.

1. 단당류(monosaccharides)

단당류는 일반식이 CnH_2nOn으로 표시되고 분자식 중에 –CHO 혹은 –CO–와 두 개 이상의 –OH기를 가진 당으로 더 이상 작은 분자로 분해될 수 없는 최종 산물을 말한다.

단당류는	3탄당	$C_3H_6O_3$	(triose)
	4탄당	$C_4H_8O_4$	(tetrose)
	5탄당	$C_5H_{10}O_5$	(pentose)
	6탄당	$C_6H_{12}O_6$	(hexose)
	7탄당	$C_7H_{14}O_7$	(heptose)

등이 있으나 동물 체내에서 영양상 중요한 것은 6탄당이다.

1) 5탄당(pentose)

5탄당은 유리 상태로는 잘 익은 과일 중에 소량 존재하고 초식동물에게는 약간 소화 흡수되나 사람에게는 거의 이용되지 않는다. 5탄당은 주로 다당류와 다른 화합물과 결합하여 존재한다. 대표적인 것으로는 자연계에 동물의 핵단백질이며, 리보플라빈의 구성 성분인 리보오스(ribose), 고무의 주성분인 아라비노오스(arabinose), 짚이나 모든 목질 부분과 옥수수 줄기, 땅콩의 껍데기 등에 들어 있는 자일로오스(xylose) 등이 있다.

2) 6탄당(hexose)

식품에 가장 흔하게 함유되어 있는 당은 육탄당이고, 분자식이 $C_6H_{12}O_6$이며 식품 내에 단당류 형태로 존재하는 경우는 드물고 주로 다른 당들과 결합하여 이당류나 전분, 식이섬유 등의 구성 성분으로 존재한다.

6탄당은 영양상 중요한 glucose, fructose, galactose 외에 mannose, sorbose, talose, allose 등이 있다.

(1) 포도당(glucose)

포도당은 덱스트로오스(dextrose) 또는 grape sugar라고도 하며 영양 생리상 가장 중요한 당이다. 포도당은 자연계에 널리 존재하며 유리 상태에서는 과실,

벌꿀, 혈액 등에 있고 특히 포도에는 약 20% 정도로 많이 함유되어 있다. 또한, 맥아당, 설탕, 젖당, 전분의 구성 성분으로 곡류, 두류, 식이섬유의 구성 물질로도 존재한다. 포도당은 가장 중요한 단당류로서 체내 혈액 중에 약 0.1% 함유(혈당)되어 있다.

포도당은 무색의 결정으로서 용해점은 146℃이고 더 가열하면 갈색의 캐러멜이 된다. 포도당은 사람의 혈액 중에 0.1%로 혈당을 유지하고 두뇌와 적혈구는 에너지원으로 포도당을 사용하는데 성인의 경우 두뇌와 적혈구의 열원으로 소요되는 포도당은 하루에 180g이나 된다. 포도당의 감미는 설탕의 70%로써 젖당, 맥아당보다는 달다. 체내 탄수화물은 성인 남자의 경우 글리코겐으로 간에 100g, 근육에 200~300g 저장되어 있으며, 혈액에 혈당으로 10g 정도가 있다.

H O
C_1
H− C_2 −OH
HO− C_3 −H
H− C_4 −OH
H− C_5 −OH
H− C_6 −OH
H

C_6H_2OH
C_5 — O
H H H
C_4 C_1
HO OH H OH
C_3 — C_2
H OH

D-glucose

(2) 과당(fructose)

과당은 레불로오스(levulose) 또는 fruit sugar라고도 하며, 유리 상태에서는 과실과 벌꿀에 많고 결합 상태에서는 설탕, 이눌린(inulin: 다알리아, 뚱딴지, 우엉의 뿌리) 등의 구성 성분으로 존재한다. 과당은 포도당으로 전환되어 체내에서 글리코겐으로 변하기도 한다.

최근 당뇨병을 예방하기 위해 포도당이나 설탕 대신 과당을 이용하는 경우가 많은데 과당은 소량을 섭취할 경우에는 인슐린 분비를 촉진하지 않으므로 포도당 내성을 증진시키는 효과가 있다. 그러나 과잉 섭취하게 되면 포도당보다 빠르게 지방산을 합성할 수 있고 혈중 중성 지질과 콜레스테롤의 농도를 증가시킬 수 있으므로 설탕이나 과당을 첨가당 형태로 과량 섭취하는 것은 바람직하지 않다.

과당의 감미는 천연 당류 중에서 가장 강하여 설탕 100에 대하여 약 173 정도 된다.

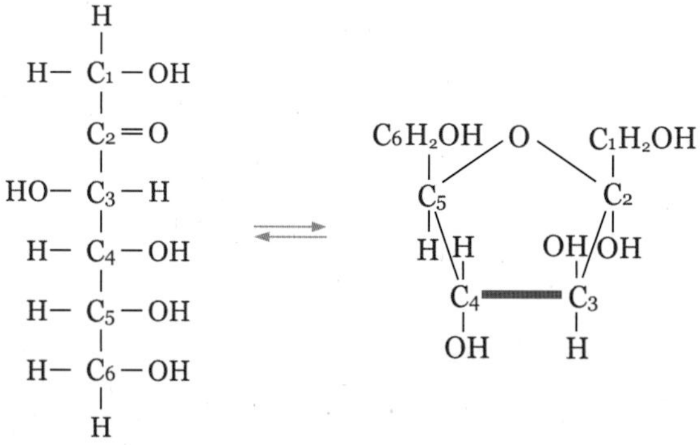

D-fructose

(3) 갈락토오스(galactose)

갈락토오스는 유리 상태로 거의 존재하지 않고 포도당과 결합하여 유당을 만드는 젖의 중요한 성분이다. 또 해조류(우뭇가사리의 주성분)와 그 외 식물에 갈락탄(galactan)을 형성하여 존재한다. 뇌, 신경조직에 있는 지질의 일종인 세리브로시드(cerebroside)에도 함유되어 있으며 당단백질의 구성 성분이기도 하다. 감미는 포도당보다 약하고, 물에 녹기 어려우며 단당류 중 장내 흡수 속도가 가장 빠르다.

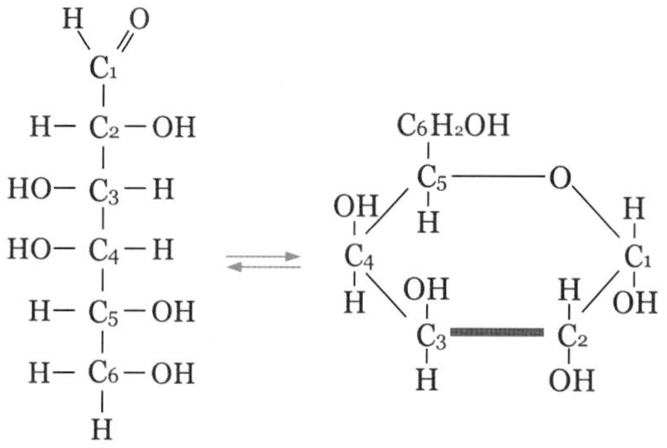

H C_1=O
H− C_2 −OH
HO− C_3 −H
HO− C_4 −H
H− C_5 −OH
H− C_6 −OH
H

D-galactose

(4) 만노오스(mannose)

만노오스는 자연계에 유리 상태로 거의 존재하지 않고 보통은 축합체인 만난(mannan)으로서 효모, 곤약 등에 들어 있다.

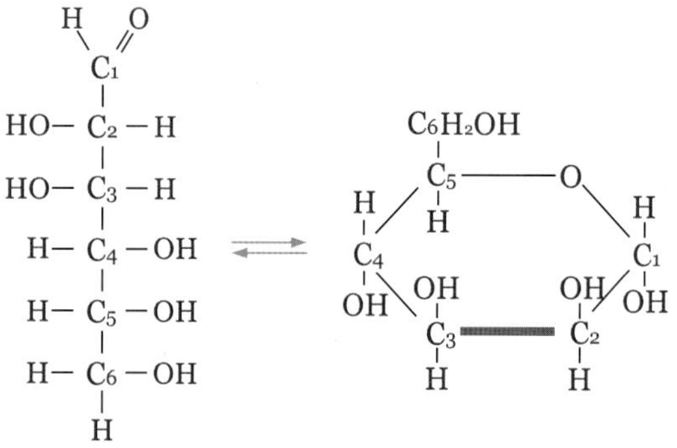

H C_1=O
HO− C_2 −H
HO− C_3 −H
H− C_4 −OH
H− C_5 −OH
H− C_6 −OH
H

D-mannose

2. 이당류 (disaccharides)

이당류는 2분자의 단당류가 글리코사이드 결합에 물 분자를 잃고 연결된 것으로, 식품 중의 주요 이당류로는 맥아당, 서당, 유당이 있다.

자　당(glucose + fructose)
맥아당(glucose +glucose)
유　당(glucose +galactose)

1) 자당(sucrose)

자당은 설탕(saccharose, cane sugar)이라고도 하며, 자당을 가수분해하면 포도당 1분자와 과당 1분자가 생성된다. 자당은 식물체의 줄기, 뿌리, 잎, 씨앗 등에 분포되어 있는데, 특히 사탕수수와 사탕무에 다량 함유되어 있어서 공업적으로 설탕을 만든다. 천연에는 벌꿀, 과즙, 채소, 단풍나무 시럽 등에 함유되어 있다. 자당은 장액 중의 전화효소(invertase)에 의해서 전화당(invert sugar)을 생성한다.

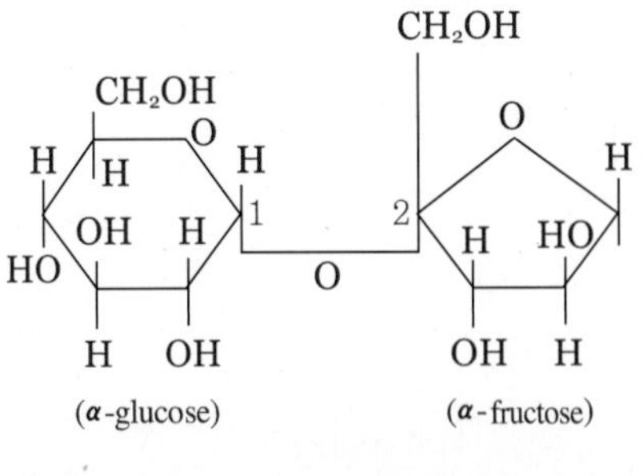

(α-glucose)　(α-fructose)

sucrose

2) 맥아당(maltose)

맥아당은 천연식품 중에는 적고 맥아와 같은 발아 종자에 많이 있다. 맥아당은 2분자의 포도당이 α-1,4 결합에 의해 연결된 것으로 곡류에 싹이 틀 때나 전분 분해물에서 전분이 가수분해되면서 생성된다. 소화관 내에서 쉽게 포도당으로 분해되므로 체내에서 소화 흡수가 잘 된다.

밥을 오래 씹으면 타액 중의 효소 아밀라아제(amylase)의 작용으로 전분이 분해되어 맥아당이 생성된다. 맥아당은 단맛이 설탕 100에 비해 약 33이 되므로 소화기가 약한 환자에게는 소화관의 자극이 적으므로 설탕보다 좋다.

CH_2OH CH_2OH
H O H H O H
H H
OH H OH H
HO O OH
H OH H OH
(α-glucose) (α-glucose)

maltose

3) 유당(lactose)

유당은 포유동물의 유즙에 들어 있는 중요한 당으로 인유(人乳)에는 6~8%, 우유(牛乳)나 산양유(山羊乳) 등에는 4.5~5% 정도 들어 있다. 유당은 장액의 효소 락타아제(lactase)나 산에 의해 포도당과 갈락토오스로 가수분해된다. 유당은 포도당 1분자와 갈락토스 1분자가 β-1,4 결합에 의해 연결된 것으로 영 · 유아의 뇌 발달에 필수적인 갈락토오스를 제공한다.

유당은 물에 잘 녹지 않으며 단맛이 적어 설탕에 비해 16 정도이며 위 속에서 발효가 잘 안 되어 많이 먹어도 위의 점막을 자극시키는 일이 적다. 유당의 갈락토오스는 유아 발육 시 필요한 뇌와 신경 속의 갈락토시드(galactosides)의 형성을 쉽게 한다. 유당은 대장 내에서 내산성 세균을 잘 자라게 하고 칼슘의 흡수와 이용을 돕는다.

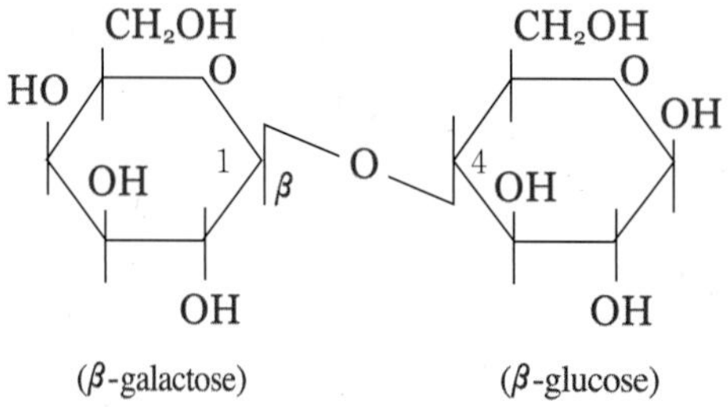

CH_2OH CH_2OH
HO O O OH
OH 1 β O 4 OH
OH OH
(β-galactose) (β-glucose)

lactose

3. 소당류(올리고당류: oligosaccharides)

올리고당은 3~10개의 단당류로 구성되고 대부분의 올리고당은 난 소화성으로 소화효소가 없으므로 단당류로 분해되지 않으나, 대장에서 박테리아에 의해 분해되어 약간의 에너지를 생성(약 1.6kcal/g)한다. 저칼로리 감미료로서 부드러운 단맛을 가지면서 혈당을 빠르게 올리지 않아 당뇨 환자의 혈당 조절을 위해 설탕 대용으로 이용된다. 이 외에도 장내 유익균의 성장을 돕고 혈중 지방과 콜레스테롤 함량을 낮추고 충치를 예방하는 등 건강에 이로운 기능을 지니고 있다.

1) 3당류(trisaccharides)

3당류는 단당류 3분자가 축합하여 물 2분자를 잃은 것으로 목화씨의 라피노오스(raffinose)가 있다. 라피노오스는 효소에 의해 과당, 포도당, 갈락토오스로 분해된다.

2) 4당류(tetrasaccharides)

4당류는 단당류 4분자가 축합하여 물 3분자를 잃어 결합한 것으로 분자식이 $C_{24}H_{42}O_{21}$이며 두류의 스타키오스(stachyose), 마늘의 스코로도스(scorodose) 등이 있다. 인체 내에서는 3당류나 4당류 등을 잘 소화시키지 못하기 때문에 잘 이용되지 않으며, 대장에 있는 세균에 의해 분해되어 가스와 부산물이 생성된다.

4. 다당류(polysaccharides)

다당류는 자연계에 널리 분포되어 있는 에너지 저장 형태이고 단당류가 탈수 축합하여 된 거대 분자의 화합물이다. 다당류는 일반적으로 물에 잘 녹지 않으며, 콜로이드 상태로서 감미, 환원성, 발효성이 없다. 식품 안에 들어 있는 다당류는 대부분이 5탄당의 다당류 펜토산(pentosan)과 6탄당의 다당류 헥소산(hexosan)이다.

1) 펜토산$(C_5H_8O_4)n$

5탄당의 다당류인 펜토산에는 자일로오스가 축합한 자일란(xylan)과 아라비노오스가 축합한 아라반(araban)이 있다. 이것들은 소화효소의 작용을 받지 않고 장내 세균에 의해서 분해되나 소화율은 낮다.

2) 헥소산$(C_6H_{10}O_5)n$

(1) 전분(starch)

전분은 식물계에 널리 분포되어 있는 저장성 다당류로서 특히 곡류, 식물의 뿌리, 열매, 씨 등에 다량 함유되어 있는 동물의 중요한 에너지원으로 다수의 포도당이 축합하여 이루어진 중합체이며 아밀로오스와 아밀로펙틴[그림 2-2]으로 구성되어 있다. 전분 입자는 전분의 종류에 따라 모양과 크기도 다르고 전분의 호화 온도와 시간에 따라 호화 양상이 달라진다. 전분은 냉수에 의해 변화를 받지 않으나 물을 흡수하여 팽윤하고 열을 가하여 60℃ 전후가 되면 콜로이드 상태가 되어 호화된다. 식물의 엽록소는 대기 중의 탄산가스(CO_2)와 토양 중의 물(H_2O)을 흡수하여 태양광선을 받아 광합성(光合成)을 거쳐 포도당이 합성되고 다시 효소의 작용을 받아 전분이 된다.

$$6CO_2 + 6H_2O \xrightarrow[\text{광합성}]{\text{태양에너지}} C_6H_{12}O_6 + 6O_2$$

① 아밀로오스(amylose): 아밀로오스는 직쇄 모양(linear)이며 약간의 가용성 전분으로 포도당이 α-1,4-글리코시드 결합으로 연결 시 물 한 분자를 잃게 되며 분자량은 200 이상이다.

② 아밀로펙틴(amylopectin): 아밀로펙틴은 아밀로오스보다 더 복잡하며 α-1,4-글리코시드 결합의 직선 사슬에 군데군데 α-1,6-글리코시드 결합의 가지를 만드는데 α-1,6 결합은 포도당 6~8분자마다 분쇄상 결합(branching chain)을 한다. 아밀로펙틴은 물에 잘 녹지 않으며 점조성이 있고 분자량이 커서 100만 이상 되는 것이 많다.

보통 쌀의 전분은 아밀로오스가 17% 정도 되나 메밀은 100% 된다. 찹쌀의 전분은 아밀로펙틴이 100%로 되어 있다. 생전분은 분자가 밀착하여 물 분자가 들어갈 수 없을 정도로 치밀하게 미셀(micelle)을 형성하고 있다. 전분에 물을 첨가하고 열을 가하면 팽윤하여 전분 입자가 흐트러진다. 점성이 높고 콜로이드 상태가 된 호화 전분을 α-전분이라 하고, 60℃ 이하로 방치하여 노화된 상태를 β-전분이라고 한다.

▌ 그림 2-2 아밀로오스와 아밀로펙틴

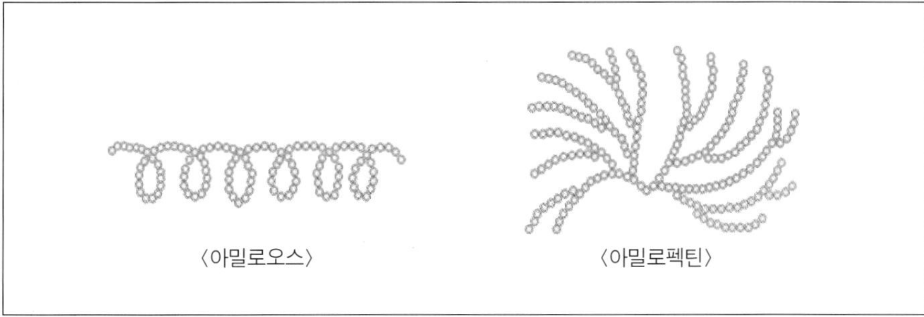

(2) 덱스트린(호정, dextrin)

덱스트린은 전분보다 짧은 포도당으로 구성된 다당류로 전분이 맥아당으로 가수분해될 때의 중간 생성물들을 말한다. 주로 α-1,4-글리코시드 결합 구조를 가진다.

(3) 글리코겐(glycogen)

▌ 그림 2-3 글리코겐

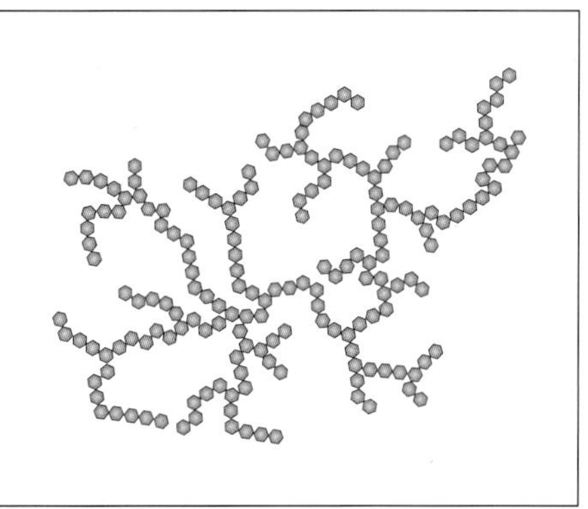

동물 조직에 저장되는 탄수화물 형태로 동물성 전분이라고도 한다. 구조적으로는 아밀로펙틴과 비슷하나[그림 2-3] 포도당 단위가 3~4분자당 가지를 치는 구조이다. 전분과 달리 냉수에 녹으며 요오드에 의해 적색을 나타낸다. 포도당이 흡수되어 혈액에 들어가면 간과 근육에서 글리코겐으로 합성하여 저장한다(glycogenesis). 혈당량이 저하되면 글리코겐이 포도당으로 분해되어 이용된다(glycogenolysis).

(4) 식이섬유(dietary fiber)

식이섬유는 식물체의 세포벽을 구성하고 있는 것으로서 인체 내의 소화효소에 의하여 소화되지 않는 고분자 화합물로 가용성과 난용성 섬유소가 있으며 셀룰로오스(cellulose), 헤미셀룰로오스(hemicellulose), 리그닌(lignin), 펙틴(pectin), 검(gum), 점질물(mucilages) 등의 다당류로 구성된다.

식이섬유는 물에 잘 안 녹는 불용성 식이섬유(불용성 식이섬유는 식물 세포벽의 기본 구조 성분으로 겨나 밀짚 등에 많은 셀룰로스, 밀기울에 많은 헤미셀룰로스, 브로콜리 줄기나 당근 심, 딸기씨, 우엉 등에 많은 리그닌, 새우와 게 등 갑각류의 껍데기나 버섯의 세포벽에 함유된 키틴이나 키토산)과 물에 용해되기 쉬운 수용성 식이섬유(수용성 식이섬유는 과일류, 곡류, 두류 등에 함유되어 있으며, 식물 세포 간 충진물이나 세포 내부 구조물로 존재하며, 펙틴, 해조 다당류, 검(gum)류, 점액질(mucilage), 베타-글루칸 등이 속하며 과일, 호밀, 보리, 말린 콩, 김, 미역, 다시마 등에 다량 존재)로 구분된다.

식이섬유는 인체에 영양소를 공급하지 못하고 장 내용물의 용적을 증가시킨다. 또한, 섬유질은 장을 자극함으로써 변통을 돕고 비타민 B군의 장내 합성을 촉진시키며 혈청 콜레스테롤 농도를 저하시키는 작용이 있다. 식이섬유는 내당성을 향상시켜서 당뇨병에 효과가 있으나 고섬유 식이를 할 경우 무기질의 손실을 가져올 수 있다. 식이섬유의 기능은 대부분 물에 팽윤되어 부피가 늘어난 후 이루어지므로 고섬유 식사를 할 경우에는 수분을 충분히 섭취해야 한다.

적당한 섬유질 섭취는 고지혈증을 예방하고 발암 물질을 생성하는 미생물군과의 접촉을 감소시켜 직장암과 대장암의 발생을 예방한다. 정상적 변통을 유지하기 위하여 성인의 체중 kg당 100mg 정도가 필요하다.

① 셀룰로오스(cellulose)와 헤미셀룰로오스(hemicellulose): 셀룰로오스는 분자식이 $(C_6H_{10}O_5)n$으로 각종 식물성 식품에 존재한다. 셀룰로오스는 포도당이 β-1,4 결합을 하고 있어서 사람의 소화액 중에는 소화효소가 거의 없어 이용되지 못한다[그림 2-4]. 헤미셀룰로오스는 셀룰로오스보다 분자량이 작고

알칼리에 잘 녹으며 섬유상으로 존재하지 않고 무정형으로 존재한다. 대부분의 헤미셀룰로오스에는 자일로오스, 만노오스, 아라비노오스, 람노오스(rhamnose) 등이 존재한다.

▌그림 2-4 **셀룰로오스의 구조**

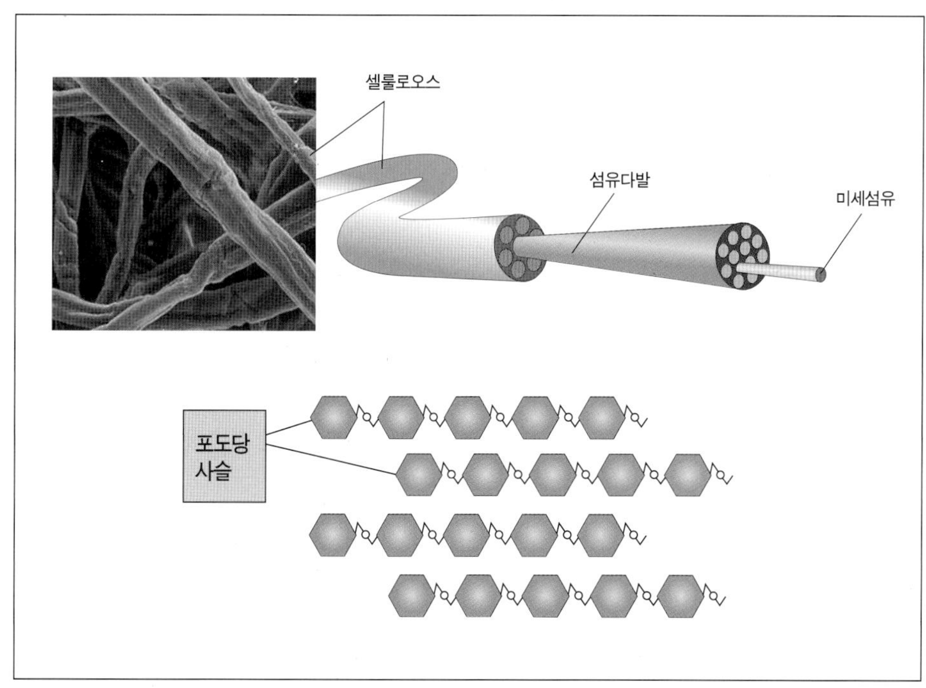

<출처> Insel P., Turner RE., Ross D. 2006. Discovering Nutrition. p139.

② 펙틴(pectin): 식물의 뿌리, 줄기와 과일(특히 사과에 많다)에 상당량 존재하며 뜨거운 물에 풀리고 알코올을 가하면 침전된다. 펙틴에 당과 산을 첨가하면 젤리가 된다. 갈락투론산(galacturonic acid)의 중합체인 복합다당류로 산이나 효소인 펙틴나아제(pectinase)에 의하여 가수분해된다.

③ 리그닌(lignin): 벼짚, 밀짚, 겨, 소나무 목질부에 상당량 존재한다. 리그닌은 식물의 세포막을 이루며 결착제로 작용하여 식물 세포막의 목질화를

이룬다.

④ 검(gums): 종실류, 식물 추출물, 해조류에 있는 복합탄수화물로 적어도 한 분자 이상의 당이나 당유도체로 이루어졌다.

2-2 탄수화물의 기능

1. 에너지 급원

인체가 필요로 하는 에너지는 여러 식품 성분들 가운데 탄수화물, 지질, 단백질이 제공해 준다. 이들 성분이 체내에서 분해되면서 생성되는 에너지는 1g당 탄수화물 4kcal, 지질 9kcal, 단백질 4kcal이다. 이 중 가장 주된 에너지원은 탄수화물로 모든 세포의 일차적인 연료인 포도당을 제공한다.

탄수화물은 소화 흡수율이 평균 98%로 경제적인 에너지원으로 섭취한 탄수화물 거의 전부가 체내에서 이용된다.

2. 필수영양소로서의 탄수화물

탄수화물을 제한하면 체내 단백질의 소모가 일어나므로 이를 방지하기 위하여 탄수화물은 1일에 최소 100g 이상 섭취하는 것이 좋다. 탄수화물의 섭취가 극히 부족하거나 당뇨병 등으로 탄수화물의 체내 이용이 어려워서 체지방이 주된 에너지원으로 쓰이는 경우 지방의 중간대사 산물인 케톤(ketone)체가 혈액 내로 증가하여 케톤증(ketosis)이 된다. 즉 체지방의 분해로 다량의 아세틸 CoA가 생성되어 케톤체(ketone body)가 생성되는 것이다.

케톤체는 탄수화물 공급이 중단되었을 경우 뇌와 심장 등 대부분의 세포에서 에너지원으로 사용할 수 있는 비상식량 같은 물질이기 때문에 체단백질의 손실을 줄여 주는 역할을 한다. 그러나 세포에서 대사되는 양보다 과잉으로 케톤체가 생성되면 혈액의 산염기평형이 깨져 산독증 증세가 나타난다. 따라서 적당량의 탄수화물을 섭취하면 케톤체가 과잉으로 생성되고 축적되는 것을 방지(antiketogenic effect)할 수 있으므로 탄수화물은 에너지원일 뿐만 아니라 체내 대사 과정에서 필수적인 영양소라고 할 수 있다.

케톤증은 하루 60~100g의 탄수화물 섭취로 예방이 가능하며 밥 한 공기(210g)에 약 69g의 탄수화물이 함유되어 있으므로 비교적 쉽게 이 양을 섭취할 수 있다.

3. 단백질 절약작용

인체가 생리적 기능을 수행하는데 우선 에너지가 필요하다. 따라서 탄수화물 섭취가 부족하면 체 구성과 보수에 사용되어야 할 단백질이 에너지로 쓰이게 된다. 근육 등의 체세포는 지방산이나 케톤체도 에너지원으로 사용할 수 있지만 뇌나 신경세포, 적혈구는 포도당을 주 에너지원으로 사용하므로, 당질 섭취가 부족할 경우에는 혈당을 보충하기 위하여 근육, 간, 신장, 심장 등 여러 기관에서 단백질이 분해되어 포도당을 생합성하기 위한 재료로 사용된다. 따라서 탄수화물을 충분히 섭취하면 체단백질이 에너지원으로 사용되는 것을 방지할 수 있으므로 적당한 탄수화물 섭취는 단백질의 절약작용을 한다.

4. 혈당 유지

혈당은 항상 0.1%를 유지한다. 즉 혈액 100ml에 포도당 80~120mg을 정상으로 본다. 혈당은 80mg% 이하로 내려갈 때 간의 글리코겐이 포도당으로 분해된다. 정상인의 혈당은 180mg%를 넘지 못한다. 탄수화물은 혈당지수(glycemic index)와 관련되어 평가하여야 한다.

뇌, 신경세포, 적혈구는 혈당을 주요 에너지 급원으로 사용하므로 혈당량이 40~50mg/d*l* 이하로 떨어지면 두뇌의 활동이 급격히 저하되고, 신경이 예민해지고 불안정해지며 공복감과 두통을 느끼고 심하면 혼수상태에 이르게 된다(저혈당증). 혈당이 170~180mg/dl 이상으로 오르면 소변으로 배설되기 시작하고 공복과 갈증을 느낀다(고혈당증). 췌장에서 분비되는 인슐린과 글루카곤이 혈당을 조절한다. 인슐린은 혈당을 낮추고 글루카곤은 혈당을 높이는 작용을 한다.

5. 체 구성 성분

탄수화물은 미량(1% 미만)이지만 체 구성 성분으로도 존재한다. 혈액 내에는 포도당이 약 0.1% 농도로 함유되어 있고, 5탄당인 라이보스는 DNA와 RNA의 구성 성분이다. 점액(mucus)의 주요 성분인 뮤신(mucin)도 당단백질로서 탄수화물이 총 무게의 50% 이상을 차지한다. 이외에도 소량이 기타 당단백질이나 당지질을 형성하여 세포막의 구성 성분으로서 세포 표면에 존재하면서 중요한 역할을 한다.

6. 장의 부피 증진

식이섬유는 장 근육에 활발한 근육 운동을 하게 하며 장의 음식 내용물의 부피를 크게 하여 변비를 예방한다. 그러나 식이섬유가 많이 들어 있는 식품을 섭취하면 질감이 나쁘고 위장관의 부작용을 주며 미량영양소의 흡수를 저하시킨다.

7. 감미료

자당, 맥아당, 포도당, 과당, 전화당 등은 감미료로 쓰인다. 표 2-1은 당류와 인공 감미료의 감미도이다.

8. 식이섬유의 기능

수용성 식이섬유와 불용성 식이섬유는 생리적 기능이 다르다. 수용성 식이섬유는 소화 과정에서는 분해되지 않으나 대장 박테리아에 의해 짧은 사슬 지방산과 가스로 분해될 수 있으므로 에너지를 제공할 수 있고 대장 기능 개선, 혈중 지질의 조

표 2-1 탄수화물과 감미료의 상대적 감미도

당 류	감미도	당 류	감미도
lactose	16	sucrose	100
galctose	32	invert sugar(전화당)	130
maltose	33	fructose	170
xylose	40	dulcin	25,000
glucose	74	saccharin	55,000

절 효과, 혈당 반응의 개선, 체중 조절과 대장암의 예방 등 건강 증진과 만성 퇴행성 질병의 예방에 유익한 기능을 한다.

불용성 식이섬유는 대장 내 박테리아에 의해서도 분해되지 않으므로 에너지를 제공하지 않으며, 담즙이나 물과 결합해서 장 내용물의 통과 시간을 단축시키고 배변량을 증가시켜 대장암과 변비를 예방하는 물리적 기능을 한다.

2-3 탄수화물의 소화와 흡수

1. 탄수화물의 소화

타액은 하루 1~1.5 *l* 분비되며 프티알린(ptyalin)을 분비하여 가용성 전분을 맥아당(87%)과 포도당(13%)으로 가수분해한다. 타액으로 음식을 적셔서 저작 운동을 하고 음식물의 크기를 작게 하여 위로 보내게 된다. 씹는 동작은 타액 분비를 촉진하고 타액 아밀레이스가 식품과 잘 섞이게 해주어 소화를 촉진한다. 음식물이 입안에 머무는 시간이 짧으므로 입안에서 많은 소화작용이 일어나기 어려우나 오래 씹으면 맥아당까지 분해가 가능하다.

위에서는 탄수화물 분해효소가 분비되지 않고 타액 아밀레이스도 위산(HCl)에 의해 변성되어 불활성화되므로 당질의 소화가 거의 일어나지 않는다. 펙틴이나 검류 같은 수용성 식이섬유들은 유미즙이 위에 머무르는 시간을 길게 하여 만복감을 주고 소화작용이 천천히 일어나게 하는 역할을 한다.

탄수화물의 대부분은 소장에서 완전히 소화된다. 췌장액 중의 pancreatic amylase(amylopsin)와 소장액 중의 sucrase, maltase, lactase 등이 있는데 pancreatic amylase가 강력한 분해작용을 하므로 전분 → 덱스트린 → 맥아당까지 분해되고 소장의 maltase에 의하여 포도당으로 가수분해된다[그림 2-5]. 췌장의 α - amylase는 타액의 아밀라제보다 소화작용이 강력하다.

기능성 올리고당이나 식이섬유는 이것을 분해하는 소화효소가 입이나 소장에 존재하지 않기 때문에 소화되지 않은 그대로 대장으로 내려간다. 대장에서 불용성 식이섬유는 대부분 그대로 배설되지만 수용성 식이섬유의 일부가 장내 세균에 의해 분해되어 짧은 사슬 지방산과 가스를 생성한다[표 2-2]. 이들 짧은 사슬 지방산은 대장세포의 에너지원으로 이용되고 혈중 콜레스테롤 수치를 낮추거나 대장암을

그림 2-5 탄수화물의 소화 과정

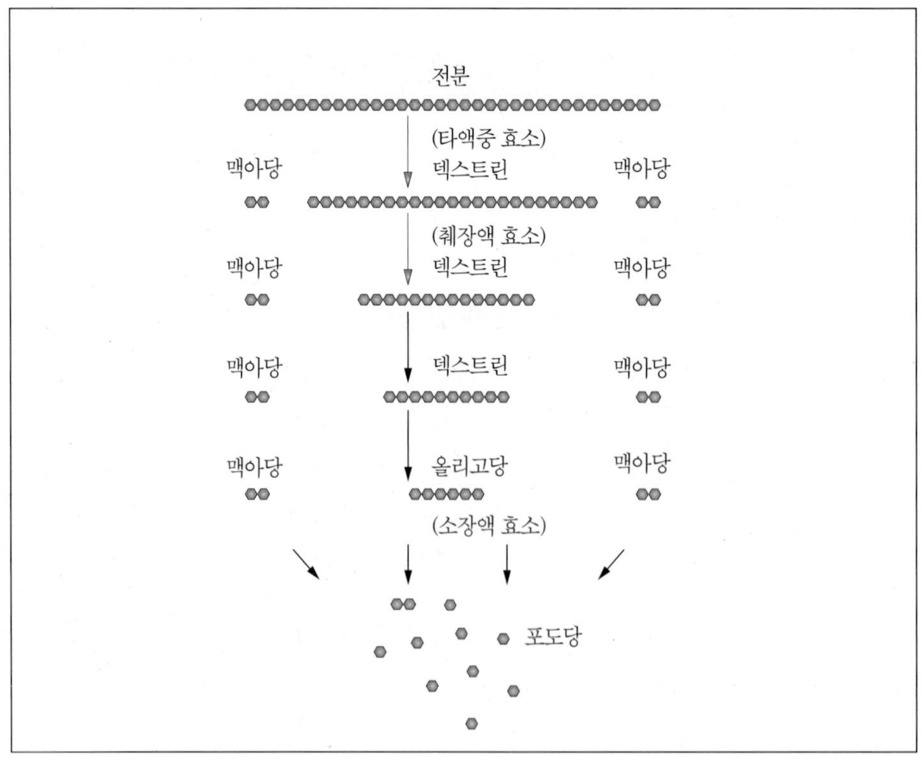

▌표 2-2 기관별 탄수화물의 소화

소화 장소	소화효소 분비기관	효소	소화산물
입	침샘	타액 아밀레이스	
위		위산	
소장	췌장	췌장 아밀레이스	
	미세융모	말테이스 슈크레이스 락테이스	
대장	박테리아		짧은 사슬 지방산 가스

(출처: Insel P., Turner RE., Ross D. 2006. Discovering Naturition. p140)

예방하는 작용을 한다. 불용성 식이섬유와 같이 소화가 되지 않는 물질들은 직장을 통해 대변으로 배설된다.

2. 탄수화물의 흡수

탄수화물은 소장에서 포도당, 과당, 갈락토오스 등의 최종 산물인 단당류가 되어 흡수되는데 농도에 따라 각각 다르다. 소장에서 형성되는 단당류 중 포도당이 80%로 가장 많다. 소장 내 탄수화물의 흡수 속도는 단당류의 종류에 따라 다르다. 포도당의 흡수 속도는 시간당 120g 정도이며 포도당을 100으로 했을 때 갈락토스 110 〉 포도당 100 〉 과당 43 〉 만노스 19 〉 자일로스 15 〉 아라비노스 9의 순이다.

장관에서 흡수된 단당류는 거의 혈중에 들어가 문맥을 통해 간장으로 가는데 과당과 갈락토오스도 포도당으로 변하고 흡수된 포도당은 글리코겐으로 전환된다.

단당류들이 소장 표면의 융모에 붙어 있는 미세융모를 통과해 소장 점막세포로 흡수된다. 소장 표면의 융모와 미세융모는 흡수 면적을 증가시키는 역할을 하며, 소장점막세포 내로 흡수된 단당류는 기저막을 통과하여 장을 둘러싸고 있는 모세혈관으로 들어간 후 문맥을 통해 간으로 운반된다[그림 2-7].

단당류는 소장관 내의 농도가 높을 경우에는 상당량이 단순 확산에 의해 흡수되지만 흡수가 진행되어 소장관보다 소장점막 내의 농도가 높아지면 단당류 종류에 따라 다른 기전에 의해 흡수된다[그림 2-6]. 일반적으로 포도당과 갈락토오스는 에너지와 특수한 운반체가 필요한 능동수송에 의해 흡수되며, 같은 운반체를 사용하므로 서로 경쟁한다. 과당은 촉진된 확산으로 흡수되는데 운반체가 있어 일반적인 확산보다는 빠른 속도로 운반되지만 농도 경사를 거슬러서 운반시키지는 못한다[그림 2-6, 그림 2-8]. 기타 라이보스나 만노스, 자일로스, 당알코올 등은 농도차에 의한 단순 확산에 의해 흡수되기 때문에 흡수 속도가 느리다.

▌그림 2-6 **탄수화물의 흡수 과정**

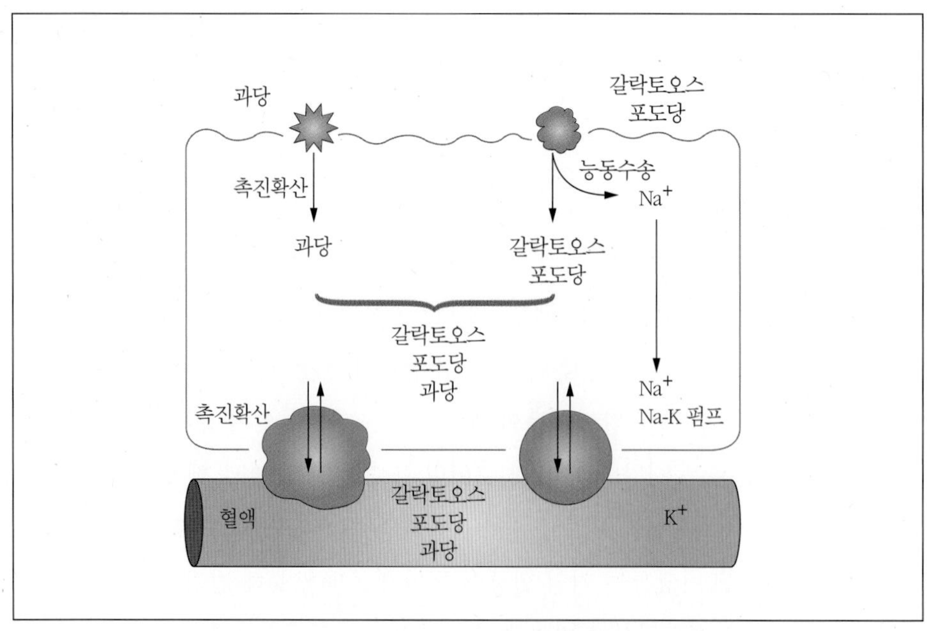

(출처: William L. Scheider, 1983, Nutrition, p36)

▌그림 2-7 **간에서의 탄수화물**

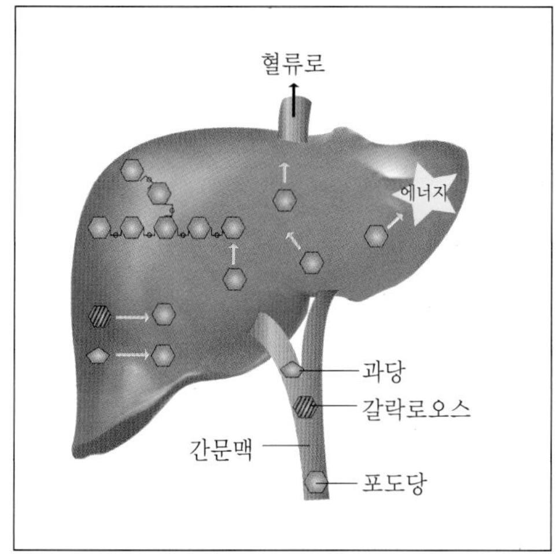

(출처: Insel P., Turner RE., Ross D. 2006. Discovering Naturition. p143)

▌그림 2-8 **탄수화물의 흡수**

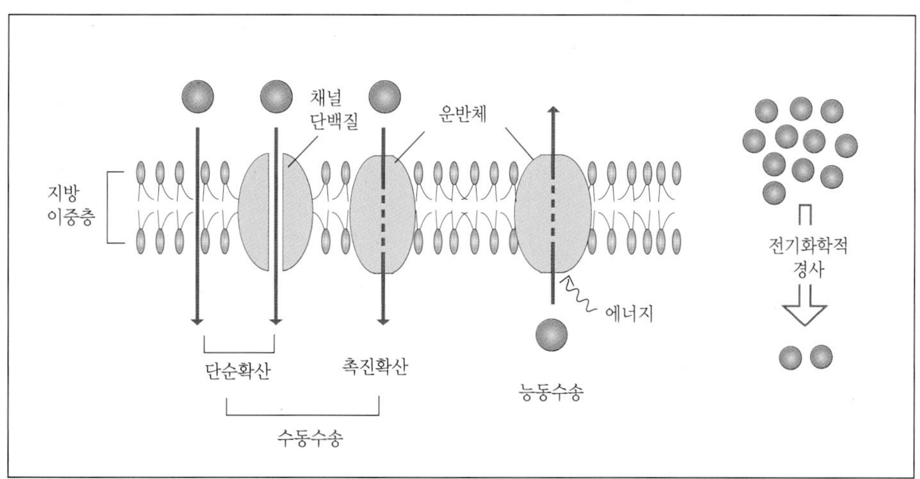

(출처: 김광호, 김재근, 채기수, 허윤행, 2008. 《생명과학을 위한 생화학》. p26)

2-4 탄수화물의 대사

포도당, 과당, 갈락토오스 같은 단당류의 상태로 흡수된 탄수화물은 주로 포도당의 형태로 세포 내로 이동되어 이용된다. 이때 과당은 간에서 포도당으로 전환되어 이용되며 갈락토오스도 간에서 글리코겐을 합성하거나 포도당과 같은 대사 경로를 거친다.

탄수화물대사에는 해당 과정, 5탄당 인산 경로, 글리코겐 합성 및 분해 과정과 당신생 과정 등이 있다. 포도당은 2개의 피르부산이 되고, 피루브산은 TCA 회로를 거쳐 산화되어 CO_2와 에너지를 방출한다[그림 2-9].

1. 체내 연료로 사용

체내에서 포도당의 가장 큰 역할은 세포에 필요한 에너지를 공급하는 것이다. 포도당이 인슐린의 도움을 받아 세포 내로 들어가면 곧 이화작용이 시작된다. 세포질에서 포도당은 해당 과정을 통해 피루브산 2개로 분해된다. 생성된 피루브산은 산소가 충분한 조건에서는 미토콘드리아로 이동해 들어가 아세틸 CoA로 되어 TCA 회로를 완주하게 되며, 이 과정에서 생긴 수소가 최종적으로 전자 전달계(수소전달)와 산화적 인산화(ATP 생성 모터) 과정을 거치면서 물과 이산화탄소, ATP가 생성된다. 생성된 ATP는 미토콘드리아 외부로 빠져나와 세포에 필요한 에너지로 사용된다.

2. 글리코겐으로 저장

몸에 필요한 에너지양보다 더 섭취한 여분의 포도당은 간과 근육에서 글리코겐으로 전환되어 저장된다. 건강한 사람의 경우 간 무게의 4~6% 정도의 글리코겐을 간에 저장할 수 있으며, 간 글리코겐은 공복 시에 분해되어 혈당을 유지시켜 준다. 12~18시간 금식 후에는 대부분 분해되어 혈당으로 사용된다.

근육에는 근육 무게의 0.7~1% 이하의 글리코겐이 저장되어 있으나 근육량이 많으므로 글리코겐의 총저장량이 간보다 2~3배 더 많다. 근육 글리코겐은 근육 내에 가수분해효소가 없어서 포도당으로 전환되지 못하므로 혈당을 올리는 작용은 하지 못하며 근육 활동에 필요한 에너지원으로만 사용된다.

▌그림 2-9 **탄수화물의 대사 과정**

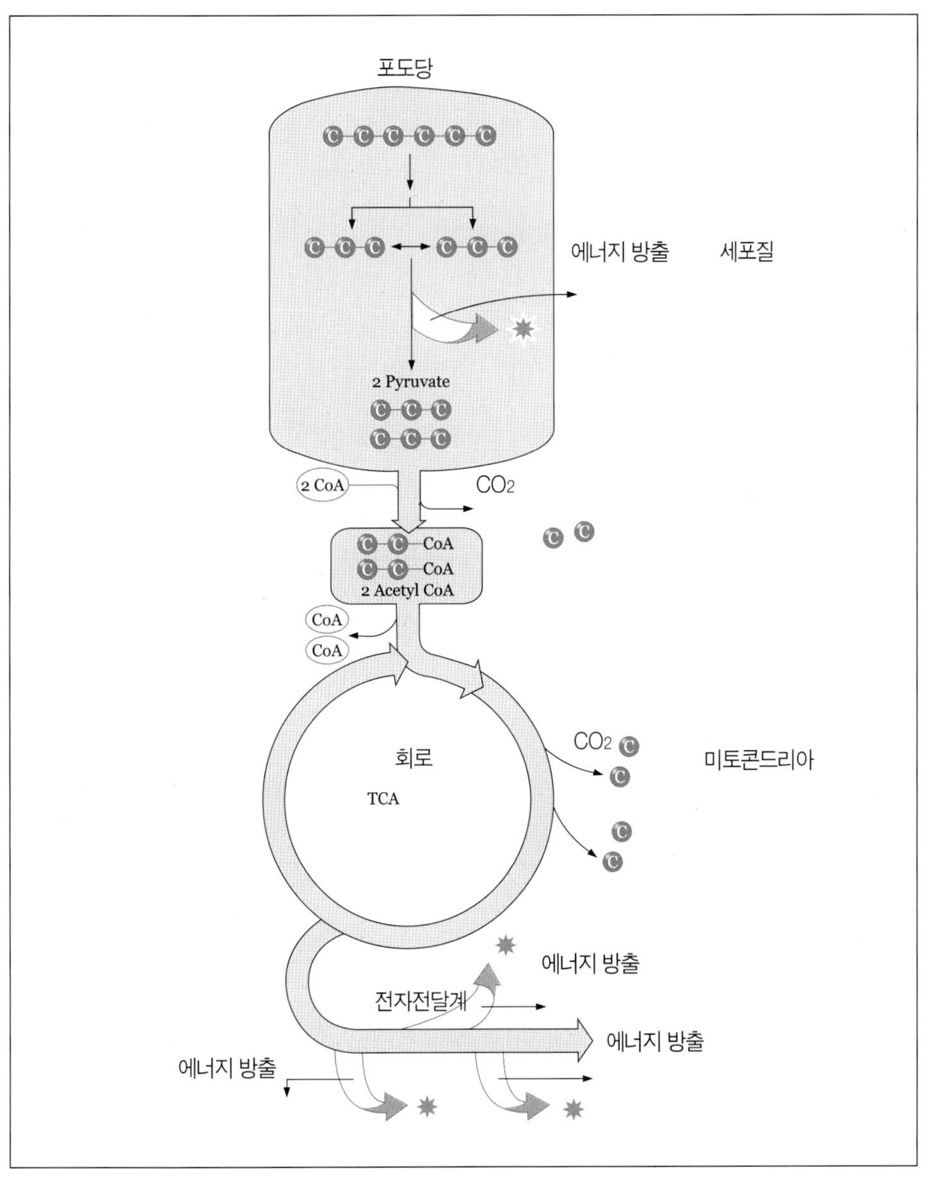

3. 체지방으로 저장(lipogenesis)

간이나 근육에 글리코겐으로 저장하고도 남는 여분의 포도당은 아세틸-CoA로 분해된 후 지방산으로 전환될 수 있다. 이렇게 만들어진 지방산 3분자가 해당 과정 중간 경로를 통해 만들어진 글리세롤 1분자와 결합하면 중성지질이 합성된다.

중성지질은 간 또는 피하, 복강 등에 있는 지방조직에 체지방으로 저장되었다가 에너지 섭취가 부족한 경우 분해되어 에너지원으로 이용된다. 아세틸-CoA로부터 지방산이 만들어지므로 체내에서 분해되어 아세틸-CoA를 만들 수 있는 영양소(단당류, 일부 아미노산, 지질)는 모두 체지방으로 저장될 수 있다.

4. 포도당 신생합성(gluconeogenesis)

뇌세포와 적혈구, 신경세포는 주로 포도당을 에너지원으로 사용한다. 포도당 신생합성은 간이나 신장에서 당이 아닌 물질, 주로 아미노산이나 글리세롤, 피루브산, 젖산, 프로피온산 등을 이용하여 포도당을 새로 합성하는 과정으로 충분한 양의 탄수화물 섭취가 어려울 때 필요한 포도당을 공급해 주는 주요한 대사 과정이다.

5. 리보오스와 NADPH의 생성

5탄당 인산 경로(pentose phosphate pathway)를 통해 포도당으로부터 핵산합성에 필요한 5탄당 리보오스(ribose)와 지방산과 스테로이드 호르몬의 합성에 필요한 NADPH가 생성된다. 주로 피하조직처럼 지방합성이 활발히 일어나는 곳이나 간, 적혈구, 부신피질, 고환, 유선조직 등에서 일어난다.

6. 젖산회로(cory cycle)

운동 중인 근육에서와 같이 산소가 부족한 상태의 세포나, 적혈구처럼 미토콘드리아가 없는 세포에서는 피루브산이 아세틸-CoA로 분해되지 못하고 혐기적 반응을 거쳐 젖산을 생성한다. 젖산은 혈액을 통해 간으로 운반되어 다시 포도당으로 전환된 후 필요한 조직으로 보내지는데 이 과정을 젖산회로 또는 코리회로라고 한다. 코리회로에 의해 대사될 수 있는 양보다 더 많은 젖산이 생성되어 근육 내에 축적되면 피로를 느끼게 된다.

2-5 탄수화물의 영양섭취기준

1. 영양소와 에너지의 섭취 비율

에너지 적정 비율은 어린이, 청소년, 성인, 노인의 경우 탄수화물 55~65%, 단백질 7~20%, 지질 15~30%로 설정하였고, 유아의 경우 3~5세는 위와 동일하였으나 1~2세는 탄수화물 55~65%, 지질 20~35%, 단백질 7~20%로 설정하였다[표 2-3].

표 2-3 한국인영양소 섭취기준: 에너지 적정 비율

성별	연령	에너지 적정 비율(%)				
		탄수화물	단백질	지질[1]		
				지방	포화지방산	트랜스지방산
영아	0-5개월	–	–	–	–	–
	6-11	–	–	–	–	–
유아	1-2세	55~65	7~20	20~35	–	–
	3-5	55~65	7~20	15~30	8 미만	1 미만
남자	6-8세	55~65	7~20	15~30	8 미만	1 미만
	9~11	55~65	7~20	15~30	8 미만	1 미만
	12~14	55~65	7~20	15~30	8 미만	1 미만
	15~18	55~65	7~20	15~30	8 미만	1 미만
	19~29	55~65	7~20	15~30	7 미만	1 미만
	30~49	55~65	7~20	15~30	7 미만	1 미만
	60~64	55~65	7~20	15~30	7 미만	1 미만
	65~74	55~65	7~20	15~30	7 미만	1 미만
	75 이상	55~65	7~20	15~30	7 미만	1 미만

여자	6-8세	55~65	7~20	15~30	8 미만	1 미만
	9~11	55~65	7~20	15~30	8 미만	1 미만
	12~14	55~65	7~20	15~30	8 미만	1 미만
	15~18	55~65	7~20	15~30	8 미만	1 미만
	19~29	55~65	7~20	15~30	7 미만	1 미만
	30~49	55~65	7~20	15~30	7 미만	1 미만
	60~64	55~65	7~20	15~30	7 미만	1 미만
	65~74	55~65	7~20	15~30	7 미만	1 미만
	75 이상	55~65	7~20	15~30	7 미만	1 미만
임산부		55~65	7~20	15~30		
수유부		55~65	7~20	15~30		

1) 콜레스테롤: 19세 이상 300mg/일 미만 권고

2) 탄수화물 섭취기준에 사용될 수 있는 지표

전분과 당류는 우리가 섭취하는 탄수화물의 주된 형태로 인체에 에너지를 제공하는 것이 주 기능이며 특히 뇌와 같이 포도당을 에너지원으로 사용하는 조직에는 필수적이다. 우리나라는 서구와 달리 밥이 주식으로 에너지의 약 65% 정도를 탄수화물로 섭취하는 식사 패턴을 가지고 있다.

최근에는 탄수화물의 구조적인 측면에 의한 분류보다 생리학적인 질을 평가하는 혈당지수(glycemic index)나 탄수화물의 질과 양적인 측면을 모두 평가할 수 있는 혈당부하지수(glycemic load)를 이용하여 탄수화물 식품을 분류하고 아울러 이들 지표와 혈청지질 수준 및 만성질환과의 관련성에 대한 연구가 많이 진행되고 있다. 또한, 3~10개의 단당류로 이루어진 올리고당과 식이섬유는 만성질환 예방을 위한 건강기능식품 소재로 그 중요성이 커지고 있다.

(1) 두뇌의 탄수화물 소비량

체내 기관 중 뇌, 적혈구, 망막, 수정체, 신장의 수질 등은 포도당을 에너지원으로 선호한다. 성인의 두뇌에서 하루에 산화되는 포도당양은 연구에 따라 117-142g/일이며, 평균적으로 100g/일이라고 알려져 있다. 그러나 공복이나 단식 등

포도당이 충분히 공급되지 않으면 두뇌에 사용될 포도당을 공급하기 위해 체내에서는 탄수화물이 아닌 다른 물질, 주로 단백질로부터 포도당을 합성하는 과정(당신생합성)이 증가한다. 이러한 상태에서 저장 지방으로부터 에너지 공급을 위하여 지방산이 분해되어 나오고 베타-산화 과정을 통해 아세틸-CoA가 생성된다. 그러나 포도당 공급이 부족한 상태에서 아세틸-CoA는 축적되고, 서로 결합하여 케톤체로 전환된다. 케톤체는 단기적으로는 뇌와 같은 기관에서 에너지로 사용되는 장점이 있으나, 장기간 지속될 때에는 케톤체가 축적되어 케토시스(ketosis)를 일으킬 위험이 있으므로 식품 섭취를 통한 포도당 공급이 필요하다. 케토시스를 예방할 수 있는 탄수화물량은 1일 50~100g으로 두뇌에서 1일 산화되는 양과 유사한다. 그러므로 미국의 경우 두뇌에서 케톤으로 에너지를 사용하지 않고 포도당으로 충분한 에너지를 공급받는 양을 1일 100g으로 적용하여 이 값을 평균필요량으로 설정하였다.

(2) 혈당 조절

탄수화물은 곡류, 감자류, 과일류, 당류 등을 통해 섭취될 수 있다. 그러나 섭취된 탄수화물은 급원 식품에 따라 혈당을 높이는 정도와 혈액 내 인슐린 농도에 영향을 준다. 탄수화물 섭취 후 혈당 증가는 탄수화물의 절대적 섭취량뿐만 아니라 섭취하는 탄수화물 종류에 의해서도 영향을 받는다. 당 지수(glycemic index, GI)는 50g의 탄수화물을 포함하고 있는 특정 식품을 섭취한 후 2시간 동안 혈당 반응 곡선의 면적을 측정하여 50g의 포도당을 섭취하였을 때의 혈당 증가를 기준으로 상대적으로 계산한 값을 말한다. 포도당의 GI 100을 기준으로 흰밥 86, 고구마 61, 사과 38, 우유 27 등 GI는 식품에 따라 다르다. GI는 식품의 숙성 정도, 식품의 물리적 형태(고체, 액체), 가공 과정(정제 정도)과 조리 과정(생것, 조리 방법), 식품에 함께 포함된 단백질과 지질의 함량에도 영향을 받는 것으로 알려져 있다. 한편 식품마다 섭취하는 1회 분량이 다르고 1회 분량에 함유된 탄수화물의 양이 다르므로 식품의 일상적인 1회 분량을 섭취하였을 때의 혈당 반응을 계산한 당부하(glycemic load, GL) 개념도 사용되고 있다. GL이나 GI

가 낮은 식사를 한 경우에, 식후 혈당이 낮았으며, 과체중, 비만, 당뇨병, 심장질환의 위험이 감소되는 것으로 보고되었다.

(3) 탄수화물로부터의 에너지 섭취 비율

총에너지 섭취량에 대한 탄수화물로부터의 에너지 섭취 비율은 건강 문제와 관련이 있다. 고혈압, 대사증후군, 당뇨병을 가진 사람들은 탄수화물로부터의 에너지 섭취 비율이 높은 경향을 보이는데, 당뇨병이나 혈압, 대사증후군으로 진단받은 우리나라 성인은 절반 이상의 사람들이 총에너지 중 70% 이상의 에너지를 탄수화물로부터 섭취하고 있었으며, 60대 이상의 연령에서 그 경향이 뚜렷하였다. 우리나라 성인의 경우 총에너지 중 탄수화물로부터의 에너지 섭취 비율이 70% 이상인 경우 여성에서 당뇨병, 저 HDL-콜레스테롤혈증의 위험이 증가하고, 흰쌀밥과 김치 위주의 식사보다는 밥, 국수, 빵 등의 주식과 콩, 생선, 과일, 우유 등을 다양하게 섭취하는 식사가 저 HDL-콜레스테롤혈증의 위험을 낮춘다고 보고되었다. 우리나라 성인 여성의 경우 탄수화물 섭취 비율과 식사의 당지수가 높을수록 대사증후군의 위험이 유의적으로 높다는 보고도 있다. 우리나라 40대 이상 성인과 노인을 대상으로 분석한 결과 탄수화물로부터 에너지 섭취 비율이 55~65%인 사람을 기준으로 65% 이상인 사람의 경우 심혈관계질환 고위험군에 속할 가능성이 1.18배 높은 것으로 보고되었다.

(4) 한국인의 영양 실태 및 섭취기준 결정

최근 5년간(2013-2017년)의 국민건강영양조사 자료를 이용하여 분석한 탄수화물로부터의 에너지 섭취 비율은 19~29세는 남자 57.7%, 여자 59.0% 이었고, 30~49세는 남자 58.7%, 여자 63.4% 이었고, 50~64세는 남자 64.4%, 여자 69.5% 이었다. 남녀 모두 50세 이후에 탄수화물로부터의 에너지 섭취 비율이 증가하는 것으로 나타났다.

이와 같이 탄수화물이 만성질환 위험 감소를 위한 섭취기준으로는 총에너지 섭취량 중 탄수화물로부터의 에너지 섭취 비율인 에너지 적정 비율을 설정하였고 1세 이후 모든 연령에서 55-65%이다. 성인의 에너지 적정 비율을 2015년에 2010년 설정값인 55-70%을 55-65%로 낮추었으며 2020년에도 2015년 설정값을 변경시킬 만한 근거가 부족하여 같은 값을 유지하도록 하였다. 우리나라 10-18세 청소년의 경우 고탄수화물 섭취군(76.3%)이 저탄수화물 섭취군(52.9%)에 비해 혈청 중성지방 농도와 수축기 혈압이 유의하게 높아 고탄수화물 섭취는 성인기뿐만 아니라 청소년기에도 대사증후군의 지표에 영향을 미치는 것으로 보고되었다. 따라서 성장기의 에너지 적정 비율은 성인과 같이 남녀 모두 55-65%을 설정하였다. 노인기의 경우 탄수화물로부터의 에너지 섭취 비율이 높을 때 복부비만, 골격 건강, 인지기능 및 우울, 대사증후군에 영향을 줄 수 있는데, 노인의 경우 에너지 섭취가 부족한 경우에 탄수화물로부터의 에너지 섭취 비율이 높으므로 전체 에너지 섭취와 탄수화물 섭취 비율을 적절히 섭취하는 것이 중요하다고 보고하고 있다. 노년기의 에너지 섭취 비율을 설정할 문헌적 근거가 부족하므로 노년기의 탄수화물 에너지 적정 비율은 성인과 같은 55-65%로 설정하였다. 임신기와 수유기의 경우도 탄수화물의 에너지 적정 비율을 성인과 달리 설정한 근거가 부족하여 성인과 같은 값으로 설정하였다[표 2-4 참조]. 한국인의 1일 탄수화물 섭취기준은 표 2-4와 같으며 유아 이상 평균필요량은 1일 100g, 권장섭취량은 1일 130g이며, 임신부와 수유부는 추가된다.

표 2-4 한국인의 1일 탄수화물 섭취기준

성별	연령	탄수화물(g/일)			
		평균필요량	권장섭취량	충분섭취량	상한섭취량
영아	0-5개월			60	
	6-11			90	
유아	1-2세	100	130		
	3-5	100	130		
남자	6-8세	100	130		
	9~11	100	130		
	12~14	100	130		
	15~18	100	130		

남자	19~29	100	130		
	30~49	100	130		
	60~64	100	130		
	65~74	100	130		
	75 이상	100	130		
여자	6-8세	100	130		
	9~11	100	130		
	12~14	100	130		
	15~18	100	130		
	19~29	100	130		
	30~49	100	130		
	60~64	100	130		
	65~74	100	130		
	75 이상	100	130		
임산부		+35	+45		
수유부		+60	+80		

3) 주요 급원 식품

(1) 탄수화물

탄수화물은 에너지 공급원으로 매우 중요하며 소화가 쉽고 체내 대사과정 중 독성물질을 만드는 일도 드물다. 탄수화물의 급원 식품은 대부분 식물성 식품이며 단당류는 과일과 채소에 함유되어 있다. 이당류 중 자당은 사탕수수와 사탕무, 꿀 등에 함유되어 있고 유당은 우유 및 유제품에 존재하며 맥아당은 전분의 가수분해 산물로 생성되며 맥아(엿기름)에 포함되어 있다. 올리고당은 주로 두류에 함유되어 있다. 대부분의 탄수화물은 전분 형태로 섭취하는데 곡류 및 곡류 제품, 감자와 같은 서류, 호박 등에 함유되어 있다. 우리나라 국민의 다소비 식품에서 탄수화물 섭취에 기여하는 대표적 급원 식품으로는 백미, 라면, 국수, 빵, 떡, 사과, 현미, 과자, 밀가루, 고구마 순으로 조사되었다. 탄수화물 주요 급원 식품은 표 2-5와 같다. 또한, 탄수화물 고함량 식품은 표 2-6에 나타내었다.

표 2-5 탄수화물 주요 급원 식품

급원 식품 순위	급원 식품	함량 (g/100g)	급원 식품 순위	급원 식품	함량 (g/100g)
1	백미	75	16	메밀 국수	61
2	라면(건면, 스프포함)	69	17	고추장	52
3	국수	60	18	감자	16
4	빵	50	19	바나나	22
5	떡	49	20	콜라	9
6	사과	14	21	과일음료	9
7	현미	74	22	맥주	3
8	과자	66	23	감	14
9	밀가루	77	24	양파	7
10	고구마	34	25	복숭아	13
11	보리	75	26	당면	89
12	찹쌀	82	27	만두	28
13	배추김치	6	28	물엿	83
14	설탕	100	29	포도	15
15	우유	6	30	배	12

1) 2020년 국민건강영양조사의 식품별 섭취량과 식품별 탄수화물 함량(국가표준식품성분표) 자료를 활용하여 탄수화물 주요 급원 식품 상위 30위 산출

표 2-6 탄수화물 고함량 식품

함량 순위	식품	함량 (g/100g)	함량 순위	식품	함량 (g/100g)
1	설탕	100	16	물엿	83
2	과당	100	17	찹쌀	82
3	사탕	98	18	젤리	82
4	껌	95	19	계피가루	81
5	생강차	91	20	영지버섯, 말린 것	81
6	전분	90	21	캐러멜	80
7	당면, 말린 것	89	22	밀가루	77
8	조청	88	23	파스타, 말린 것	77
9	컴프리차 가루	88	24	율무차 가루	76
10	쌍화차 가루	88	25	미숫가루	76

11	녹두 국수, 말린 것	88	26	밀	76
12	꿀	86	27	딸기잼	75
13	시리얼	85	28	보리	75
14	상황버섯, 말린 것	85	29	백미	75
15	얼레지 뿌리, 말린 것	83	30	한천	75

1) 국가표준식품성분표 DB 9.1

(2) 당류

2018 국민건강통계 자료에 따르면 우리나라 인구집단(1세 이상)의 당류 1일 섭취량은 60.2g이고, 19세 이상 성인의 섭취량은 59.2g으로 나타났다. 남자의 경우 64.5g, 여자의 경우 55.6g이며, 성인 남성은 64.3g, 성인 여성은 53.8g이다. 최근 3년 동안의 당류 1일 섭취량은 2016년 67.9g, 2017년 64.8g, 2018년 60.2g으로 감소하는 추이를 보였다. 동 자료에 따르면 당류의 식품군별 섭취량은 과일류(13.4g)와 음료류(11.8g)가 가장 높았고, 우유류(7.6g), 채소류(6.9g), 곡류(6.4g) 순이었다. 한국인의 당류 주요 급원 식품은 사과, 설탕, 우유, 콜라 순으로 나타났다. 당류 주요 급원 식품은 표 2-7에, 당류 고함량 식품은 표 2-8에 제시하였다.

표 2-7 당류 주요 급원 식품

급원 식품 순위	급원 식품	함량 (g/100g)	급원 식품 순위	급원 식품	함량 (g/100g)
1	사과	11.1	16	아이스크림	17.3
2	설탕	93.5	17	참외	9.1
3	우유	4.1	18	포도	10.4
4	콜라	9.0	19	케이크	22.9
5	배추김치	3.1	20	가당 오렌지주스	6.5
6	과일음료	7.1	21	빵	4.1
7	바나나	14.6	22	요구르트(호상)	4.6
8	양파	5.7	23	초콜릿	43.9
9	감	10.5	24	귤	5.1
10	고추장	22.8	25	수박	5.1

11	고구마	9.8	26	불고기양념	28.2
12	복숭아	9.3	27	쌈장	25.7
13	국수	7.4	28	커피믹스	5.9
14	사이다	8.8	29	배	4.7
15	기타 탄산음료	10.7	30	양배추	4.8

1) 2017년 국민건강영양조사의 식품별 섭취량과 식품별 당류 함량(국가표준식품성분표) 자료를 활용하여 당류 주요 급원 식품 상위 30위 산출

표 2-8 당류 고함량 식품

함량 순위	식품	함량 (g/100g)	함량 순위	식품	함량 (g/100g)
1	설탕	93.5	16	쥐치포, 말린 것	25.8
2	꿀	74.7	17	쌈장	25.7
3	시럽, 단풍나무	60.5	18	대추, 생것	24.3
4	코코아 가루	55.7	19	케이크	22.9
5	딸기잼	53.2	20	고추장	22.8
6	조청	49.9	21	돈까스 소스	22.3
7	초콜릿	43.9	22	물엿	22.1
8	사탕	42.8	23	겨자 페이스트	21.1
9	양갱	41.9	24	잭프루트, 생것	19.1
10	분유	38.6	25	프루트칵테일, 통조림	18.9
11	초고추장	36.0	26	고춧가루	17.5
12	매실 농충액	35.9	27	아이스크림, 바닐라맛	17.3
13	시리얼	35.1	28	머루, 생것	17.1
14	곶감, 말린 것	29.8	29	마늘 장아찌	15.0
15	불고기양념	28.2	30	발사믹식초	15.0

1) 국가표준식품성분표

4) 식이섬유

(1) 섭취량 결정

식이섬유를 과량으로 섭취하게 되면 철, 칼슘, 아연 등과 같은 무기질의 흡수율이 변화될 수 있다. 하지만 일본의 연구에 의하면 1,000 kcal당 10~12g 정도의 식이섬유의 섭취는 칼슘 섭취가 낮은 청소년들에서 안전한 것으로 제시되었으며, 일반적으로 하루 50g 정도로 식이섬유를 다량으로 섭취한다고 해도 무기질의 생체 이용률을 방해한다는 확실한 과학적 근거는 밝혀진 바 없는 것으로 보고되고 있다. 또한, 비타민의 경우에도 식이섬유의 과잉 섭취가 비타민의 생체 이용률을 감소시키지는 않으며, 비타민 섭취량이 적절할 때 비타민 영양 상태에 영향을 미칠 가능성은 낮은 것으로 보고되고 있다. 하지만 과민성 대장증후군을 가지고 있는 사람들이 과잉의 식이섬유를 섭취하면 위장관 통증이 일어날 수 있어 이들에게는 가스 발생을 일으키지 않는 식이섬유를 섭취하도록 권장하고 있다.

일반적으로 식이섬유를 과량으로 섭취하는 경우 위장관 부작용 증세가 관찰되기는 하지만 심각한 만성 부작용은 관찰되지 않고 있다. 식이섬유는 그 근원이 되는 식품, 제조 방법 등에 따라 조성 및 특성이 매우 다양하여 특정한 식이섬유와 부작용을 연결시키기가 매우 어렵고 직접적인 과학적 근거 또한 매우 부족하다. 또한, 우리 국민을 대상으로 한 고용량 식이섬유 섭취 시 임상 및 생화학적 평가가 수행되어 있지 않아 상한섭취량 설정의 근거가 되는 최저 유해 용량(lowest observed adverse effect level, LOAEL)이나 최대 무해 용량(no observed adverse effect level, NOAEL)을 규명할 수 없었다. 따라서 식이섬유의 상한섭취량은 설정하지 않는 것으로 하였다.

(2) 주요 급원 식품

식이섬유는 대부분의 과일류, 채소류, 곡류에 존재하며, 우리나라 사람들이 상용하는 해조류나 콩류, 버섯류는 식이섬유의 좋은 급원이다. 실제 우리 국민의 식이섬유 섭취의 주요 급원 식품을 2017년 국민건강영양조사의 식품섭취량 자료와 국가표준식품성분 DB 9.1를 활용하여 분석한 결과, 식이섬유 상위 5개의 급원 식품은 배추김치〉사과〉감〉고춧가루〉백미 순이었다. 이는 식이섬유 함량이 높은 식품보다는 1일 섭취량이 높은 식품이 주요 급원 식품인 것을 알 수 있다. 한국인의 1일 식이섬유 섭취기준은 성인 여성은 하루 20g, 성인 남성은 하루 30g으로 설정되었다(표 2-9), 식이섬유 주요 급원 식품은 김치류, 과일류, 채소류 등이며(표 2-10), 영지 버섯, 석이버섯, 미역 등에 많이 함유되어 있다(표 2-11).

표 2-9 한국인의 1일 식이섬유 섭취기준

성별	연령	식이섬유(g/일)			
		평균필요량	권장섭취량	충분섭취량	상한섭취량
영아	0-5개월				
	6-11				
유아	1-2세			15	
	3-5			20	
남자	6-8세			25	
	9~11			25	
	12~14			30	
	15~18			30	
남자	19~29			30	
	30~49			30	
	60~64			30	
	65~74			25	
	75 이상			25	
여자	6-8세			20	
	9~11			25	
	12~14			25	
	15~18			25	
	19~29			20	
	30~49			20	
	60~64			20	
	65~74			20	
	75 이상			20	
임산부				+5	
수유부				+5	

▌표 2-10 식이섬유 주요 급원 식품

급원 식품 순위	급원 식품	함량 (g/100g)	급원 식품 순위	급원 식품	함량 (g/100g)
1	배추김치	4.6	16	깍두기	4.3
2	사과	2.7	17	고추장	5.2
3	감	6.4	18	라면 (건면, 스프 포함)	2.2
4	고춧가루	37.7	19	감자	1.7
5	백미	0.5	20	현미	3.5
6	빵	3.7	21	고구마	2.0
7	보리	11.0	22	국수	1.8
8	대두	20.8	23	만두	5.8
9	두부	2.9	24	건미역	35.6
10	복숭아	4.3	25	양배추	2.7
11	샌드위치/햄버거/피자	7.2	26	상추	3.7
12	양파	1.7	27	열무김치	3.2
13	귤	3.3	28	바나나	1.9
14	된장	10.3	29	가당음료(오렌지주스)	1.8
15	토마토	2.6	30	당근	3.1

1) 2017년 국민건강영양조사의 식품별 섭취량과 식품별 식이섬유 함량(국가표준식품성분표) 자료를 활용하여 식이섬유 주요 급원 식품 상위 30위 산출

▌표 2-11 식이섬유 고함량 식품

급원 식품 순위	급원 식품	함량 (g/100g)	급원 식품 순위	급원 식품	함량 (g/100g)
1	영지버섯, 말린 것	77.9	16	들깨, 볶은것	22.0
2	상황버섯, 말린 것	74.4	17	콩(대두), 흑태, 말린 것	20.8
3	계피, 가루	61.4	18	염교(락교), 생것	20.7
4	석이버섯, 말린 것	60.9	19	보리, 엿기름, 말린 것	20.4
5	산초, 가루	56.6	20	겨자 페이스트	19.4
6	오레가노, 말린 것	42.5	21	팥, 붉은팥, 말린 것	17.9
7	고춧가루, 가루	37.7	22	홑잎나물, 생것	17.2
8	미역, 말린 것	35.6	23	코코넛, 말린 것	16.3
9	녹차 잎, 말린 것	35.4	24	참깨, 흰개, 볶은 것	14.1
10	치아씨, 말린 것	34.4	25	강낭콩, 생것	14.1

11	팽창제, 효모, 말린 것	32.6	26	아마란스, 건조	13.8
12	월계수 잎, 말린 것	26.3	27	꾸지뽕 잎, 생것	13.5
13	잠두 생것	25.0	28	미숫가루	12.8
14	아마씨, 볶은것	24.0	29	선인장, 열매, 생것	12.4
15	삼씨, 말린 것	22.7	30	아몬드, 볶은 것	11.3

2-6 탄수화물과 건강 문제

1. 운동과 탄수화물

운동은 역도처럼 힘을 요구하는 운동이 있고 달리기처럼 지구력이 필요한 운동이 있다.

일반적으로 운동은 지구력이 필요한 산소 소모성(유산소운동)을 추천하며 이는 심장 순환기뿐만 아니라 여러 영양소의 이용에 상당한 도움을 주기 때문이다. 운동은 당 소모의 증가를 가져오므로 에너지를 보충받아야 한다. 운동 시 탄수화물과 지질은 중요한 영양소이다.

운동 시 사용되는 에너지원으로서 지질을 섭취할 필요는 없으나 우리 몸에는 간이나 근육에 저장된 글리코겐은 일정량 제한되어 있으므로 탄수화물을 대체할 수 있는 영양소를 공급하는 것이 중요하다.

장거리 수영 선수나 달리기 선수들과 같은 고도의 인내력을 요하는 경기자들이 운동하기 30~60분 전에 물만 소비하는 것보다 300kcal의 포도당을 소모하게 되면 운동을 하는 동안 더 빨리 지쳐 버리게 된다. 이는 증가된 혈당에 대한 반응으로 인슐린은 운동이 시작된 뒤에 포도당과 지방의 사용을 방해하기 때문이다.

2. 유당 불내증(lactose intolerance)

유당은 소장에서 분비되는 lactase에 의해 포도당과 갈락토오즈로 분해되고 갈락토즈는 더 나아가 포도당으로 전환된다.

유당 불내증은 소화액 중에 젖당 분해효소(lactase)가 부족하여 유당을 소화시키지 못하는 증상이다. 이 증상은 보통 성인에게 있는데 아프리카, 아시아 지역에 전통적으로 많다.

유당 불내증의 경우 우유를 섭취하면 우유에 함유된 유당이 소화되지 않은 그대로 남아 있어 수분과 결합하여 복부 팽창, 복통, 구토, 설사 등을 유발한다. 장내에서 유당 분해효소가 전혀 분비되지 않는 사람의 경우는 유당 함유 식품의 섭취를 완전히 금하는 것이 좋으며 이러한 경우는 많지 않다.

3. 당뇨병

당뇨병은 인슐린 합성 및 분비에 이상이 생기거나 근육이나 지방조직의 인슐린 수용체의 민감도가 감소, 신체의 당 이용 능력이 저하되기 때문에 오는 대사성 질병이다. 그러나 신체의 당 이용 능력이 저하되는 것이 단지 단것을 많이 먹는다고 생기는 것이 아니며, 혈당 상승이 탄수화물의 종류 자체 이외에도 식사 속도나 양, 식품의 형태, 지질의 양, 건강 상태 등에 영향 받는다.

당뇨병은 인슐린이 충분히 분비되지 않거나 인슐린 수용체의 감도가 저하되어 혈당이 세포 내로 들어가지 못하고(고혈당) 요로 배설되는 탄수화물 대사장애이다. 혈중 포도당의 농도가 만성적으로 170mg/dl 이상으로 높아지면 소변으로 빠져나온다. 인슐린을 분비하는 췌장의 질환으로 인해 인슐린 분비량이 절대적으로 부족한 경우(제1형 당뇨병), 또는 유전적 요인을 가지고 있는 사람이 비만, 과식, 스트레스, 운동 부족 등 환경 요인의 영향으로 인해 인슐린 수용체의 감도가 낮아진 경우(2형 당뇨병), 임신(임신성 당뇨) 시 주로 발생한다.

합병증으로는 과잉의 포도당이 체단백질이나 조직, 특히 눈과 신장, 신경조직, 혈관에 작용해서 생기는 말단 혈관질환(발과 다리), 시력 약화나 실명, 신장질환, 신경 손상 등이 일어나기 쉽다. 당의 과잉 섭취 자체가 당뇨병을 유발시키지는 않으나 당의 과잉 섭취로 인한 체중 과다나 비만은 당뇨의 원인이 된다. 당뇨병 환자의 경우 에너지 섭취를 줄이고, 단순 당질보다는 전곡류와 식이섬유 같은 복합 당질을 많이 섭취하여 혈당의 급격한 상승을 억제해야 한다.

4. 충치

충치를 유발하는 탄수화물은 설탕이며, 설탕 함유 식품을 얼마나 자주 섭취하는가에 따라 충치 발생률이 높다. 충치는 치아의 에나멜층과 하부 구조가 산에 의해 녹아서 파괴되어 발생하며, 치아 표면의 pH가 5.5 이하일 때 시작된다.

설탕은 입안에 서식하는 박테리아에 의해 대사되어 플라크를 만드는 덱스트린을 만들고 산을 생성하여 치아 표면의 pH를 4까지 떨어뜨리므로 충치를 일으키기가 쉽다. 설탕 이외에 입안에서 쉽게 발효되는 전분이나 단순당류, 콘시럽 등도 충치균이 이용할 수 있다.

탄수화물 식품 가운데서도 충치 유발 위험성이 가장 높은 것은 당 함량이 많으면서 끈적끈적한 식품으로 구강 내 잔류 시간이 길어서 오랫동안 박테리아에게 먹이를 제공한다. 과일주스나 설탕이 첨가된 액상 요구르트도 당과 산을 같이 함유하고 있어서 충치를 유발할 수 있다.

5. 게실증

식이섬유를 너무 적게 섭취하면 대변의 양이 적어지고 단단해진다. 대변의 양이 적으면 배설을 위해 압력을 크게 가해야 하고 이에 따라 대장벽의 일부가 부풀려져서 주머니, 즉 게실을 형성한다.

게실은 고령화될수록 발생 빈도가 증가하며 게실증(diverticulosis) 자체

그림 2-10 게실염

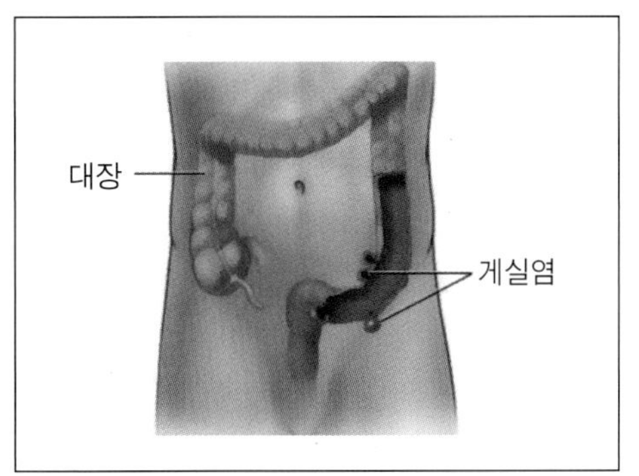

는 특별한 증상을 나타내지 않는다. 그러나 게실 안에 대변이 머물게 되면 염증을 일으켜서 게실염[그림 2-10], 천공, 장출혈 등의 합병증을 유발할 수 있으므로 게실이 생기지 않도록 예방하는 것이 중요하다. 발생률은 식이섬유 섭취량과 반비례하고 지질, 육류의 섭취량과 비례하는 것으로 보고되고 있다. 한국에서는 드물게 발견되는 질환이었으나 식생활의 변화와 함께 점차 발생 빈도가 증가하고 있다.

6. 식이섬유의 섭취와 건강

도정을 적게 하여 섬유소가 많은 곡류를 주식으로 하는 나라에서는 대장암이나 심혈관질환이 서양인에 비해 낮은 것으로 보고되었다. 그러나 많은 연구에서 지질, 설탕, 소금 등의 섭취도 이러한 질병들과 상관성이 있다고 증명한 바 있으므로 섬유소의 섭취와 함께 이들의 중요성도 강조되어야 한다.

고섬유질의 섭취는 체중 조절에도 중요한 영향을 미친다. 고섬유소가 함유된 빵은 단순당으로 만들어진 빵보다는 칼로리가 적으며, 섬유소의 수분 보유 능력 때문에 더 많은 포만감을 느끼게 해 준다. 이러한 장점 때문에 시중에 판매되는 많은 다이어트 제품들은 대부분 methylcellulose라는 고섬유질을 포함하고 있다. 따라서 체중 감량을 원하는 사람은 단순당보다는 채소, 과일, 콩류 등 섬유소가 많은 식품을 섭취하는 것이 좋다.

모든 식이섬유가 건강에 같은 영향을 미치는 것은 아니다. 밀기울 등의 불용성 식이섬유는 혈중 콜레스테롤을 낮추는데 별 영향을 미치지 않는 반면 사과 등에 있는 pectin이나 guar 등은 혈중 콜레스테롤을 낮추는 효과는 있으나 변비에는 별 영향을 미치지 않는다.

한편, 식이섬유의 과다 섭취는 여러 가지 건강상의 문제점을 야기시킨다. 식이섬유 식품을 너무 빨리 섭취하게 되면 장이 팽창되어 가스를 생성하기도 하고, 적은 양으로도 포만감을 주므로 에너지를 충분하게 섭취하지 못하면 불용성 식이섬유의 섭취는 칼슘, 철분, 아연 등의 무기질과 비타민 A의 체내 이용을 방해하므로 영양 결핍증을 초래할 수 있다.

CHAPTER

03

지질

03 CHAPTER

지질

지질은 C, H, O로 이루어진 유기화합물로서 상온에서 고체인 지방(fat)과 액체인 기름(oil)으로 존재하며, 물에 용해되지 않고 유기용매에 용해되는 성질을 지닌다. 식품과 인체에 존재하는 지질의 대부분은 중성지방(triglyceride, TG)이다. 지질의 섭취 증가는 대사성 질환 유병률을 증가시키기 때문에 적절하게 섭취하도록 영양교육이 요구된다. 따라서 지질의 특성, 기능 및 대사 등의 파악이 필요하다.

세계적으로 그 나라의 소득 수준이 증가될수록 지질의 섭취량이 증가된다. 구미 선진국에서는 총 섭취 에너지의 40% 이상을 지질로 섭취하고 있어서 이에 따른 비만증이나 심장병 등의 성인병이 심각한 문제로 대두되고 있다. 우리나라는 아직까지 건강을 염려할 정도의 섭취율을 보이고 있지는 않으나 지질의 섭취량이 해마다 증가하는 추세이므로 지질 과다 섭취의 문제점을 주시해야 할 것이다. 그러나 지질이 무조건 건강을 위해하는 해로운 것이라고 생각할 필요는 없다. 지질도 다른 영양소들과 마찬가지로 인체에 꼭 필요한 물질로 식사로부터 반드시 섭취해야 하기 때문이다.

지질은 당질, 단백질과 같은 주요 생체 구성 성분이며 영양상 중요한 물질이다. 지질은 탄소, 수소, 산소로 구성되어 있으나 그 비율과 구조는 당질과 다르다. 지질은 물에 녹지 않고 유기용매인 에테르(ether), 아세톤(acetone), 알코올(alcohol), 벤젠(benzene), 클로르포름(chloroform)에 녹으며 지방산과 에스테르(ester)를 이루고 있는 화합물인데 연소 시 산소가 구조적으로 적기 때문에 지질(C: 77%, H: 12%, O: 11%)이 완전히 연소되기 위해서는 당질(C: 44%, H: 6%, O: 49%)과 같이 섭취해야 한다. 지질은 인체 내에서 효율이 좋은 에너지원으로서 같은 중량의 당질이나 단백질에 비해 2배 이상의 에너지를 내며, 한편으로는 저장 지방으로서 지방조직에 존재하므로 선진국에서는 지질의 과잉 섭취가 동맥경화, 심장병, 암 등의 발병 요인이 되므로 보건 영양 정책으로 지방의 섭취량을 줄이도록 권장하고 있다. 지방에 대한 일부 부정적인 면도 있지만 여러 종류 지방산은 체내에서 성장에 필수적인 요소가 되고, 복합지질은 세포의 구성 성분으로 생리적으로 중요하다.

3-1 지질의 구조와 분류

일반적으로 지질은 두 종류로 구분되는데 상온에서 액체 상태로 있는 것을 기름(oil), 고체 상태로 있는 것은 지방(fat)이라고 부르며, 이것을 총칭하여 지질이라고 한다. 지질은 단순지질과 복합지질 및 유도지질로 분류한다.

1. 단순지질(Simple lipids)

단순지질은 지방산과 알코올의 에스테르로서 중성지방(트리글리세라이드)과 왁스(wax)가 있다. 중성지방은 3가의 알코올인 글리세롤(glycerol)과 지방산의 결합으로 구성되어 있으므로 이것을 산이나 알칼리 혹은 효소로 가수분해하면 글리세

그림 3-1 단순지질의 구조

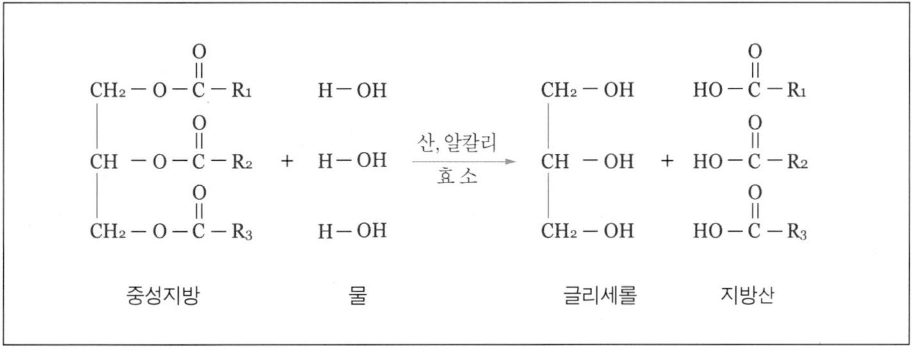

$$
\begin{array}{lcccccc}
CH_2-O-\overset{\overset{O}{\|}}{C}-R_1 & & H-OH & & CH_2-OH & & HO-\overset{\overset{O}{\|}}{C}-R_1 \\
| & & & & | & & \\
CH\ -O-\overset{\overset{O}{\|}}{C}-R_2 & + & H-OH & \xrightarrow[\text{효 소}]{\text{산, 알칼리}} & CH\ -OH & + & HO-\overset{\overset{O}{\|}}{C}-R_2 \\
| & & & & | & & \\
CH_2-O-\overset{\overset{O}{\|}}{C}-R_3 & & H-OH & & CH_2-OH & & HO-\overset{\overset{O}{\|}}{C}-R_3 \\
\text{중성지방} & & \text{물} & & \text{글리세롤} & & \text{지방산}
\end{array}
$$

롤과 지방산으로 분해된다[그림 3-1].

글리세라이드(glycerides)는 단순지질로 지질의 가장 일반적인 형태이며 글리세롤에 1개, 2개 혹은 3개의 지방산이 에스테르 결합을 하여 구성된다. 글리세롤은 3가의 알코올이며, 여기에 지방산 1분자가 결합되어 있을 때 이것은 모노글리세라이드(monoglyceride)라고 하고, 지방산 2분자가 결합되어 있는 것은 디글리세라이드(diglycerides)이며, 지방산 3분자가 결합되어 있는 것은 트리글리세라이드(triglycerides)라 한다[그림 3-2]. 우리가 지질을 섭취하면 장내에서 소화작용을 거치면서 지방산과 모노글리세라이드로 분해되어 소장에서 흡수되며, 흡수된 후에는 대부분 소장점막세포에서 다시 중성지방을 형성한다.

그림 3-2 글리세라이드의 형태

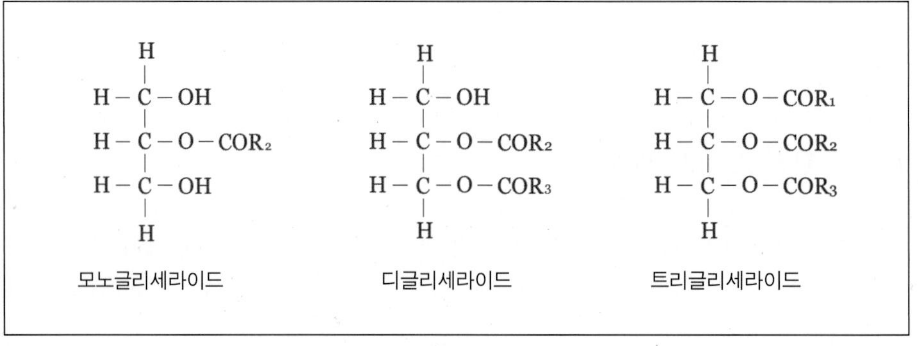

▌그림 3-3 식품에 존재하는 여러 가지 지방산의 구조

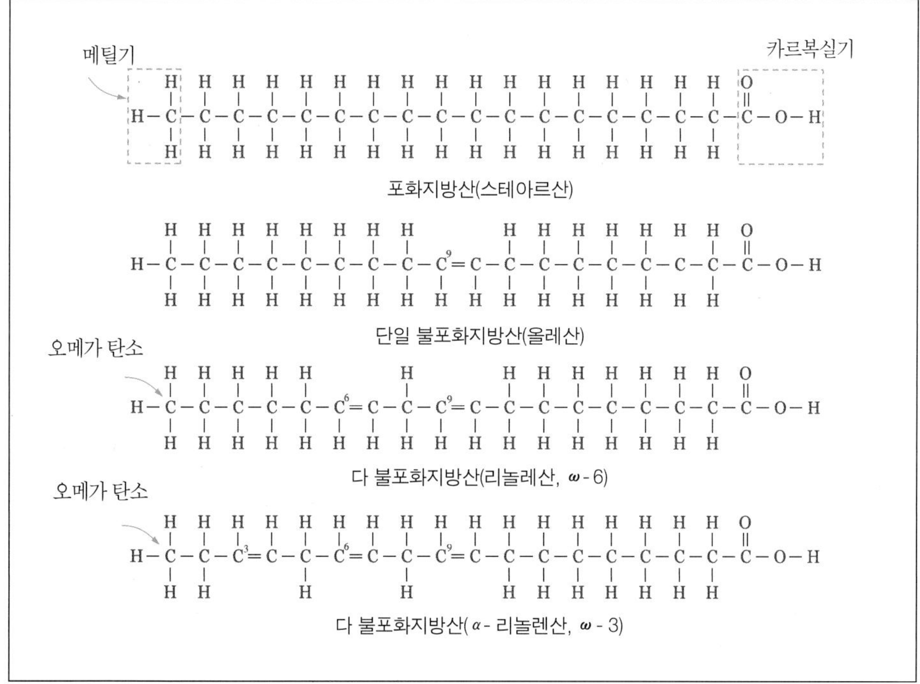

▌그림 3-4 식이지질의 지방산 조성

지방산함량 비율 100%

식이지방	포화지방산	다가불포화지방산	단일불포화지방산
카놀라기름	9%	32%	59%
홍화(잇꽃)기름	14%	76%	10%
해바라기기름	17%	63%	20%
옥수수기름	23%	52%	25%
올리브기름	25%	8%	67%
콩기름	30%	50%	20%
땅콩기름	35%	21%	44%
쇼트닝	43%	27%	30%
라드	55%	12%	33%
팜유	63%	10%	27%
쇠기름	66%	4%	30%
유지방	73%	4%	23%
코코넛기름			

1) 지방산(fatty acid)의 분류

지방산은 지질을 구성하는 주요 성분이며, 지방산의 종류에 따라 지질의 형상이 달라진다. 천연에 존재하는 지방산은 대부분 짝수의 탄소 원자를 직쇄상으로 결합한 것으로 말단에 -COOH기를 갖는다. 지방산의 이중결합 유무, 탄소 수, 생체 내 합성 유무에 따라서 분류한다.

(1) 이중결합 유무에 따른 분류

지방산은 일반적으로 [표 3-1]과 같이 포화지방산과 불포화지방산으로 크게 나눌 수 있다.

① 포화지방산(SFA: saturated fatty acid)

지방산 분자 내에 이중결합을 갖지 않는 포화지방산은 $C_nH_{2n}O_2$ 또는 $C_nH_{2n+1}COOH$의 일반식으로 표시되며 탄소 수가 증가함에 따라 물에 녹기 어렵고 융점이 높아진다. 포화지방산 가운데 C_{16}의 팔미트산(palmitic acid)과 C18의 스테아르산(stearic acid)의 분포량이 가장 많다.

② 불포화지방산(UFA: unsaturated fatty acid)

불포화지방산은 $C_nH_{2n-2x}O_2$의 일반식으로 표시되며 일반적으로 융점이 낮아서 상온에서 액체 상태이다. 불포화지방산은 이중결합을 함유하고 있으며 이중결합 수가 많을수록 중합하기 쉬운데 자연계에서나 생체 내에서 이중결합을 가진 지방산은 매우 불안정하여 산화되기 쉽다. 또한, 불포화지방산에 수소나 할로겐을 첨가하면 포화지방산인 트랜스지방산이 만들어지는데 이러한 성질을 이용하여 버터나 마가린을 만든다. 마가린이나 쇼트닝은 고체 형태로 퍼짐성이 좋으며 훌륭한 맛을 가지므로 버터나 라드 같은 동물성 지방의 대체품으로 널리 이용되어 왔다. 그러나 최근 트랜스지방산이 특정 암세포 성장을 촉진하고 심혈관계 질환에 대한 위험성을 높인다고 하여 트랜스지방산 섭취량을 줄이려는 시도가 이루어지고 있다. 천연 지질에 널리 존재하고 있는 불포화지방산은 이중결합이 1개인 단일불포화지방산(MUFA:

monounsaturated fatty acid)이다. 2개 이상의 이중결합으로 이루어진 지방산은 다가불포화지방산(PUFA: polyunsaturated fatty acid)이라 부른다.

표 3-1 지방산의 종류

	탄소 수	종 류	분 자 식	소 계
포화지방산	4	butyric acid	$C_4H_8O_2$ or C_3H_7COOH	버터
	6	caproic acid	$C_6H_{12}O_2$	버터, 야자유
	8	capylic acid	$C_8H_{16}O_2$	
	10	capric acid	$C_{10}H_{20}O_2$	
	12	lauric acid	$C_{12}H_{24}O_2$	버터, 야자유, 고래기름
	14	myristic acid	$C_{14}H_{28}O_2$	버터, 야자유, 낙화생유
	16	palmitic acid	$C_{16}H_{32}O_2$	일반 동 · 식물유
	18	stearic acid	$C_{18}H_{36}O_2$	
	20	arachidic acid	$C_{20}H_{40}O_2$	땅콩기름, 채종유
	22	behenic acid	$C_{22}H_{44}O_2$	땅콩기름, behen유
	24	lignoceric acid	$C_{24}H_{48}O_2$	땅콩기름
	26	cerotic acid	$C_{26}H_{52}O_2$	밀납, 식물성 지방
	28	montanic acid	$C_{28}H_{56}O_2$	밀납
	30	melissic acid	$C_{30}H_{60}O_2$	밀납
불포화지방산	16	palmitoleic acid	$C_{16}H_{30}O_2$	어유, 인지(人脂)
	18	oleic acid	$C_{18}H_{34}O_2$	일반 동 · 식물성유
	18	linoleic acid	$C_{18}H_{32}O_2$	일반 식물성유
	18	linolenic acid	$C_{18}H_{30}O_2$	아마인유, 콩기름
	20	arachidonic acid	$C_{20}H_{32}O_2$	간유, 돼지기름
	22	erucic acid	$C_{22}H_{42}O_2$	채종유
	22	clupanodonic acid	$C_{22}H_{34}O_2$	어유, 정어리기름

불포화지방산의 이중결합이 어느 곳에서 시작하는가는 매우 중요한 의미를 가지며, 이에 따라 불포화지방산을 분류하는 방법에는 오메가(ω, omega) 분류법이 있다. 지방산의 한쪽 끝은 카르복실기(–COOH)이고 다른 쪽 끝은 메틸기(–CH_3)인

데, 이 메틸기가 붙어 있는 탄소(ω 탄소)로부터 몇 번째 탄소에 이중결합이 있는가에 따라 ω-3 또는 ω-6 지방산으로 나눌 수 있다. 즉 ω-3 지방산은 ω탄소로부터 3번째 탄소에 첫 번째 이중결합이 있는 불포화지방산을 말하며, ω-6 지방산은 ω탄소로부터 6번째 탄소에 이중결합이 있는 불포화지방산을 말한다. 불포화지방산의 이중결합은 단일결합보다 더 유연하여 쉽게 회전되거나 굽혀질 수 있으며, 이에 따라 이중결합을 중심으로 서로 다른 방향으로 탄소 사슬이 존재할 수 있다. 서로 반대 방향으로 뻗어 나간 지방산의 분자 형태를 트랜스(trans) 지방산이라 하고, 같은 방향으로 접혀진 것을 시스(cis) 지방산이라 한다[그림 3-5].

그림 3-5 **시스와 트랜스 지방산의 구조**

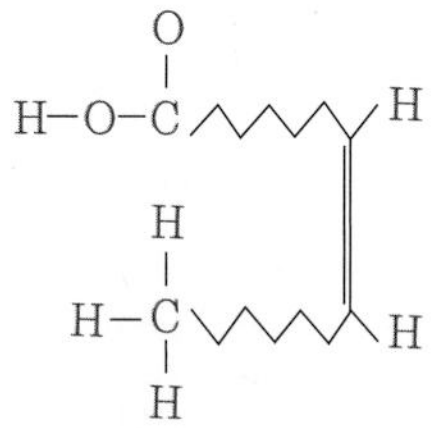

시스형

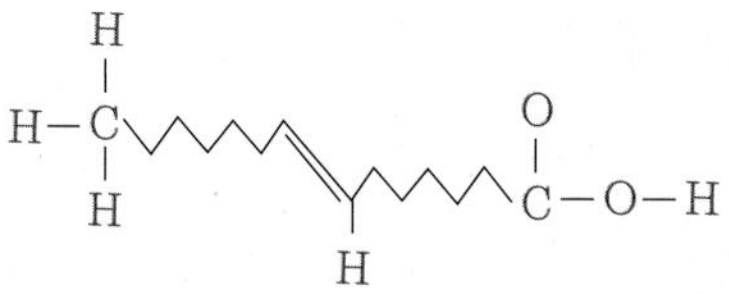

트렌스형

(2) 탄소 수에 의한 분류

탄소 수에 의한 분류에 의해서 저급지방산(단쇄지방산), 중급지방산(중쇄지방산), 고급지방산(장쇄지방산)으로 나눈다.

① 저급지방산(short chain fatty acid)

저급지방산은 탄소 수가 4~6개인 지방산으로, 우유나 버터에는 탄소 수가 4개인 부티르산(butyric acid)이 있어 특이한 향기 성분을 이룬다.

② 중급지방산(medium chain fatty acid)

중급지방산은 탄소 수가 8~12개를 가진 지방산이며, 혈액으로 바로 흡수된다.

③ 고급지방산(long chain fatty acid)

고급지방산은 탄소 수가 14~26개로 이루어진 지방산으로 생체 내에서는 C_{16}, C_{18}, C_{20} 등이 중요하다. 일반적으로 $C_{12\sim22}$ 사이의 것들이 가장 보편적이고 중요한 지방산이다.

(3) 생체 내 합성 유무에 따른 분류

① 불필수지방산(nonessential fatty acids)

신체 내에서 합성되므로 식품을 통해서 반드시 섭취할 필요가 없는 지방산이다.

② 필수지방산(EFA: essential fatty acids)

필수지방산은 체내에서 합성될 수 없으므로 반드시 식사로부터 섭취해야 한다. 즉 식품으로부터 **ω**-6지방산인 리놀레산(linoleic acid)과 **ω**-3지방산인 리놀렌산(α-linolenic acid)을 꼭 섭취해야 하며, 일반적으로 동물 체조직에서 아라키돈산(arachidonic acid)은 리놀레산으로부터 합성될 수 있는데 이때 피리독신이 필요하다.

가장 중요한 필수지방산인 리놀레산은 총 에너지 섭취량의 1~2%를 섭취해야 한다. 필수지방산은 주로 식물성 기름에 다량 함유되어 있는데, 특히 옥수수기름, 면실유, 콩기름 등에는 리놀레산의 함유량이 50% 이상이다.

표 3-2 **필수지방산의 구조, 기능, 급원 식품**

지방산	구조	기능	급원
linoleic acid	C_{18} (2개의 이중결합)	항 피부병 인자 성장 인자	채소, 종실유
linolenic acid	C_{18} (3개의 이중결합)	성장 인자	콩기름
arachidonic acid	C_{20} (4개의 이중결합)	항 피부병 인자	동물의 지방

필수지방산은 체내에서 면역 과정과 시각 기능에 관계할 뿐 아니라, 세포막의 형성을 돕고 호르몬 유사 물질의 생성을 돕는 등 매우 중요한 역할을 수행한다[표 3-2].

- 에이코사노이드(eicosanoids)의 합성

  필수지방산이 대사되는 동안에 생성되어 나온 탄소 수 20개의 불포화지방산을 총칭하여 에이코사노이드라고 하는데, 종류로는 프로스타글랜딘(PG: prostaglandin), 프로스타사이클린(PGI: prostacyclin), 루코트리엔(LT: leukotriene), 트롬복산(TXA: thromboxane) 등이 있다. 이들은 호르몬 유사 물질로서 체내에서 혈액응고를 감소시킬 뿐 아니라 감염 과정을 줄이는 물질을 합성하며, 면역 반응에도 관계하는 등 우리 몸의 중요한 기능을 조절해 주는 작용을 한다.

- ω-3계와 ω-6계 다가불포화지방산 공급

  ω-3계 지방산인 DHA(docosahexaenoic acid, C20: 5)와 EPA(eicosapentaenoic acid, C22: 6)는 필수지방산인 α-리놀렌산으로부터 합성되며, ω-6계인 아라키돈산도 필수지방산인 리놀레산으로부터 합성된다.

  이들은 체내에서 중요한 생리 기능을 하며, 특히 DHA는 뇌의 구성 성분으로 성장기 어린이들의 뇌 발달에 중요한 역할을 한다. EPA는 혈중 콜레스테롤을 감소시켜 혈중 LDL 함량을 저하시키고 HDL 함량을 증가시켜 동맥경화를 예방하는 효과가 있다. 북그린랜드 에스키모인들은 해산물을 통해 α-리놀렌산에서 합성된 다가불포화지방산인 EPA와 DHA의 섭취가 많아 동맥경화증이 적다는 것도 알려져 있다. DHA, EPA는 등푸른생선 속에 많이 함유되어 있다.

- 콜레스테롤 대사에 관여

  혈청 콜레스테롤 농도와 동맥경화증과의 상관관계가 높으며, 필수지방산의 섭취가 혈청 콜레스테롤의 농도를 저하시킨다는 사실이 알려졌다.

  콜레스테롤은 생체 내 1일 0.5~1.0g 정도 합성되며 혈중 약 150~200mg%

정도가 함유되어 있다. 콜레스테롤은 HDL이 조직에서 유리형 콜레스테롤과 레시틴의 β-위치의 필수지방산과 에스테르화된 후, 간에서 담즙산으로 전환되어 장으로 배설된다. 그러므로 HDL 콜레스테롤과 레시틴의 필수지방산이 체내 콜레스테롤을 빠른 속도로 제거할 수 있는 필수적인 요소들이다. 따라서 혈중 콜레스테롤의 농도가 높아지면 필수지방산의 요구량은 더욱 많아진다.

2. 복합지질(Compound lipids)

복합지질은 지방산과 글리세롤 이외에 다른 분자군이 결합된 것으로 인지질, 당지질, 지단백질 등이 있다.

1) 인지질(phospholipids)

인지질은 지방산과 글리세롤, 인산이 결합된 물질로 레시틴, 세팔린, 스핑고마이엘린 등이 있다. 우리의 생체 내에는 많은 종류의 인지질이 있으며, 특히 뇌에 많이 들어 있다. 인지질은 동·식물의 세포막을 구성하는 중요한 성분이다.

(1) 레시틴(lecithin)

레시틴은 구조 내에 친수성기와 소수성기가 있어서 유화성이 강하며, 혈중에서 지질을 수송하고 세포막에서는 물질 수송의 조절 등 중요한 기능을 하고 있다[그림 3-6].

지질은 물에 녹지 않기 때문에 신체 내에서 소화, 흡수, 운반되려면 물과 친할 수 있는 상태여야 한다. 이렇게 지질과 물 사이의 물리적 상반 과정을 줄이기 위하여 유화(emulsification)작용을 필요로 한다. 유화제의 분자 끝은 소수성인 반면 다른 한끝은 친수성이어서 물과 쉽게 결합된다. 즉 유화제는 섞일 수 없는 두 물질의 다리가 되어 소수기 쪽은 지용성 물질과 결합하여 안쪽으로 향하고, 친수기 쪽은 수용성 물질과 결합하여 바깥쪽으로 배열됨으로써 둥근 공 모양의 미

▌그림 3-6 **레시틴**

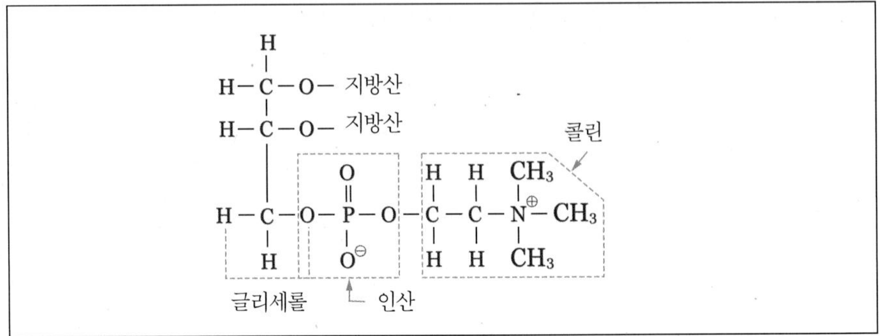

셀(micelle)을 형성한다. 즉 레시틴이나 담즙과 같은 유화제는 바깥 부분이 수용성 물질로 얇게 둘러싸인 아주 작은 기름방울인 미셀을 형성함으로써 소화를 돕는다.

(2) 세팔린(cephalin)

뇌세포에 다량 함유되어 있고 간과 부신 등에서도 발견된다. 식품으로는 동물의 장기와 난황 속에 함유되어 있다[그림 3-7].

▌그림 3-7 **세팔린**

$$
\begin{array}{l}
{}^{1}CH_2-O-\overset{O}{\overset{\|}{C}}-R_1 \\
R_2-\overset{O}{\overset{\|}{C}}-O-{}^{2}CH \\
{}^{3}CH_2-O-\underset{O}{\underset{|}{\overset{O}{\overset{\|}{P}}}}-O-CH_2-CH_2\cdot NH_2
\end{array}
$$

ethanolamine

(3) 스핑고마이엘린(sphingomyelin)

스핑고마이엘린은 중성지방과 다르게 글리세롤 대신에 긴 사슬의 아미노알코올인 스핑고신에 지방산이 아미드 결합을 하여 세라미드를 이루는 유도체를 말한다. 스핑고마이엘린은 세라미드에 인산과 염기가 결합된 인지질이나, 인산과 염기 대신 당류가 결합한 것으로 뇌와 신경조직 속에 소량 있다[그림 3-8].

▌그림 3-8 **스핑고마이엘린**

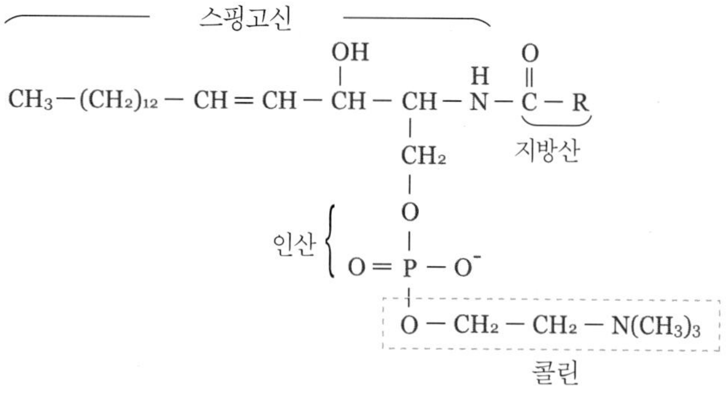

스핑고신

$$CH_3-(CH_2)_{12}-CH=CH-\underset{}{\overset{OH}{\overset{|}{C}}H}-\underset{\underset{\underset{O}{|}}{\underset{|}{CH_2}}}{CH}-\overset{H}{N}-\overset{O}{\overset{\|}{C}}-R$$

지방산

인산 $\{ O = P - O^-$

$O - CH_2 - CH_2 - N(CH_3)_3$

콜린

2) 당지질(glycolipids)

당지질은 1분자의 지방산에 당 및 스핑고신이 결합된 물질이다. 모든 체조직, 특히 뇌와 같은 신경조직에 많으며, 대표적인 당지질에는 세리브로시드(cerebroside), 강글리오시드(ganglioside), 갈락토세리브로시드(galactocerebroside) 등이 있다.

3) 지단백질(lipoprotein)

지질은 대부분 물에 불용이므로 단백질과 결합한 형태인 지단백질 형태로 혈액을 통해 이동된다. 지단백질은 지질대사에 중요한 물질이다. 이는 중성지방에 단백질, 콜레스테롤, 인지질이 결합된 것으로 지질의 운반작용을 한다.

혈장 지단백질은 간에서 주로 합성되며 카일로미크론, 초저밀도 지단백질(VLDL: very low density lipoprotein), 저밀도 지단백질(LDL: low density lipoprotein), 고밀도 지단백질(HDL: high density lipoprotein) 등이 있다[그림 3-9, 3-10]. 혈청 내의 지단백질의 농도와 그 종류에 따라 혈액 순환기 계통 질환의 위험이 따를 수도 있다. 카일로미크론은 지단백질의 가장 많은 부분을 차지하며 밀도가 가장 낮다. 소장점막에서 합성되고 식사로부터 섭취한 중성지방을 각 조직, 특히 간과 혈장 또는 조직 내로 이동시켜 주는 역할을 한다. VLDL은 간에서 지방산이나 당질과 같은 다양한 전구물질로부터 합성된 지질을 각 조직세포로 운반해 준다.

LDL은 VLDL이 혈관 내에서 분해되어서 만들어진 것이며 콜레스테롤 함량이 높으므로 혈액 내 증가되면 동맥경화증 등의 발병이 높아질 수 있다.

HDL은 공복 시 혈장의 정상적인 물질로서 혈액 내 HDL이 증가하면 관상심장병의 위험이 적어진다.

그림 3-9 지단백질의 기본 구조

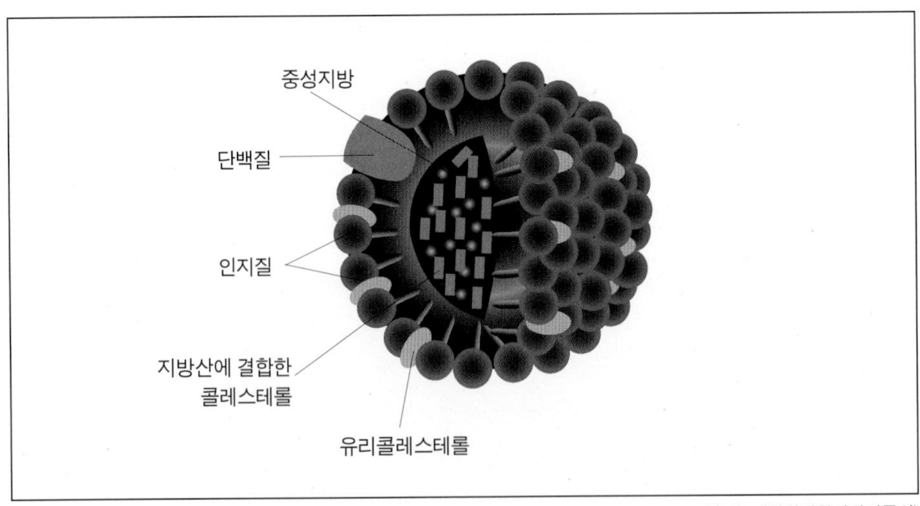

(출처: 대한한방항산화연구회)

▌그림 3-10 지단백질의 종류

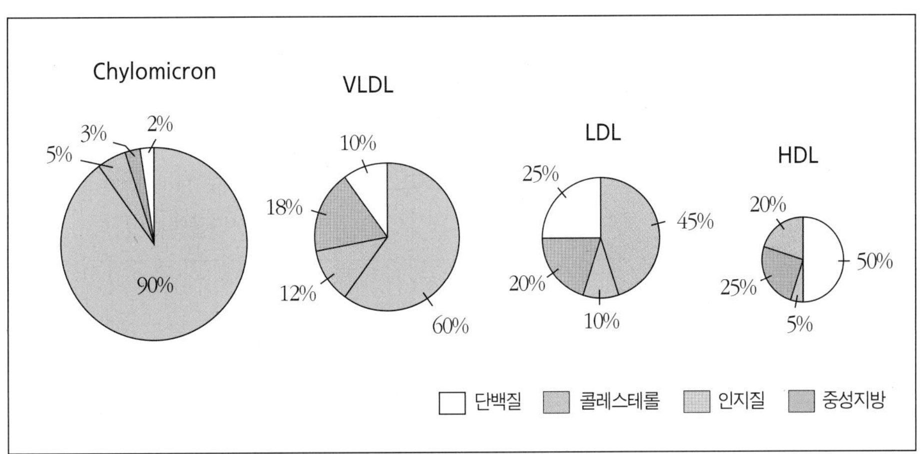

3. 유도지질(Derived lipids)

단순지질 및 복합지질의 가수분해 산물로서 여기에 속하는 것으로는 지방산과 글리세롤, 그 외에 알코올류를 비롯하여 스테롤, 탄화수소, 지용성 비타민 등을 유도지질이라 한다. 이들 유도지질의 대부분은 검화될 수 없는 지질(unsaponifiable lipid)이다.

1) 스테롤(sterols)

스테롤은 지방산과 에스테르 결합을 하거나 유리 형태로 동·식물체에 널리 분포한다. 스테롤류도 다른 지방들처럼 물에 녹지 않고 유기용매에 녹으므로 지방의 한 종류라고 볼 수 있으나, 그 구조는 고리형 스테로이드로 다른 지방 구조와는 아주 다르다. 동물체에는 콜레스테롤, 담즙산이 대표적이고, 식물체에는 에르고스테롤이 있다.

(1) 콜레스테롤

콜레스테롤은 심장병과의 관계가 밝혀지면서부터 해로운 물질이라는 인상을 받아오고 있다. 그러나 콜레스테롤은 모든 동물 조직에서 볼 수 있는 필수 신체 성분으로, 특별히 뇌와 신경조직에 많이 농축되어 있으며 콜레스테롤은 담즙과 비타민 D의 합성을 위한 전구물질이다[그림 3-11].

▌그림 3-11 **콜레스테롤**

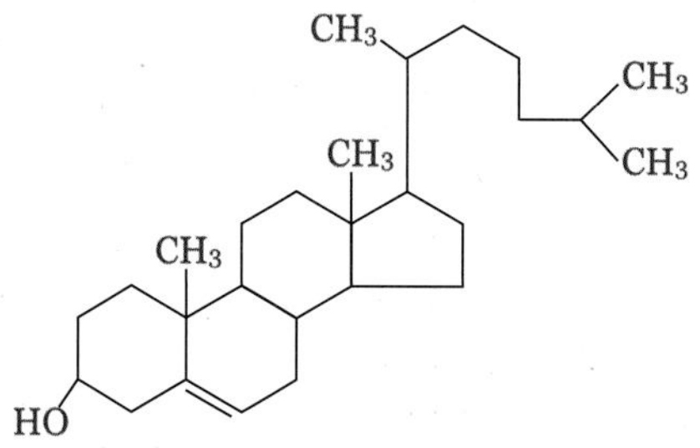

콜레스테롤에서 유도된 7-디하이드로콜레스테롤(7-dehydrocholesterol)은 햇빛을 쬐면 자외선에 의해 비타민 D_3(cholecalciferol)로 바뀐다. 콜레스테롤은 테스토스테론(testosterone)과 에스트로겐(estrogen)과 같은 성호르몬의 합성을 위한 전구물질이다. 콜레스테롤은 주로 간, 달걀노른자, 육류, 새우, 조개류 등 동물성 식품에 많이 들어 있다[표 3-3].

콜레스테롤은 배설될 때 담즙을 형성하여 소장으로 나간다. 구성 성분의 대부분이 콜레스테롤로 이루어진 담즙은 지질의 소화와 흡수를 도와주며, 분비된 담즙의 98% 정도가 소장의 하부에서 재흡수되어 간으로 다시 들어간다. 이때 재흡수되지 않은 1~2%의 담즙은 변으로 배설된다. 만약 담즙과 결합할 수 있는 물질(식이섬유질 등)을 먹게 되면 이 물질은 담즙의 재흡수를 방해하여 콜레스테롤의 배설을 증가시키게 된다.

▌표 3-3 식품의 콜레스테롤 함량

식 품	분 량	콜레스테롤 함유량(mg)	식 품	분 량	콜레스테롤 함유량(mg)
마요네즈	1TS	10	조 개	100g	65
버 터	1작은 조각	11	닭고기	100g	83
핫도그	1개	29	쇠고기, 돼지고기	100g	90
아이스크림	반컵	30	새 우	100g	110~130
우 유	1컵	34	달걀노른자	1개	213
굴	100g	48	쇠 간	100g	488

※자료: Wardlaw GM et. al., 1994, Contemporary Nutrition: Issues and Insights, 2nd ed., p. 165 Mosby-Year-Book, St. Louis.

(2) 담즙산염(bile salt)

담즙 중에 함유되어 있는 담즙산(cholic acid)은 스테로이드 핵을 갖는 물질의 총칭이다. 담즙산은 주로 글리신이나 타우린과 결합해서 존재하며 콜레스테롤의 주요한 대사산물이고 지질의 유화력을 촉진하여 지질과 지용성 비타민의 소화 흡수에 중요한 역할을 한다.

(3) 에르고스테롤(ergosterol)

식물계에 존재하는 스테롤로서 효모나 표고버섯에 많다. 비타민 D의 전구체로서 에르고스테롤에 자외선을 조사하면 비타민 D_2가 생성된다.

(4) 시토스테롤(sitosterol)

식물성 스테롤로서 종자유에 다량 함유되어 있으며, 인체 내에서 소량 흡수된다. 식물성 스테롤은 콜레스테롤 흡수를 감소시키는 작용이 있다.

3-2 지질의 기능

1. 농축된 에너지의 급원

지질 1g은 9kcal의 에너지를 발생하여 당질이나 단백질 1g이 제공하는 4kcal의 2배 이상을 공급한다. 따라서 에너지의 체내 저장에 지질이 중요하며 고지방식을 섭취했을 때 저지방식보다 고에너지 섭취로 체중 증가를 가져온다.

저장된 지질의 대부분이 체지방조직에 저장되어 있으며 체지방조직 세포는 지질 함량 비율이 85% 정도로 대략 7.7kcal/g의 에너지를 저장한다.

2. 필수지방산의 제공

식사로부터 지질을 꼭 섭취해야 하는 이유는 필수지방산인 리놀레산과 리놀렌산, 그리고 아라키돈산을 공급받기 위해서다. 인체는 이러한 필수지방산들로부터 호르몬과 비슷한 역할을 하는 에이코사노이드를 합성한다.

3. 지용성 비타민의 흡수 촉진

지용성 비타민(비타민 A · D · E · K)의 흡수를 위해서는 소장에 지질이 있어야 한다. 비타민 A의 전구물질로서 녹황색 채소에 많이 들어 있는 카로틴은 흡수될 때 지질이 충분하지 않으면 흡수율이 낮아진다. 따라서 카로틴과 지용성 비타민들의 흡수가 잘 되게 하기 위해서는 지질로부터 에너지 섭취가 총 섭취 에너지의 10~15%는 되어야 한다.

4. 체구성 성분

지질은 체지방조직의 구성 성분일 뿐만 아니라 세포막, 프로스타글란딘과 호르몬, 신경보호막, 비타민 D 및 소화분비액의 구성 성분이다. 또한, 콜레스테롤 역시 이러한 기능들을 유지시키는 중요한 물질이며 체내의 구성 성분으로서 중요하다.

5. 단열재로써의 기능

평균 체중을 지니고 있는 경우 신체에 체지방조직의 1/2 정도가 피하지방을 구성하고 있다. 이는 체열을 보존하기 위한 내부 담요나 방풍 벽의 역할을 한다. 이는 열을 차단하는 단열재로써 열의 방산을 막는 작용을 하므로 체온 유지에 관여한다. 그러므로 체내의 피하지방의 축적된 정도와 일상생활 환경의 온도가 얼마나 되는가에 의하여 체온 유지의 이익과 불이익이 결정된다.

6. 생체기관의 보호

체지방조직의 나머지 1/2은 내부 장기를 둘러싸고 있기 때문에 외부에서 오는 충격이나 타박상을 완화시켜 중요 내장 기관을 보호한다.

7. 기타

비타민 B_1의 절약작용이 있고 향미 성분의 공급으로 식욕을 돋우며 위장관의 통과 시간이 느리므로 포만감을 줄 수 있다.

3-3 지질의 소화와 흡수

1. 지질의 소화

소화는 인체에서 흡수할 수 없는 큰 물질을 흡수 가능한 크기의 물질로 바꾸는 것이다. 지질의 소화는 이 목표를 이루기 위해 가수분해작용뿐만 아니라 유화작용의 물리적인 변화에도 의존하고 있다. 일반적으로 매일의 식사에서 섭취되는 지질의 양은 25~160g 정도로 다양하다. 이 지질의 대부분은 중성지방 형태로 되어 있고 물에 불용성이므로 소화효소의 작용을 위해서는 먼저 유화되어야 한다. 담즙산이 지질의 유화제 역할을 하여 췌장의 리파제가 작용하기 쉽게 하고 미셀(micelle)을 만들어 지질을 가용화시킨다.

그러므로 위에서 리파제는 지질을 가수분해하는 정도가 약하고 단지 우유 지방 정도에만 적합하다. 담즙산과 유화된 지질은 췌장 리파제의 작용을 받아 지질의 약 70~80%는 β-모노글리세라이드까지 분해된다. 완전히 가수분해되어 지방산과 글리세롤로 되는 것은 약 20~30% 정도이다.

▌표 3-4 **지질의 소화**

소화기관	기 질	효 소	보조인자	생성물
입, 식도	지방	-	체온	따뜻하고 유동적인 지방
위	유화되지 않은 지방	-	체온	유동적인 지방
위	유화된 지방 (식품에 존재하는)	위장 리파제	-	디글리세라이드, 모노글리세라이드, 지방산, 글리세롤
소장	유화되지 않은 지방	-	담즙	유화된 지방
소장	유화된 지방	췌장 리파제와 소장 리파제	-	모노글리세라이드와 약간의 디글리세라이드, 지방산, 글리세롤

2. 지질의 흡수

지질은 장관 내에서 지방산과 글리세롤로 분해되어 흡수된다. 그러나 그 과정 중에 생긴 모노글리세리드 및 디글리세리드도 그대로 흡수된다. 지방 입자의 직경이 0.1㎛ 전후가 되면 장점막을 통과하기 때문에 지방 그대로도 유화되어 흡수된다.

지질의 흡수기전이 보통 식사에서 섭취하는 지질의 대부분인 장쇄지방산과 모노글리세라이드 등은 담즙산과 결합하여 미셀을 만들어 미세융모에 흡수된 후 곧이어 세포 내에서 중성지방으로 재합성된다. 중성지방은 콜레스테롤, 인지질, 단백질과 결합하여 카일로미크론(chylomicron)으로 되고 림프관, 흉관을 거쳐 정맥으로 운반된다. 그러나 중쇄지방산은 그대로 세포 내에 흡수된다. 담즙산염은 흡수되지 않고 장관 내에 남아서 다시 미셀 형성에 도움을 주고 있다. 단쇄 및 중쇄지방산, 글리세롤의 흡수는 확산에 의한 것이며 모노글리세리드, 장쇄지방산의 흡수는 능동수송으로 흡수된다. [그림 3-12]에는 지방의 소화, 흡수 및 운반 경로가 표현되어 있다.

콜레스테롤은 담즙산과 미셀로 되어 림프관에서 흉관을 거쳐 혈액으로 들어가는데 이 경우에는 담즙산염이 아주 중요한 역할을 하고 있다. 지방의 흡수 속도는 일반적으로 동물성 지방이 식물성 지방보다 좋다. 또한, 식물 스테롤(주로 에르고스테롤)은 콜레스테롤의 흡수를 방해하는 작용이 있다.

3. 지질의 운반

지질은 대부분 물에 불용성이므로 단백질과 결합한 형태인 지단백질 형태로 혈액을 통해 이동된다. 지단백질은 지질대사에 중요한 물질이다. 이는 중성지방에 단백질, 콜레스테롤, 인지질이 결합된 것으로 혈중에 지질의 운반작용을 한다.

▌그림 3-12 **지질의 소화, 흡수, 운반**

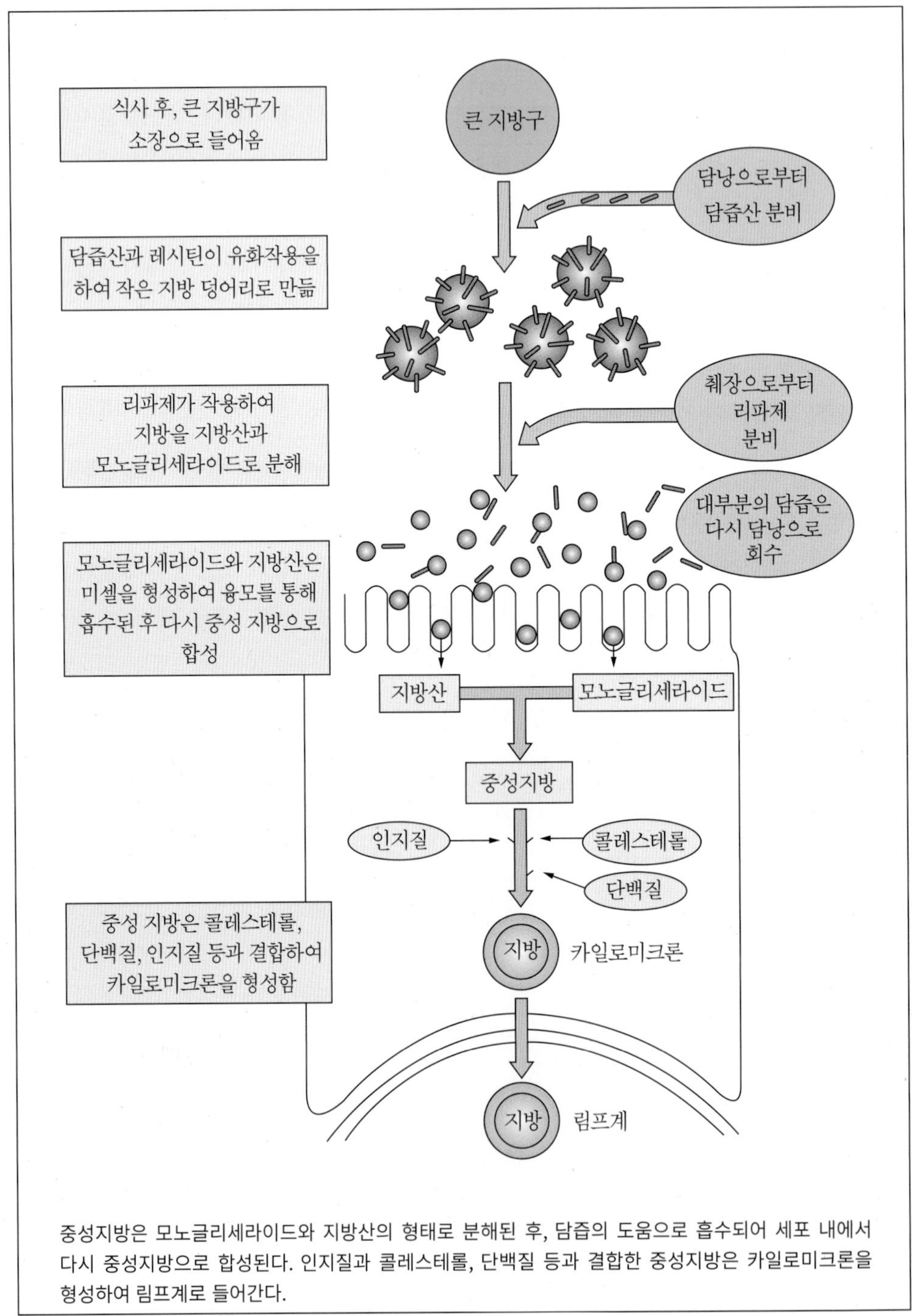

중성지방은 모노글리세라이드와 지방산의 형태로 분해된 후, 담즙의 도움으로 흡수되어 세포 내에서 다시 중성지방으로 합성된다. 인지질과 콜레스테롤, 단백질 등과 결합한 중성지방은 카일로미크론을 형성하여 림프계로 들어간다.

(출처: Wardlaw GM · Insel PM., 2002, Perspectives in Nutrition, 5th., p.217, Mosby, St. Louis)

3-4 지질의 대사

1. 지방산의 β - 산화

지방산의 산화는 세포의 미토콘드리아에서 일어나는데 지방산의 β 위치에서 산화되므로 β - 산화라고 한다.

▌그림 3-13 지방산의 β - 산화 과정

$$R-\overset{\gamma}{C}H_2-\overset{\beta}{C}H_2-\overset{\alpha}{C}H_2-\underset{\underset{O}{\|}}{C}-S-CoA$$

① FAD → $FADH_2$: Acyl-CoA dehydrogenase

$$R-CH_2-\overset{H}{\overset{|}{C}}=\underset{\underset{H}{|}}{C}-\underset{\underset{O}{\|}}{C}-S-CoA$$

trans-Δ^2-Enoyl-CoA

② H_2O : Enoyl-CoA hydratase

$$R-CH_2-\overset{OH}{\overset{|}{\underset{\underset{H}{|}}{C}}}-CH_2-\underset{\underset{O}{\|}}{C}-S-CoA$$

L-3-Hydroxyacyl-CoA

③ NAD^+ → $H^+ + NADH$: 3-Hydroxyacyl-CoA dehydrogenase

$$R-CH_2-\underset{\underset{O}{\|}}{C}-CH_2-\underset{\underset{O}{\|}}{C}-S-CoA$$

3-Ketoacyl-CoA

④ CoA-SH : Ketothiolase (Acyl-CoA acetyltransferase)

$$R-CH_2-\underset{\underset{O}{\|}}{C}-S-CoA + CH_3-\underset{\underset{O}{\|}}{C}-S-CoA$$

Acyl-CoA (C_{n-2}) Acetyl-CoA (C_2)

(출처 : 《최신 생화학》, 광문각, 그림 6-6)

지방산 산화의 첫 번째 단계는 지방산이 활성화된 후 카르니틴에 의해 미토콘드리아로 이동하여 탄소 2개 단위의 acetyl CoA로 분해되고, 생성된 acetyl CoA는 TCA 회로로 가서 H_2O와 CO_2로 완전히 분해된다. 자연계에 존재하는 대부분의 지방산은 탄소 수가 짝수이지만, 홀수인 경우에는 여러 개의 acetyl CoA와 마지막으로 탄소 수가 3개인 propionyl CoA로 분해된다. Propionyl CoA는 succinyl CoA를 거쳐서 TCA회로로 들어가서 H_2O와 CO_2로 분해된다. β-산화로 생성된 NADH와 $FADH_2$는 전자전달계로 이동하여 산화되어 ATP를 생성한다[그림 3-13].

당뇨병이나 간질환으로 당질대사가 저해되어 옥살로아세트산의 생성량이 부족하거나 기아 상태로 당질대사가 일어나지 않고 지질대사가 활발한 경우 옥살로아세트산의 결핍으로 acetyl CoA가 TCA회로로 들어가지 못하고 acetyl CoA가 과잉 축적되면 2분자가 축합한다. 이때 생성된 acetoacetic acid, acetone, β-hydroxybutyric acid 등의 물질을 케톤체라 한다. 혈액이나 소변 중에 케톤체가 정상 이상 함유된 상태를 산독증(ketosis)라 하고 심한 산독증의 경우 체액이 산성으

▌그림 3-14 **케톤체의 생성**

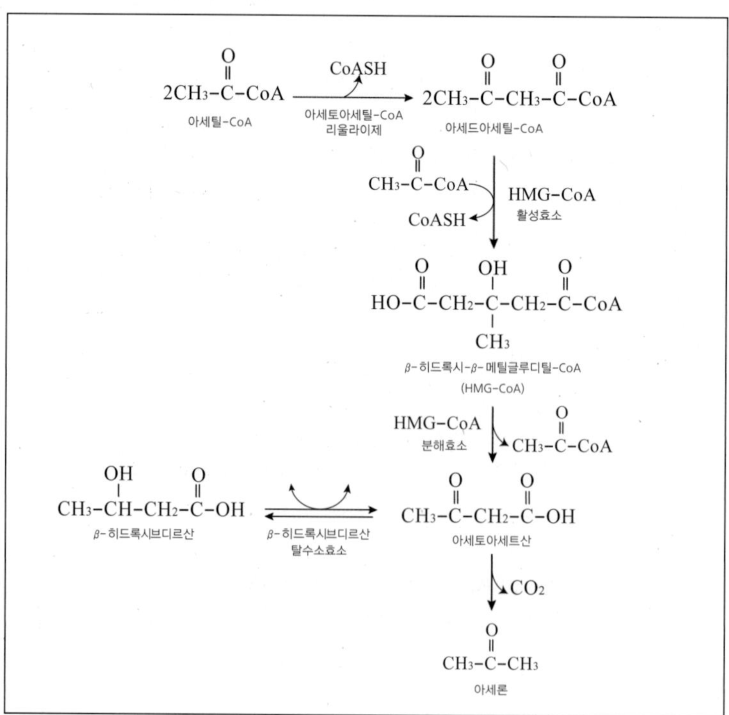

(출처: 《알기 쉬운 생화학》, (주)지구문화사)

로 기울게 되고 식욕 부진, 구토 및 두통의 증세를 나타낸다[그림 3-14].

2. 지방산의 생합성

지방산의 생합성은 세포의 소포체에서 일어나는데, 지방산 생합성은 β-산화의 역반응으로 일어나는 것은 아니고, acetyl CoA가 malonyl CoA를 거쳐 연속적으로 축합된다[그림 3-15].

▌그림 3-15 **지방산의 생합성**

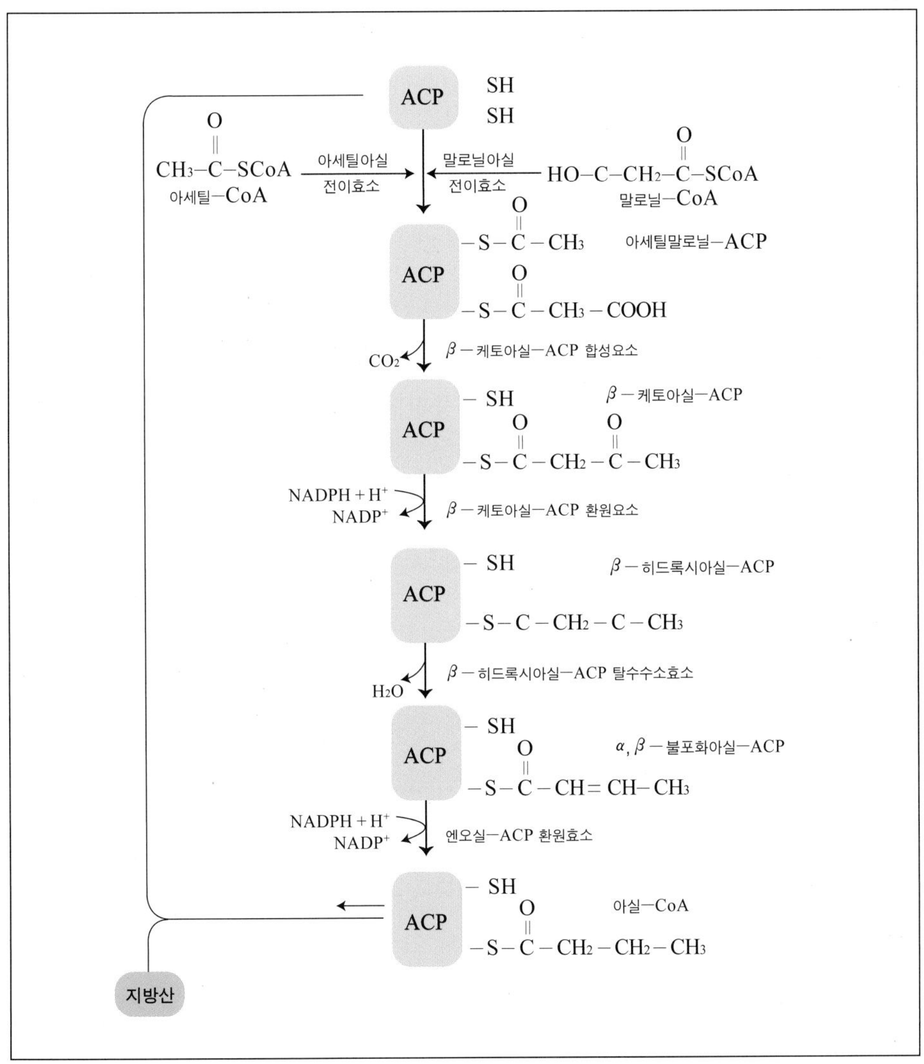

(출처 : 《생명과학을 위한 생화학》, 지구문화사)

3-5 지질의 섭취 현황 및 섭취기준

제8기 1차년도(2019) 국민건강 영양조사 보고서에 의하면 에너지 섭취량의 변화는 크지 않지만 전반적으로는 증가하는 경향이다. 탄수화물 섭취량은 감소하고(1998년 315.5g, 2019년 274.6g), 지방은 증가하여(1998년 40.1g, 2019년 51.2g), 에너지 섭취량 중 지방의 섭취분율은 23.6%로 전년대비 1.0% 증가했고, 탄수화물의 에너지 섭취분율은 60.8%로 전년대비 1.4% 감소하였다. 포화지방산 섭취량은 17.1g, 단일불포화지방산은 16.8g, 다가불포화지방산은 12.4g이었으며, n-3계 지방산과 n-6계 지방산 섭취량은 각각 1.8g, 10.6g으로 소량씩 상승하였다. 지방산의 종류와 상관없이 대체로 남자의 섭취량이 여자보다 높았으며, 12~18세에서 섭취량이 높았다. 에너지 섭취량이 필요추정량의 125% 이상이면서 지방 섭취량이 에너지 적정 비율을 초과한 대상자 분율(에너지/지방 과잉 섭취자 분율, 표준화)은 6.9%로 2018년 6.0%보다 상승하였으며, 19~29세, 30~49세 연령층에서 각각 9.0%, 10.3%로 가장 높았다.

지역별 유지류 섭취 현황을 살펴보면 동에 거주하는 사람이 읍면에 거주하는 사람에 비해 섭취량이 많았고, 소독 수준이 중간인 경우가 섭취량이 많았다. 포화지방산, 단일불포화지방산, 다가불포화지방산, n-3계 지방산, n-6계 지방산도 동일한 경향을 나타내었다.

지방 섭취량의 주요 급원 식품으로는 돼지고기가 가장 많았고, 그다음이 소고기, 달걀, 콩기름, 마요네즈 순이었다.

지질의 섭취기준은 에너지 적정 비율을 설정하였고, 영아의 경우에만 충분섭취량을 설정하였다. 1~2세 유아는 지방의 에너지 적정 비율이 20~35%이고, 3세 이상은 15~30%로 설정하였다. 필수지방산으로는 n-6계 리놀레산과 n-3계 알파-리놀렌산, EPA+DHA에 대한 충분섭취량을 설정하였다. 심혈관질환의 위험 감소를 위해 포화지방산을 7% 미만으로 설정하였고, 트랜스지방산 비율은 1% 미만으로 설정하였다. 콜레스테롤은 목표섭취량으로 설정하지 않고 완화된 표현을 사용하여 300mg/일 미만으로 권고하였다.

▌표 3-5 지질의 에너지 적정비율과 콜레스테롤 권고섭취량

연령(세)	지방	n-6 지방산	n-3 지방산	포화 지방산	트랜스 지방산	콜레스테롤
1-2	20-35%	4-10%	1% 내외	-	-	-
3-18	15-30%	4-10%	1% 내외	〈 8%	〈 1%	-
19 이상	15-30%	4-10%	1% 내외	〈 7%	〈 1%	〈 300mg/일

(출처: 보건복지부, 2020 한국인 영양소 섭취기준)

3-6 지질의 급원 식품

지질을 공급하는 식품은 동물성과 식물성으로 분류할 수 있는데 식품 속의 지질 함량과 지방산의 종류가 각기 다르다[표 3-6].

지질은 섭취량을 확인할 수 있는 가시 지질(빵의 버터나 고기의 지질 등)과 식품 중에 숨겨져 있는 비가시 지질(아보카도의 기름이나 파이 껍질 속의 쇼트닝 등)로 구성되어 있다. 그러므로 대부분의 사람은 그들의 지질섭취량을 산출하기가 어렵다. 우리나라 사람들은 가시 지질/비가시 지질의 비율이 6: 4로서 가시 지질을 더 많이 소비하고 있다.

지질의 함량이 높은 식품으로는 유제품과 육류, 견과류가 있다. 유제품의 경우 식품 가공기술의 발달로 지질을 제거하는 방법이 개발되어 왔다. 예를 들면 탈지유에는 거의 지질이 없으므로 탈지유로부터 배양되어 만들어진 요구르트 같은 제품의 경우 거의 지질이 없다.

일부분 탈지유로 만들어진 모짜렐라 치즈(mozzarella), 그리고 저지방 커티즈 치즈(cottage cheese)는 전지유로 만들어진 것보다 지질의 함량이 낮다.

▌표 3-6 각종 식품에 함유된 지질과 지방산의 함량(g/100g)

식 품		지질	포화 지방산	불포화지방산		콜레 스테롤	리놀레산	리놀레산	아라키 돈산
				단일불포화	단일불포화				
곡류	현 미	3.0	0.69	0.91	0.99	0	36.9	1.4	0.6
	백 미	1.3	0.41	0.30	0.45	0	37.1	1.4	0.4
	식 빵	3.8	0.82	1.25	1.38	0	31.9	7.9	5.2
두류	강낭콩	2.2	0.25	0.18	0.79	0	22.9	41.8	0.4
	대두(말린 것)	19.0	2.57	3.61	10.49	0	52.0	10.9	0.2
	두 부	5.0	0.88	1.02	2.48	0	49.8	6.9	0.6
	두 유	2.0	0.35	0.41	0.99	0	49.8	6.9	0.6
	완두콩	2.3	0.27	0.44	0.68	0	42.8	6.2	0.5
종실류	땅콩(볶은 것)	49.5	9.06	24.01	15.15	0	31.2	0.2	1.5
	참깨(볶은 것)	54.2	7.80	19.78	23.41	0	45.6	0.3	0.6
육류	닭(다리)	14.6	3.87	6.47	2.26	95	15.2	0.8	0.2
	돼지(삼겹살)	38.3	15.47	16.81	3.94	60	9.7	0.5	0.2
	소(안심)	16.2	6.12	7.55	0.39	70	2.6	2.6	0.1
난류	달걀	11.2	3.14	4.37	1.60	470	13.4	0.3	0.1
	메추리알	12.5	3.70	4.51	1.53	470	11.1	0.3	0.1
어패류	갈 치	5.9	1.69	2.09	1.14	80	1.2	0.5	0.3
	고등어	16.5	3.96	5.40	4.13	55	1.4	0.8	0.2
	꽁 치	16.2	2.93	6.61	3.65	60	1.7	1.2	0.4
	새 우	0.5	0.05	0.08	0.10	130	1.0	0.1	0
	오징어	1.0	0.03	0.22	2.30	300	0	0.2	-
우유류	아이스크림	12.0	7.69	3.06	0.31	32	2.5	0.3	0.2
	요구르트	3.0	1.87	0.78	0.07	11	2.0	0.3	0.1
	우 유	3.5	2.17	0.91	0.11	11	2.7	0.4	0.1
	인 유	3.5	1.25	1.30	0.60	15	15.0	2.1	0.2
유지류	돼지기름	100.0	39.50	45.50	10.30	100	9.8	0.7	0.2
	면실유	100.0	22.00	18.00	54.10	0	56.9	0.5	0.2
	버 터	81.0	51.44	20.90	2.43	210	2.6	0.7	0.2
	옥수수기름	100.0	12.50	32.50	48.70	0	50.5	1.5	-
	참기름	100.0	14.20	37.00	42.60	0	44.8	0.6	0.7
	코코넛기름	100.0	84.90	6.50	1.90	1	2.0	-	-
	콩기름	100.0	14.00	23.20	57.40	1	52.7	7.9	0.3
	팜 유	100.0	47.60	37.60	9.40	1	9.6	0.3	0.4
	해바라기씨유	100.0	9.80	17.90	66.50	0	69.9	0.7	-

※자료: 농촌생활연구소, <식품성분표>, 제5차 개정, 1996.

지질의 함량을 확인하기 위해서는 반드시 라벨을 읽어야 한다. 대부분의 육류와 육류 가공품은 지질의 함량이 높다. 육류를 가공하는 방법과 동물을 사육하는 방법을 개선하면 지질 함량을 감소시키는 데 기여할 수 있다.

3-7 지질과 건강 문제

지질은 영양소 중에서 질환과 가장 밀접하게 관련되어 있는 영양소이다. 현재까지의 많은 연구보고에 의하면 섭취하는 지질의 양이나 종류가 심혈관계 질환 및 암 등 만성질환과 매우 밀접한 관계가 있다고 알려져 있다.

1. 심혈관계 질환의 위험 인자

심혈관계 질환을 일으킬 수 있는 주된 위험 인자로 흡연, 고혈압 및 높은 혈중 콜레스테롤 수준 등을 들 수 있다.

1) 흡연

흡연을 하면 담배 안에 있는 수천 가지의 해로운 물질들이 체내로 흡수되어 혈관을 상하게 하고 플라그가 혈관 벽에 더 잘 쌓이게 되어 혈액이 더 잘 응고되도록 한다.

2) 고혈압

수축기 혈압이 140mmHg 이상이거나 이완기 혈압이 90mmHg 이상인 고혈압도 심혈관계 질환의 주된 위험 요인이다.

3) 혈중 콜레스테롤 농도

혈중 콜레스테롤 수준이 높을수록 그에 비례해서 심장병으로 인한 사망자 수가 증가하므로, 혈중 콜레스테롤을 높지 않게 유지하는 것이 중요하다. 한국인의 고지혈증 치료지침(2015년)에서는 혈중 콜레스테롤 농도가 200mg/100ml 이상이면 고지혈증의 위험군으로 분류하고 있다. 혈중 콜레스테롤을 좀 더 자세히 구분하여 보면, LDL-콜레스테롤과 HDL-콜레스테롤로 구분된다. LDL-콜레스테롤은 간에서 다른 조직으로 콜레스테롤을 운반하는 역할을 하므로 LDL-콜레스테롤 함량이 높으면 관상동맥 벽에 콜레스테롤이 쌓일 위험이 높다. 따라서 LDL-콜레스테롤이 130mg/100ml 이상이면 경계선이고 160mg/100ml 이상이면 위험하므로 치료가 요구된다. 반면 HDL-콜레스테롤은 조직의 콜레스테롤을 간으로 운반하면 간에서 콜레스테롤을 체외로 내보내게 되므로, 동맥경화에 대한 방어효과를 지닌다. 따라서 혈청 콜레스테롤 농도보다 총 콜레스테롤: HDL-콜레스테롤 농도의 비율이나 HDL-콜레스테롤: LDL-콜레스테롤 농도 비율이 심혈관계 질환의 더 큰 위험 인자로 작용함을 알 수 있다.

2. 고지혈증 개선 방안

심혈관계 질환의 직접적인 위험 요인이 될 수 있는 고지혈증을 개선하려면 식사요법과 생활습관 교정을 병행하여야 한다. 특히 고지혈증은 당뇨병, 비만과 밀접한 관련이 있으므로 중등도의 운동과 식사요법을 시행하여 비만을 줄여야 한다. 식사요법을 통하여 고지혈증을 개선하려면 에너지 및 총 지질, 포화지방, 콜레스테롤 등의 섭취를 줄이고, 그 대신 불포화지방산과 식이섬유질의 섭취를 늘리도록 한다. 특히 등푸른생선에 함유되어 있는 EPA는 혈중 중성지방을 줄이는 효과가 뚜렷하고 혈액응고를 억제하므로 심혈관계 질환 예방에 도움이 된다.

생활습관 교정에는 흡연을 줄이거나 금연을 실시하고 규칙적인 운동을 하는 것이 권장된다. 금연을 하면 혈청 콜레스테롤을 낮춤으로써 동맥경화나 심장질환을 줄일 수 있다. 규칙적인 운동으로는 HDL-콜레스테롤 농도를 높이고 체중을 정상으로 감소시켜 비만을 줄이므로 심혈관질환의 위험 요인을 줄이는 결과가 된다.

3. 식이 지방과 암

역학조사에 따르면 식이지질은 특히 대장암, 유방암 발생 증가와 관련이 깊다. 즉 지질 섭취량이 증가할수록, 특히 동물성 지방 섭취량이 증가할수록 대장암 발병 위험도가 증가하였다. 유방암의 경우도 유사한 결과들이 보고되고 있다.

식사 중 지질의 섭취가 많으면 담즙산의 분비를 유도하게 되고, 담즙산이 많이 분비되면 결장암으로 발전될 가능성이 많다. 담즙산은 지질의 소화 · 흡수에 필요한 물질로서 일이 끝나면 소장의 회장에서 재흡수되며, 그 나머지는 결장에서 장내 박테리아의 공격을 받아 변형된 담즙산을 생성하게 된다. 이렇게 생긴 변형된 담즙산은 결장에서 종양의 형성을 촉진시킬 수 있다. 또한, 고지방의 섭취는 신체 내 어떤 호르몬을 변형시켜서 그로 인해 동물의 유방암 발생 빈도를 증가시키는 것으로 알려져 왔다.

CHAPTER

04

단백질

04 CHAPTER

단백질

단백질은 생명 현상의 유지를 위해 가장 중요한 물질이다. 탄수화물이나 지질과는 다르게 탄소(C), 수소(H), 산소(O) 이외에 질소(N)와 황(S) 등을 함유하고 있다. 질소의 함량은 평균 16%로 보고, 식품이나 조직의 단백질 정량에는 질소량을 측정해서 그 값에 100/16=6.25를 곱하면 단백질량을 구할 수 있다.

단백질을 가수분해하면 아미노산이 생성된다. 단백질의 크기는 구성 아미노산(amino acid)의 수에 의해 결정된다. 수십 개에서 수천 개의 아미노산으로 구성된 다양한 크기의 단백질들이 존재한다. 대부분의 단백질은 약 250~300개의 아미노산으로 중간 정도의 크기로 구성되어 있다. 인체에 필요한 새로운 단백질 합성을 위해서는 충분한 양의 양질의 단백질 섭취가 매우 중요하다.

4-1 아미노산의 분류

단백질을 구성하는 가장 기본 단위는 아미노산이다. 아미노산은 분자 속에 1개 이상의 아미노기($-NH_2$)와 카르복실기($-COOH$)를 동시에 가지고 있다. 아미노산의 아미노기는 염기성이고 카르복실기는 산성이므로 양성 물질로서 체액을 중화하는데 중요한 역할을 한다. 일반적으로 아미노산은 탄소(α－탄소)에 아미노기, 카르복실기, 수소가 연결되어 있고, 나머지에는 다양한 종류의 'R'기가 붙어 있는 화합물이다[그림 4-1]. 곁가지 R 부분이 수소이면 가장 간단한 아미노산인 글리신(glycine)이 된다. 체내 단백질에서 발견되는 아미노산은 α－탄소 원자에 아미노기와 카르복실기가 결합되어 있는 α-아미노산으로 모두 L형으로 존재한다. 단백질을 구성하는 20개 아미노산에 포함된 R기는 그 아미노산과 단백질의 특성을 결정짓는다. 아미노산은 R기의 성질에 따라 중성, 산성, 염기성, 방향족, 측쇄 아미노산 등으로 분류할 수 있다.

그림 4-1 **아미노산의 구조**

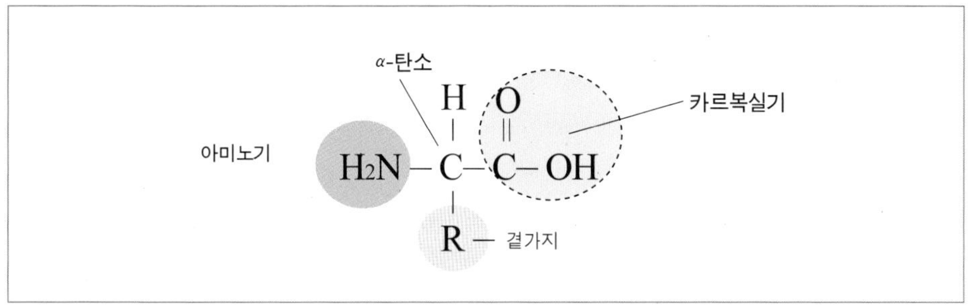

1. 화학적 분류

아미노산의 R그룹에 일반적으로 중성을 유지하나, R그룹에 아미노기가 하나 더 붙으면 그 아미노산은 염기성을 나타내고, R그룹에 카르복실기가 더 붙으면 산성을 나타낸다.

1) 중성 아미노산

한 분자 중에 아미노기 1개와 카르복실기 1개를 가지고 있는 것으로 글리신(glycine), 알라닌(alanine), 세린(serine), 트레오닌(threonine), 발린(valine), 루신(leucine), 이소루신(isoleucine) 등이 있다.

2) 산성 아미노산

한 분자 속에 아미노기 1개와 2개의 카르복실기를 지닌 것으로 아스파르트산(aspartic acid)과 글루탐산(glutamic acid)이 있다.

3) 염기성 아미노산

한 분자 속에 2개의 아미노기와 1개의 카르복실기를 지닌 것으로 리신(lysine)과 아르기닌(arginine)이 여기에 속한다.

표 4-1 아미노산의 분류

(a) **중성 아미노산**(monoamino · monocarboxylic acid)

종 류	구 조 식	비 고
1. glycine [Gly]	$H-C(NH_2)(H)-COOH$	지방족 아미노산. 가장 간단한 아미노산으로 부제 탄소 없음
2. alanine [Ala]	$H_3C-C(NH_2)(H)-COOH$	지방족 아미노산
3. serine [Ser]	$HOH_2C-C(NH_2)(H)-COOH$	-OH기를 함유하는 아미노산
4. threonine [Thr]	$H_3C-CHOH-C(NH_2)(H)-COOH$	-OH기를 함유하는 아미노산 (필수)
5. valine [Val]	$(H_3C)_2>CH-C(NH_2)(H)-COOH$	지방족 아미노산(필수) 곁가지 아미노산

6. leucine [Leu]	$(H_3C)_2CH-CH_2-C(NH_2)(H)-COOH$	지방족 아미노산(필수) 곁가지 아미노산
7. isoleucine [Ileu]	$(H_3C-CH_2)(H_3C)CH-C(NH_2)(H)-COOH$	지방족 아미노산(필수) 곁가지 아미노산
8. methionine [Met]	$H_3C-S-CH_2-CH_2-C(NH_2)(H)-COOH$	함유황 지방족 아미노산 (필수)
9. cysteine [Cys. H]	$HS-CH_2-C(NH_2)(H)-COOH$	함유황 지방족 아미노산
10. cystine [Cys]	$S-CH_2-CH(NH_2)-COOH$ $\vert$ $S-CH_2-CH(NH_2)-COOH$	함유황 지방족 아미노산 cysteine과 cystine은 산화 · 환원으로 상호 이행한다.
11.phenylalanine [Phe]	$C_6H_5-CH_2-C(NH_2)(H)-COOH$	방향족 아미노산(필수)
12. tyrosine [Tyr]	$HO-C_6H_4-CH_2-C(NH_2)(H)-COOH$	방향족 아미노산
13. tryptophan [Trp]	$C_8H_6N-CH_2-C(NH_2)(H)-COOH$	복소환식 아미노산(필수)

(b) **산성 아미노산**(monoamino · dicarboxylic acid)

종류	구 조 식	비고
14. aspartic acid [Asp]	NH_2 | $HOOC-CH_2-C-COOH$ | H	지방족 아미노산. 가장 간단한 아미노산으로 부제 탄소 없음
15. glutamic acid [Glu]	NH_2 | $HOOC-CH_2-CH_2-C-COOH$ | H	지방족 아미노산

(c) **염기성 아미노산**(diamino · monocarboxylic acid)

종류	구 조 식	비고
16. lysine [Lys]	NH_2 NH_2 | | $CH_2-CH_2-CH_2-CH_2-C-COOH$ | H	지방족 아미노산. 가장 간단한 아미노산으로 부제 탄소 없음
17. arginine [Arg]	NH NH_2 \\\\ | $C-NH-CH_2-CH_2-CH_2-C-COOH$ / | NH_2 H	지방족 아미노산
18. histidine [His]	NH_2 | $HC=C-CH_2-C-COOH$ | | | N NH H \\\\ / C H	복소환식 아미노산 (필수)

(d) **환상 아미노산**

종류	구 조 식	비고
19. proline [Pro]	$H_2C - CH_2$ | | $H_2C \quad CH-COOH$ \\ / N H	gelatin에 많다.
20. hydroxy proline [Hyp]	$HO-HC - CH_2$ | | $H_2C \quad CH-COOH$ \\ / N H	collagen, gelatin에 많다.

2. 영양적 분류

식품 중에 존재하는 아미노산의 종류는 20여 가지나 되며, 식품에 존재하지 않는 아미노산이 신체 내에서 다른 아미노산에 의해 합성되기도 한다. 몇몇 아미노산들은 인체에서 합성할 수 없으므로 반드시 음식에서 공급되어야 하기 때문에 필수아미노산(essential amino acid)이라고 한다.

모든 아미노산은 우리 몸의 조직을 만들고 유지하는 데 있어서는 필수적이다. 다만 체내에서 생성할 수 없어 반드시 음식으로 섭취해야만 하는 아미노산을 필수아미노산이라 하고, 체내에서 생성할 수 있는 아미노산을 비필수아미노산(nonessential amino acid)이라고 한다.

표 4-2 **아미노산의 종류**

필수아미노산	비필수아미노산	
	불필수아미노산	조건적 필수아미노산
히스티틴(histidine)	알라닌(alanine)	아르기닌(arginine)
이소루신(isoleucine)	아스파트산(aspartic acid)	시스테인(cysteine)
루신(leucine)	아스파라긴(asparagine)	티로신(tyrosine)
리신(lysine)	글루탐산(glutamic acid)	글루타민(glutamine)
메티오닌(methionine)	세린(serine)	글리신(glycine)
페닐알라닌(phenylalanine)		프롤린(proline)
트레오닌(threonine)		시트룰린(citrulline)
트립토판(tryptophan)		오르니틴(ornithine)
발린(valine)		타우린(taurine)

비필수아미노산이라고 해서 신체 내에서의 중요성이 떨어지는 것은 아니다. 체내에서 단백질을 합성할 때는 필수아미노산과 똑같은 비중으로 비필수아미노산도 필요하므로 체내에서 역할의 중요성은 같다. 다만 비필수아미노산은 단백질 합성을 위해 필요할 때 체내에서 합성될 수 있으나 필수아미노산은 꼭 식사를 통해 섭취해야 한다는 점이 다르다. 식품 중에 있는 필수아미노산 중 인체에서 요구되는 양에 비해 제일 적게 들어 있는 필수아미노산을 제한아미노산(limiting amino acids)이라고 한다. 식품 단백질의 종류마다 제한아미노산은 달라진다.

최근에는 비필수아미노산을 불필수아미노산과 조건적 필수아미노산으로 분류하였다. 불필수아미노산은 체내 합성이 쉽지만, 조건적 필수아미노산은 특정한 생리적 상태에서는 합성되는 양이 부족하여 섭취해야 하는 것을 일컫는다.

4-2 단백의 분류

단백질의 분류에는 화학적인 분류, 영양적인 분류 및 기능적인 분류로 나눌 수 있다.

1. 화학적 분류

단백질은 다수의 아미노산이 결합한 고분자 화합물로 화학적 조성에 따라 단순단백질, 복합단백질, 유도단백질로 분류한다.

1) 단순단백질(simple protein)

순수 아미노산만으로 구성된 단백질로 물, 염, 묽은 산, 묽은 알칼리, 알코올에 대한 용해도 차이 또는 열에 대한 응고 차이 등에 의해 알부민, 글로불린, 글루텔린, 프롤라민, 알부미노이드, 프로타민, 히스톤 등으로 나누어진다.

- 알부민(albumin): 물에 녹으며 열에 응고한다. 필수아미노산의 함량이 풍부하며 소화가 잘된다. 체액과 조직의 액체의 흐름을 조절한다.

  예) 혈청과 달걀의 알부민, 우유의 락트알부민

- 글로불린(globulin): 묽은 염류 용액에 녹으나 물에는 녹지 않고 열에 응고한다. 염용성의 성질을 이용하여 콩을 마쇄한 것에 알카리성의 간수를 첨가해서 여과된 용액에 열을 가하여 응고시켜서 두부를 만들고, 생선을 마쇄한 용액에 7%의 소금물을 첨가해서 여과된 액체에 열을 가하여 어묵을 만든다.

  예) 근육과 혈청 글로불린, 대두의 글리시닌(glycinine)

- 글루텔린(glutelin): 약산과 알칼리에는 녹으나 약한 염류 용액이나 물에는 녹지 않고 열에 응고한다. 밀가루는 글루테닌과 글리아딘으로 이루어진 글루텐의 함량에 따라서 강력분, 중력분, 박력분으로 나눈다.

  예) 밀의 글루테닌(glutenin), 쌀의 오리제닌(oryzenin)

- 프롤라민(prolamine): 70% 알코올에는 녹으나 다른 용액에는 녹지 않는다.

  예) 밀의 글리아딘(gliadin), 옥수수의 제인(zein), 보리의 호데인(hordein)

- 알부미노이드(albuminoid): 물, 염류 용액, 묽은 산, 묽은 알칼리에 녹지 않는 경단백질이다.

  예) 뼈의 콜라겐(collagen)과 엘라스틴(elastin), 모발의 케라틴(keratin)

- 프로타민(protamine): 물, 암모니아 용액에 녹으며 성숙한 동물의 정자 세포에서 핵산과 결합한다.

  예)연어 정자에 함유된 살민(salmin), 고등어 정자에 함유된 스콤브린(scombrin)

- 히스톤(histone): 물과 묽은 산에는 녹으나 암모니아 용액에는 녹지 않으며 복합단백질의 구성 성분으로 들어 있다.

  예) 흉선 중의 사이머스 히스톤(thymus histone)

2) 복합단백질(conjugated protein)

아미노산으로만 구성된 단순단백질에 핵산, 당, 지질, 인, 금속, 색소 등의 다른 화학 성분이 결합된 단백질이다.

대표적인 복합단백질로는 핵단백질인 리보솜, 당단백질인 뮤신, 지단백질인 킬로미크론, VLDL, LDL,HDL, 인단백질인 카제인, 색소단백질인 헤모글로빈, 금속단백질인 헤모시아닌, 페리틴 등이 있다.

- 핵단백질(nucleoprotein): 핵산과 단백질이 결합된 것으로 세포핵의 주성분으로 중요하고, 흉선의 뉴클레오히스톤과 어류 정액의 뉴클레오프로타민(nucleoprotamin) 등이 있다.
- 당단백질(glycoprotein, mucoprotein): 당질이나 그 유도체와 단백질이 결합된 것으로 난백의 오보뮤코이드(ovomucoid)가 여기에 속한다. 위벽을 코팅해서 보호하는 mucin 등이 있다.
- 인단백질(phosphoprotein): 핵산이나 인지질 이외에 인을 함유하는 물질과 단백질이 결합된 것으로 우유의 카제인(casein), 난황의 오보비텔린(ovovitellin) 등이 있다.
- 지단백질(lipoprotein): 지방과 단백질이 결합되어 있으며 혈액 내에서 지방을 운반하는 여러 가지 지단백이 있다.
- 색소단백질(chromoprotein): 색소 성분과 단백질이 결합된 것으로 혈액 중의 헤모글로빈(hemoglobin)이 있다.
- 금속단백질(metalloprotein): Fe, Cu, Zn과 같은 금속과 단백질이 결합된 것으로 철단백질인 트랜스페린(transferrin), 아연 단백질인 인슐린(insulin) 등이 있다.

3) 유도단백질(derived protein)

단순단백질과 복합단백질이 화학적 또는 물리적으로 처리되어 변성되거나 가수분해된 산물이다. 제1차 유도단백질은 단백질의 구조적 변화만 있고 분자량 변화는 없는 것으로 산, 알칼리, 효소 등에 의해 변성된 단백질이다. 콜라겐을 물로 끓여 만든 젤라틴이나 단백 용액에 알코올이나 산을 가하여 만들어진 응고단백질이 여기에 속한다. 제2차 유도단백질은 가수분해된 단백질로 프로테오스(proteose), 펩톤(peptone) 및 펩티드(peptide) 등이 있다.

단백질 → 제1차 유도단백질 → proteose → peptone → peptide → 아미노산

└ 제2차 유도단백질 ┘

2. 영양적 분류

동물성 단백질과 식물성 단백질은 필수아미노산과 비필수아미노산의 비율이 크게 다르다. 각 식품 단백질에 함유된 아미노산의 종류와 그 양에 따라서 완전단백질, 부분적 불완전, 불완전단백질로 분류한다.

1) 완전단백질

생명체의 성장과 유지에 필요한 필수아미노산의 종류와 양이 충분한 단백질이다. 정상적인 성장과 함께 체중을 증가시키고 생리적 기능 유지에 도움이 되는 생물가가 높은 양질의 단백질이다. 트립토판과 리신 함량이 낮은 젤라틴을 제외한 모든 동물성 단백질은 완전단백질이며 육류, 가금류, 달걀, 우유, 생선 등이 이에 속한다. 식물성 단백질 중에서는 분리대두단백 형태로 공급되는 대두 글리시닌이 완전단백질이다.

2) 부분적 불완전단백질

필수아미노산을 모두 함유하고 있으나 그 양이 충분하지 않은 단백질이다. 대부분의 식물성 단백질이 여기에 속하는데 밀의 글리아딘, 보리의 호데인 등이 있다. 이렇게 부족한 아미노산은 다양한 종류의 식물성 곡류를 혼합하여 섭취함으로써 아미노산의 보강이 필요하다. 이를 단백질의 상호보충(complementary protein) 효과라 하며, 필수아미노산 조성이 다른 두 개의 단백질을 함께 섭취하여 제한점을 보완하게 한다. 콩밥을 먹게 되면 곡류에 부족한 리신과 콩에 부족한 메티오닌이 서로 보완되어 상당히 좋은 필수아미노산 조성을 갖게 된다.

3) 불완전단백질

몇 종류의 필수아미노산 함량이 극히 부족하거나 결핍된 단백질이다. 이런 종류의 단백질 섭취에 의존하면 신체의 성장과 유지가 어렵고 체중이 감소되며 몸이 쇠약해진다. 불완전단백질의 경우, 옥수수를 주식으로 하는 지역에서는 리신과 트립토판이 부족하게 될 우려가 있기에 완전단백질을 공급하여 영양 불균형이 되지 않도록 주의해야 한다. 동물성 단백질 중에서는 젤라틴이 불완전단백질로 영양상 중요한 필수아미노산 함량이 낮다.

3. 기능적 분류

생체 내의 단백질은 각각의 생리적 기능을 지니고 있다.

그 기능에 따라 구조단백질, 수송단백질, 저장단백질, 방어단백질, 촉매단백질 및 수축성 단백질 등이 있다.

▌그림 4-2 **단백질의 기능적 분류**

	• 구조단백질: 결합조직의 콜라겐과 엘라스틴
	• 운반단백질: 헤모글로빈 - 산소 운반, 혈청 알부민 - 영양소 운반
	• 저장단백질: 페리틴 - 간에 철을 저장
	• 생체보호 단백질: 혈청항체(면역 γ - 글로불린, IgG, IgA, IgM)
	• 촉매단백질(효소): fatty acid synthetase - 지방산 합성, Lactate dehydrogenase - pyruvate와 lactate의 상호 전환에 촉매

4-3 단백질의 구조

단백질은 아미노산이 펩티드 결합(peptide bond)에 의해 다수 결합한 폴리펩티드(polypeptide) 화합물이다. 단백질의 분자 구조식은 R–CH(NH_2)COOH이다.

펩티드 결합은 어떤 아미노산의 카르복시기(–COOH)와 다른 아미노산의 아미노기(–NH_2)가 탈수・축합하여 –CO–NH– 결합에서 2분자의 아미노산이 결합하는 것이다.

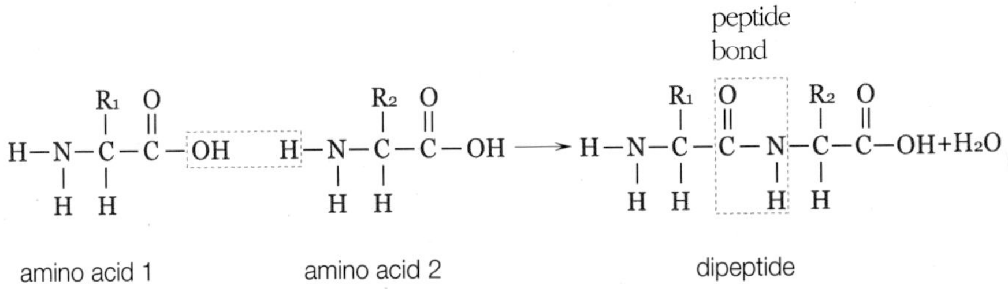

$$\underset{\text{amino acid 1}}{H-N(H)-C(H)(R_1)-C(=O)-\boxed{OH}} \quad \underset{\text{amino acid 2}}{\boxed{H}-N(H)-C(H)(R_2)-C(=O)-OH} \longrightarrow \underset{\text{dipeptide}}{H-N(H)-C(H)(R_1)-\underbrace{C(=O)-N(H)}_{\text{peptide bond}}-C(H)(R_2)-C(=O)-OH} + H_2O$$

단백질은 아미노산들의 다양한 순서와 성분 조합에 의해 화합물을 형성하여 그 종류는 무수히 많다. 2개의 아미노산이 결합된 것을 디펩티드(dipeptide)라 하고, 3개는 트리펩티드(tripeptide), 4개인 경우는 테트라펩티드(tetrapeptide)라 부른다. 단백질은 복잡한 폴리펩티드(polypeptide)로 다수의 아미노산이 결합된 것이다.

단백질의 구조는 1차, 2차, 3차 및 4차 구조로 되어 있다[그림 4–3]. 1차 구조는 폴리펩티드의 아미노산 배열 순서를 나타낸 구조이다. 아미노산 배열은 각각의 단백질마다 매우 독특하고 고유한 아미노산의 배열이 있다. 각 단백질은 아미노산 배열 순서로 인하여 다음 단계의 독특한 입체 구조가 결정되며, 입체 구조는 또 단백질의 기능을 결정짓는다.

2차 구조는 polypeptide 사슬이 수소결합이나 이온결합에 의하여 나선 구조(α–helix)나 병풍 구조(β – structure)를 형성한다.

3차 구조는 polypeptide 사슬들이 이온결합, 수소결합, 소수성 결합, –S–S–결합 등에 의해 구부러지고 압축되어 구상이나 섬유상의 복잡한 구조를 이루는 것을 말한다.

4차 구조는 3차 구조의 단백질이 모여서 소수성 결합, 수소결합 등에 의해 소단위(subunit)가 다시 입체적으로 배열된 것을 말한다.

▌그림 4-3 **단백질의 구조**

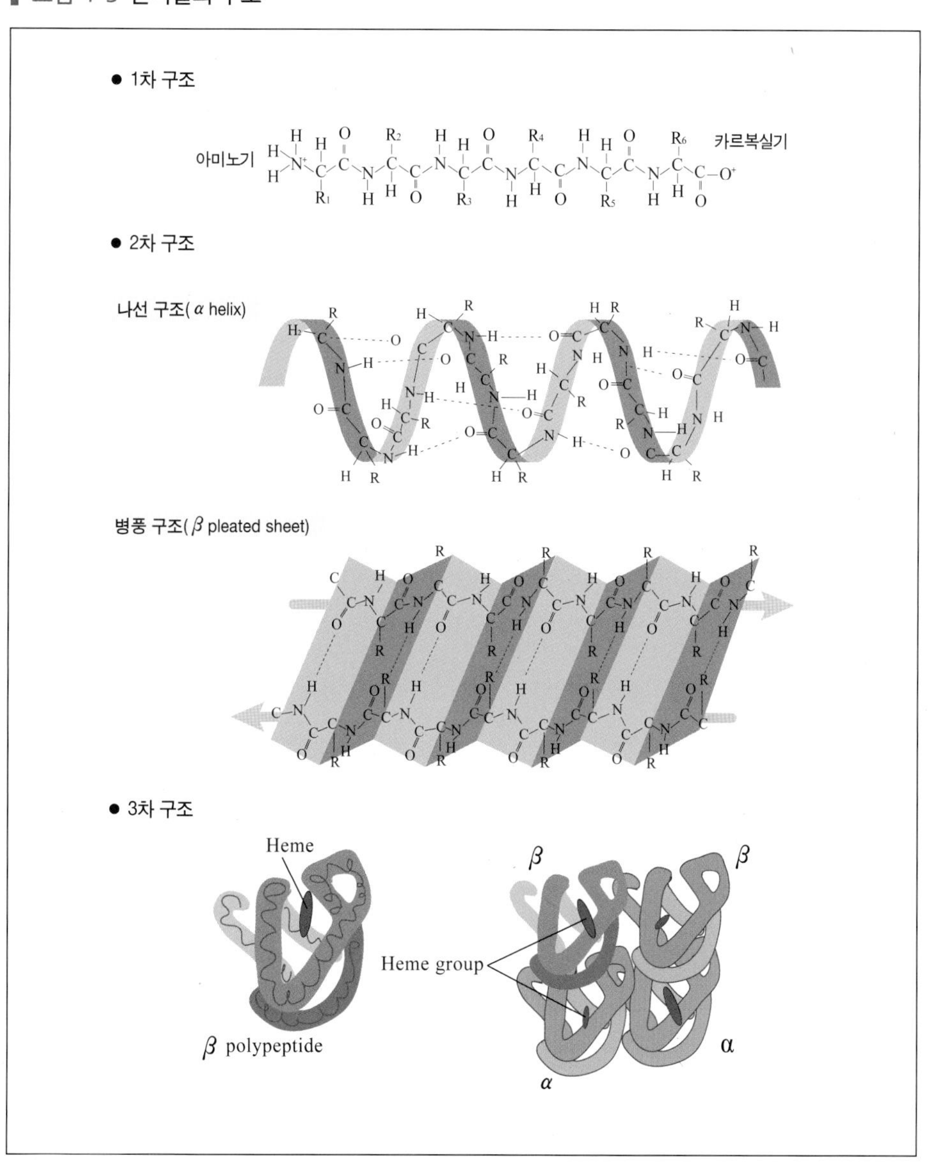

4-4 단백질의 기능

1. 단백질의 생리적 기능

단백질은 분해되어 아미노산으로 흡수된 다음 혈액에 의하여 빠른 속도로 각 조직에 운반되어 많은 작용을 한다. 체내에서 일어나는 단백질의 작용은 다음과 같다.

1) 새로운 조직의 합성과 보수

인체를 구성하는 단위인 세포의 원형질은 여러 물질로 구성되어 있으며 그 주성분은 단백질이다. 새로운 조직을 구성하기 위하여 필요한 단백질의 양은 성장과 보수 과정에 따른 그 정도와 속도에 의존한다. 빨리 성장하는 영아는 식이단백질의 1/3이 새로운 조직을 형성하는 데 이용된다.

식이단백질의 부족은 뇌와 근육 형성, 혈액 공급 등에 영향을 미치고 성장이 지연된다. 근육의 구성단백질은 액틴과 미오신이 있으며 근육이 수축할 수 있도록 하고, 근육을 단단하고 탄력성 있게 한다. 머리, 피부, 손톱, 발톱 등에 존재하는 케라틴과 같은 단백질은 단단하고 물에 용해되지 않으므로 몸을 보호하는 역할을 한다. 혈관 벽을 구성하는 단백질은 혈관에 탄력성을 주어 혈압을 정상적으로 유지하게 하며, 뼈와 치아를 구성하는 무기질은 단백질로 형성된 틀에 끼워져 뼈와 치아를 단단하게 한다.

체내 단백질은 심한 출혈, 화상, 외과적 수술 및 뼈 골절과 같은 질환에 의해 손상된 부분의 조직을 다시 만들어 준다. 머리카락, 손톱 및 발톱은 성장이 멈추지 않고 일생을 통해 계속되고 적혈구도 120일이 되면 파괴가 되며, 모든 체내의 단백질은 그 속도는 일정하지 않지만 계속 퇴화되고 재생된다. 그러므로 단백질은 체내 조직을 보수하고 유지시키기 위해 계속 필요하다.

2) 효소, 호르몬 및 항체 형성

단백질은 각종 효소의 주요 성분이다. 음식이 소화되는 동안 일어나는 화학적 변화는 효소를 필요로 한다. 효소는 단독으로 작용하기도 하고, 조효소와 함께 작용하기도 하며, 조인자와 결합하여 작용하기도 한다.

호르몬 중에서 단백질이나 아미노산의 유도체인 것들이 있다. 갑상선호르몬인 티록신(thyroxine)과 부신수질호르몬인 아드레날린은 불필수아미노산인 티로신에서 생성된다. 췌장에서 분비되는 인슐린도 아미노산의 유도체이다.

항체는 질병에 대한 저항력을 가지게 하는 물질이다. 우리의 몸은 세균, 바이러스 및 다른 미생물들로부터 보호하기 위하여 항체를 이용한다. 항체는 체내에서 단백질에 의해 만들어진다. 그러므로 적당량의 단백질 섭취 없이는 질병을 방지하기 위한 충분한 항체가 체내에 존재하지 못한다. 항체는 병원균이나 세균성 이물질 등 여러 가지의 항원이 체내에 들어 왔을 때 이들로부터 신체를 방어해 주기 위한 목적으로 만들어지는 단백질이다. 항원에 대한 항체의 방어작용을 면역이라고 하며, 식이 단백질이 부족하면 체내에서 항체가 잘 만들어지지 않아 감염성 질병에 잘 걸리게 된다.

3) 혈장단백 형성

혈장단백은 주로 알부민, 글로불린, 피브리노겐이 있으며 대부분 간장에서 만들어진다. 혈장알부민은 새로운 조직을 형성할 때 제일 먼저 단백질을 공급해 주며 다른 영양소를 운반하기도 한다. 혈장글로불린은 조직에서 필요한 단백질을 알부민 다음으로 공급하며, α-글로불린은 구리(Cu)를 운반하고, β-글로불린은 철(Fe)을 운반하며, γ-글로불린은 항체로 병균을 방어한다. 피브리노겐은 혈액을 응고시키는 물질이다.

4) 체내 대사과정의 조절

단백질은 체내에서 산 · 염기평형과 수분평형을 조절한다. 세포막 내에 있는 단백질은 세포에 특정한 전해질의 양을 조절한다. 예를 들면 나트륨 이온은 단백질에 의해 세포 외로 옮겨지고, 칼륨 이온은 세포 내로 보내진다. 전해질 기능은 신경과 근육의 기능에 중요한 역할을 감당할 수 있으며, 또한 체내에서 수분평형도 조절할 수 있다.

세포막 내외의 체액의 분포는 전해질에 의한 삼투압과 용해된 단백질의 압력에 의해 조절된다. 전해질 대사 이상이나 단백질 결핍에 의해 혈장 알부민의 양이 저하되면 체액이 조직에 축적되어 부종이 발생한다.

단백질은 양성 물질이므로 산 · 염기의 평형을 조절한다. 단백질은 산 또는 알칼리의 이온과 양쪽으로 결합할 수 있으므로 이 완충작용에 의해서 혈액의 pH를 항상 일정한 상태인 pH 7.35~7.45로 유지할 수 있다. 그러므로 혈장단백질은 정상적인 세포의 대사에 필수적인 체성분을 중성으로 유지하는 데 매우 중요한 기능을 지니고 있다.

5) 포도당 신생 및 에너지 공급

신경조직이나 적혈구의 에너지원으로 포도당을 지속적으로 공급해 주기 위하여 탄수화물을 충분하게 섭취하지 못한 경우, 간이나 신장에서 아미노산 등으로부터 당 신생 과정을 통해 포도당을 합성한다.

우리 신체는 단백질이 가능한 단백질 고유의 기능에 사용될 수 있도록 탄수화물과 지방에서 발생하는 열량을 먼저 사용한다. 열병 상태, 갑상선 기능항진증, 신진대사율 증가 및 단식 상태일 경우에 충분한 열량이 당질과 지방에서 공급되지 못하면 식이단백질이나 신체조직 단백질이 열량을 위해 사용되므로 단백질 고유의 기능을 하지 못하며 신체조직의 소모가 일어나 신체가 약화된다.

2. 단백질의 보완 효과

단백질 합성을 하기 위해서는 필수아미노산이 모두 존재해야만 한다. 그러나 식품 속의 단백질에는 약간의 필수아미노산이 존재하지 않거나 적게 함유되어 있다. 단백질에 함유된 아미노산 중에서 최저량의 아미노산을 제한아미노산이라고 한다. 제한아미노산은 식품 속의 단백질에 따라 다르다. 한 가지 식이 단백질 속에 부족한 아미노산들은 이 부족한 아미노산들이 풍부하게 함유되어 있는 다른 식품 속의 단백질을 섭취하여 상호 보완작용을 통해 완전단백질을 공급받을 수 있다.

이처럼 단백질의 질을 향상시키는 작용을 단백질의 보족 효과라 한다. 질이 낮은 식물성 단백질은 단독으로 먹는 것보다 양질의 동물성 단백질과 혼합하여 먹음으로써 부족한 아미노산을 보완할 수 있다. 그러나 실제 제한아미노산을 보충할 때 한 종류의 아미노산이 너무 많이 첨가되면 아미노산 불균형을 초래하여 독성을 나타낼 수도 있다. 쌀, 보리, 밀, 옥수수와 같은 식물성 단백질은 대체적으로 리신이 부족하고 함황아미노산이 풍부하다. 그러므로 우유, 대두, 호두와 같이 함황아미노산이 부족하고 리신이 풍부한 식품과 함께 섭취하면 부족함이 서로 보완될 수 있다.

그림 4-4 우유와 물로 반죽한 빵을 먹은 쥐의 성장 상태

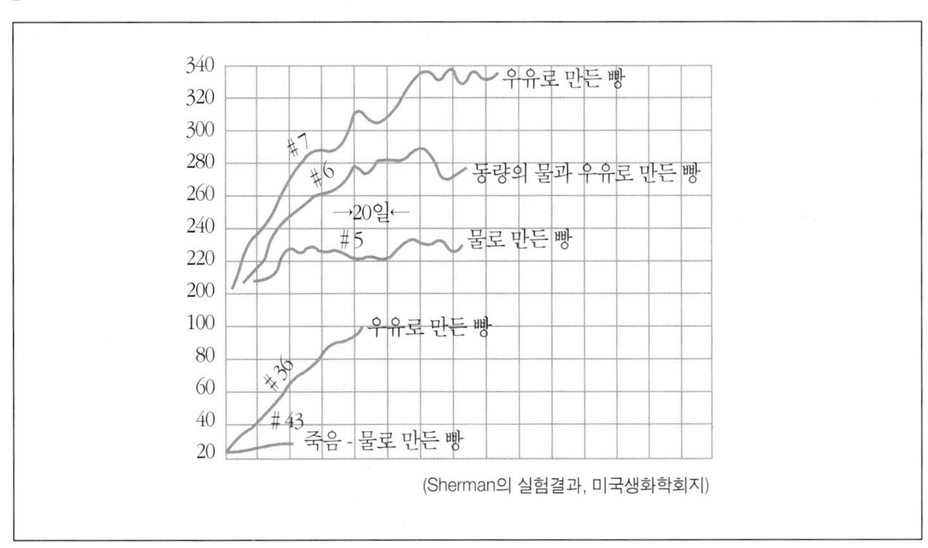

(Sherman의 실험결과, 미국생화학회지)

Sherman은 우유로 반죽한 빵, 우유에 물을 섞어 반죽한 빵, 물만으로 반죽한 빵의 3가지 식이를 쥐에게 먹여 성장 상태를 관찰하였다. 우유로 반죽한 빵을 먹은 쥐는 정상 성장을 했으나 물과 우유로 반죽한 빵을 먹은 쥐는 서서히 성장했고, 물만으로 반죽한 빵을 먹은 쥐는 성장이 거의 되지 않았다[그림 4-4].

4-5 단백질의 소화와 흡수

1. 소화

단백질은 효소에 의해 디펩티드와 아미노산으로 분해된다. 1차적으로 변성이 된 단백질은 소화효소에 의해서 더 쉽게 분해된다. 변성은 펩티드 결합들이 분해되지 않고 단백질 분자의 공간적 배열이나 모양에 있어서 변화가 생기는 것을 말한다. 단백질은 산, 열, 주위의 수소이온 농도(pH) 및 염류 농도에 의해서 변성이 될 수 있다. 그러므로 조리를 통해서 단백질은 변성이 되어 소화가 쉽게 된다.

단백질 분해효소는 종류가 다양하여 단백질을 형성하는 폴리펩티드의 중간을 여기저기 분해시키는 내부형(endo-type)과 폴리펩티드의 끝에 있는 아미노산을 하나씩 분해시키는 외부형(exo-type)이 있다. 펩티드 결합들은 특정한 소화효소에 의해서 분해된다.

위 속에 있는 펩신은 단백질 분자를 큰 폴리펩티드로 분해시키면서 단백질 소화를 시작한다. 이 큰 폴리펩티드들은 다시 췌장과 소장에서 분비되는 효소들에 의해서 아미노산으로 변하고 약간은 디펩티드가 최종 분해물로 되기도 한다[표 4-3].

▌표 4-3 단백질 소화효소와 최종 산물

분비 장소	효소	기질	최종 산물
위	pepsin rennin(유아)	proteins 우유의 casein	큰 polypeptides 우유 단백질 응고
췌 장	trypsin	proteins	작은 polypeptides dipeptides
	chymotrypsin	큰 polypeptides proteins	작은 polypeptides dipeptides
	carboxypeptidase A와 B	큰 polypeptides 작은 polypeptidase	amino peptides와 dipeptides
	aminopeptidase	polypeptides	amino peptides와 dipeptides
소 장	dipeptidase	dipeptides	amino acids

▌그림 4-4 단백질 소화효소의 특수성

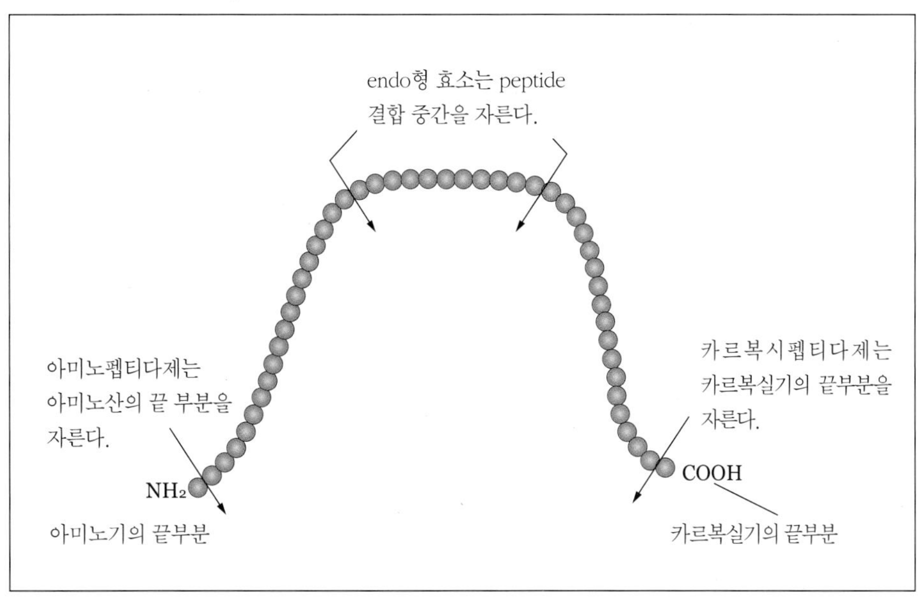

▌그림 4-5 **단백질의 소화와 흡수**

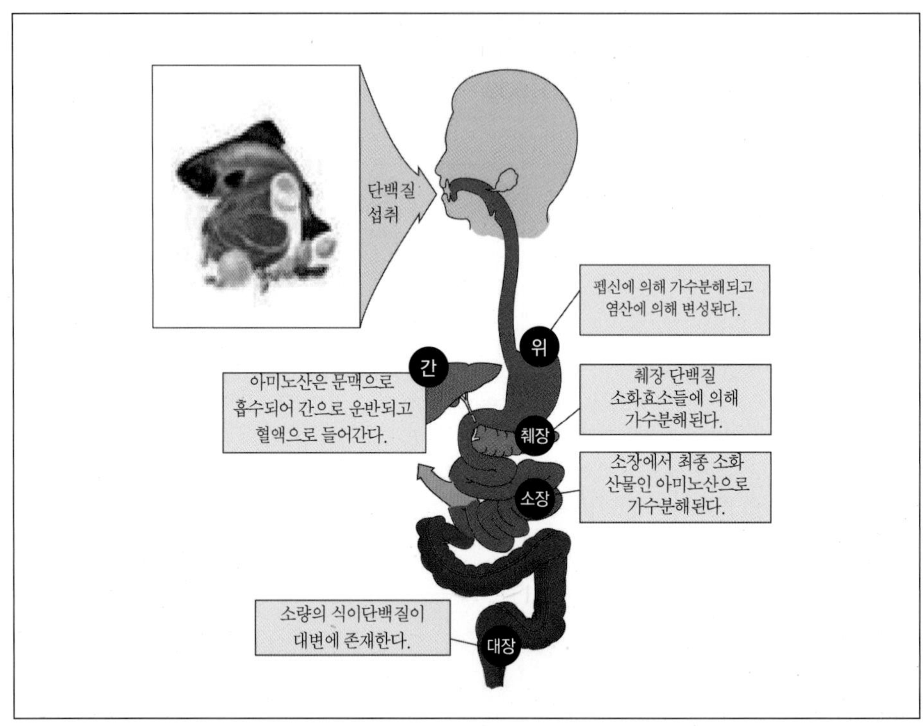

2. 흡수

단백질 소화에 의해서 생성된 아미노산들은 능동수송에 의해서 흡수된다. 능동수송은 특정 단백질이 소장점막 세포막을 통과하여 소장 내로 흡수되기 위해서 에너지를 필요로 한다.

아미노산과 함께 디펩티드들도 소장을 통해 흡수가 가능하다. 장점막 세포로부터 흡수된 아미노산은

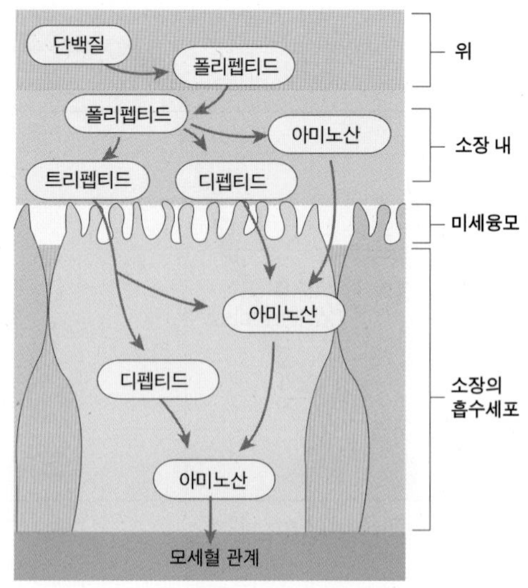

▌그림 4-6 **단백질의 흡수 과정**

대부분이 간문맥을 거쳐 간으로 운반되어 대사되며 일부는 다시 혈액으로 나와 각 조직에 운반되어 단백질 합성 등을 위해 사용된다[그림 4-6].

간에서 혈장으로 유출되어 농도가 조절되는 트립토판은 뇌로 가서 세로토닌 합성의 전구체로 사용된다. 곁가지 아미노산(branched amino acid)은 말초 조직, 특히 근육과 지방조직에서 분해된다.

4-6 단백질의 대사

1. 단백질의 동적 평형

체내에서 단백질은 끊임없이 분해되고 재합성되어 단백질 교체(protein turnover)가 진행된다. 단백질 합성 및 분해 과정을 조절하는 것은 세포의 성장과 유지를 위해서 매우 중요하다. 체내 단백질 교체는 새로운 단백질 합성이 일어나기 위해서는 인체에 필요한 아미노산의 양이 일정한 수준으로 유지되도록 지속적인 단백질 공급이 필요하다. 성인의 하루 단백질 섭취량이 50~80g일 때, 이보다 많은 200~300g 아미노산이 체조직 교체 주기에 따라 분해되어 체내 공급된다. 분해된 아미노산은 새로운 조직 합성에 사용되거나 에너지원으로 활용된다. 이렇게 인체는 단백질의 동적 평형(dynamic equilibrium) 상태를 유지하고 있으며, 체내 아미노산이 일정한 수준으로 유지되는 유리 아미노산의 양을 아미노산 풀(amino acid pool)이라고 한다.

아미노산 풀은 정상적인 신체 에너지 상태에서는 그 크기가 일정하다. 그러나 단백질의 섭취가 감소하면 아미노산 풀의 크기가 감소하고 단백질의 합성이 일어나지 않는다. 스트레스를 받을 때에도 단백질 교체율은 증가하는데, 가벼운 스트레스의 경우는 단백질 합성률이 감소하고, 심한 스트레스의 경우는 단백질 분해율이 증가하기 때문이다. 이처럼 체내 단백질 합성률은 생리적 상태에 따라 변화하여 영아에서 성인으로 갈수록 감소한다.

2. 아미노기 전이 반응과 탈아미노 반응

체내로 유입된 아미노산의 대사 경로는 [그림 4-7]에 제시되어 있다. 체내에서 단백질 합성에 이용되지 않은 여분의 아미노산은 아미노기 전이 반응과 산화적 탈아미노 반응이 연속적으로 일어나 아미노기를 제거한다. 아미노기 전이 반응은 아미노산의 아미노기를 탄소 골격에 전달하여 새로운 아미노산을 형성하는 반응이다. 이 반응은 비타민 B_6로부터 합성되는 PLP(pyridoxal phosphate)를 조효소로 하는 아미노기 전이효소에 의해 촉매되며, 가역적이므로 아미노기 제거뿐만 아니라 비필수아미노산이 합성된다. 대부분의 아미노산의 아미노기는 α-케토글루타르산에 전달되어 일차적으로 글루탐산으로 모이게 된다. 산화적 탈아미노기 반응은 글루탐산에 글루탐산 탈수소효소가 작용하여 아미노기를 암모니아 형태로 유리시킨다. 즉 아미노기 전이 반응과 산화적 탈아미노 반응의 두 반응을 통해 아미노산의 아미노기가 제거된다.

또 다른 경로는 직접적인 탈아미노 반응이다. 이 반응은 아미노산의 α-아미노기가 암모니아 형태로 제거되어 아미노산 합성에 쓰이지 않는 경우는 간에서 요소로 합성되어 신장을 통해 체외로 배설된다. 한편, 아미노기가 제거되어 생성된 탄소 골격인 α-케토산은 포도당과 지방산 합성에 쓰이거나 TCA 회로를 통해 산화되어 ATP를 생성한다.

3. 요소회로

단백질이 아미노산으로 분해되면 탈아미노 반응에 의해 아미노산의 α-아미노기가 제거되어 암모니아를 형성한다. 암모니아는 물에 잘 녹으며 독성이 강한데 인체는 소량의 물로도 아미노기 제거가 가능한 요소회로가 존재한다. 요소 합성은 간에서 일어나며 오르니틴, 시트룰린, 아르기닌의 세 가지 주요 아미노산이 순환하는 과정으로 오르니틴 회로라고도 한다.

4. 아미노산 탄소 골격의 분해

아미노기가 제거된 아미노산의 탄소 골격은 포도당 합성에 이용되거나 아세틸 CoA로 전환되어 지방산이나 케톤체 형성에 쓰일 수 있다. 당원성 아미노산(glucogenic amino acid)은 아스파르트산, 글루탐산, 프롤린, 아르기닌, 히스티딘, 글리신, 알라닌, 시스테인, 세린, 트레오닌, 발린과 메티오닌의 탄소 골격이 이화과정에서 TCA 회로의 중간 대사물로 전환되어 포도당 합성에 이용된다. 당원성-케

표 4-4 여러 가지 아미노산의 대사 경로

케토원성 아미노산	Leu, Lys
당원성-케토원성 아미노산	Ile, Phe, Tyr, Trp
당원성 아미노산	Ala, Ser, Gly, Cys, Asp, Glu, Arg, His, Val, Thr, Met, Pro

그림 4-7 단백질 대사의 요약

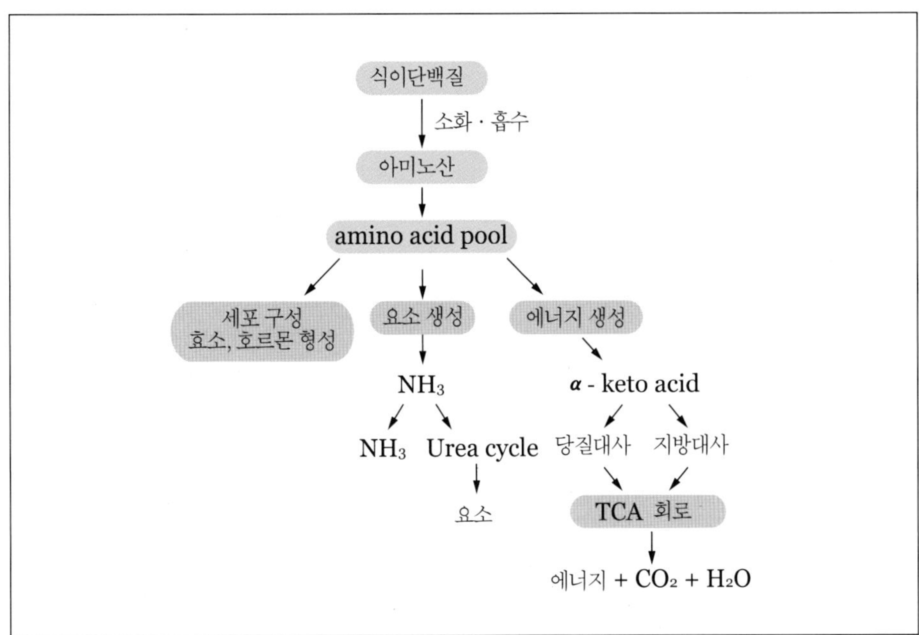

토원성 아미노산(glucogenic–ketogenic amino acid)은 티로신, 페닐알라닌, 이소루신과 트립토판의 탄소 골격이 부분적으로 포도당 합성에 이용되기도 하고, 아세틸 CoA로 전환되기도 한다. 케토원성 아미노산(ketogenic amino acid)은 루신과 리신의 탄소 골격이 이화 과정에서 아세틸 CoA나 아세토아세틸 CoA를 합성하는 데 쓰인다.

4-7 단백질의 평가

1. 질소평형

대부분의 단백질은 평균 16%의 질소를 함유하고 있으므로 소변 속의 질소에 의해 단백질이 체내에서 얼마만큼 분해되고 산화되었는가를 측정할 수 있다. 왜냐하면 단백질 대사에 의해서 생성되는 질소를 함유한 최종 산물은 주로 소변을 통해서 배설되기 때문이다. 대변 속의 질소는 흡수가 되지 않으므로 질소평형을 조사하기 위해서는 섭취량에서 제거해야만 한다. 피부, 머리카락, 손톱에서의 소모량은 소량이기 때문에 실질적으로 무시될 수 있다.

조직 단백질을 둘러싸고 있는 체액의 아미노산과 그 조직 단백질의 아미노산 사이에는 교환이 계속되지만, 성인의 경우에는 성장 발육이 일어나지 않고 소모된 조직은 보수가 되므로 전체 아미노산 양에는 변화가 거의 없다. 또한, 성인은 단백질을 저장하지 않으므로 질소의 섭취량은 질소의 배설량과 같다. 이것을 질소균형(nitrogen equilibrium)이라고 한다.

몸 안에 새로운 조직이 형성되고 있을 때는 질소를 계속적으로 보유하기 때문에 질소의 섭취량이 배설량보다 더 많다. 이것을 양의 질소평형(positive nitrogen balance)이라고 한다. 단백질은 체내에 거의 저장되지 않지만 임신부나 성장기의 아동은 체내에 새로운 조직이 형성되어 양의 질소평형을 유지한다.

반면 열량 공급의 부족에 의해 약간의 조직 단백질이 분해되면 질소의 섭취량에 비해 배설량이 많게 된다. 조직 단백질에서 열량을 공급하기 위해서는 아미노기 ($-NH_2$)를 떼어 간에서 요소를 형성하여 소변으로 배설하기 때문이다. 이것을 음의 질소평형(negative nitrogen balance)이라고 한다. 음의 질소평형은 단백질 섭취가 체조직 유지에 필요한 양보다 적게 섭취될 경우 일어나며, 단백질 양이 적당하더라도 탄수화물과 지방의 섭취량이 부족하게 되면 조직 단백질의 분해에 의해서 일어난다.

표 4-5 질소평형의 의의

조건	측정	의의
질소평형	N 섭취 = N 배설	조직의 유지와 보수, 건강한 성인
양의 질소평형	N 섭취 > N 배설	성장, 임신, 질병으로부터의 회복기, 인슐린 및 성장호르몬 분비 증가, 운동의 훈련 효과로 근육 증가
음의 질소평형	N 섭취 < N 배설	신체의 소모, 체중감소, 발열, 화상, 감염, 오랜 기간 병상에 누워 있을 때, 단백질 섭취 부족, 에너지 섭취 부족, 단백질 손실 증가, 갑상선호르몬 분비 증가

2. 생물학적 평가법

예) Wister ♂ 1 group: 6 rats

(탄수화물, 지방, 무기질, 비타민.)

※ 단백질 10% (10% 난백 첨가), 4주간 사육

최초 체중 66g

최종 체중 99g 체중 증가 99g - 66g = 33g

단백질 섭취량 4.5g이라면

1) 단백질 효율

단백질 효율(PER: protein efficiency ratio)은 성장하는 동물의 체중이 증가하는 양에 의해서 단백질의 영양가를 측정하는 방법으로 섭취한 단백질 1g에 대한 체중 증가량을 말한다.

$$단백질\ 효율\ (PER) = \frac{증가한\ 체중의\ 양(g)}{섭취한\ 단백질의\ 양(g)}$$

$$PER = \frac{33}{4.5} = 7.33(수치가\ 클수록\ 우수함)$$

이 방법은 주로 어린 쥐를 대상으로 실시한다. 모든 영양소를 충분히 공급해야 하며 단백질의 양을 총 사료 무게의 10%가 되도록 배합해야 한다. 실험 기간은 대개 4주이다. 체중 증가는 체내 단백질 이용과 정비례한다는 가정을 전제로 PER를 측정한다.

단백질이 동물 성장에 기여하는 정도는 식이 섭취량에 따라 다르고, 체중 증가가 체단백질의 증가와 비례하지 않고 체지방 축적에 의한 것일 수도 있으므로 에너지와 단백질 섭취량이 적절히 조절된 조건에서 단백질 효율을 측정하는 것이 중요하다.

2) 생물가

생물가(BV; biological value)는 섭취한 식품단백질이 신체 단백질로 얼마나 효율적으로 전환되는가를 보는것으로, 체내에 보유된 질소의 양을 체내에 흡수된 질소의 양으로 나누고 100을 곱해서 단백질의 질을 평가하는 것이다.

$$생물가(B.V) = \frac{체내\ 보유된\ 질소의\ 양}{흡수된\ 질소의\ 양} \times 100$$

분모: 섭취 N−(분중 N− 무 N사료 분중 N)

분자: [섭취 N−(분중 N−무 N사료 분중 N] − (뇨중 N−무 N사료 뇨중 N)

예) Wister ♂ (rats)

10% 단백질 4일 동안 사육

섭취 N량: 1372 mg

분중 N량: 151 mg

무 N사료 분중 N량: 66 mg

요 중 N량: 274 mg

무 N사료 요 중 N량: 84 mg

$$\therefore \text{생물가} = \frac{[1372-(151-66)]-(274-84)}{1372-(151-66)} \times 100 = 85.24$$

이 실험에서는 식이에 순수한 모든 영양소와 함께 실험하고자 하는 단백질을 필요한 양만큼 먹인 후 소변과 대변을 받아 질소의 함량을 분석한다. 식이질소 함량에서 대변 속의 질소의 양을 빼면 흡수된 질소의 양을 구할 수 있고, 보유된 질소의 양은 식이질소 함량에서 소변과 대변 속의 질소량을 빼면 구할 수 있다.

생물가가 70% 이상인 단백질을 양질의 단백질이라고 한다.

생물가는 불완전하게 소화되는 단백질의 질을 평가할 경우에는 잘 맞지 않으며, 완전하게 소화되는 단백질의 경우에만 아미노산가와 같은 경향을 보일 수 있다. 생물가는 신장이나 간 질환에서 매우 중요하다.

신장이나 간은 여분의 아미노산, 특히 질소를 대사시키고 처리해야 하는 주요 기관이기 때문에 이런 질환을 가진 환자들은 생물가가 높은 단백질(달걀, 우유)을 섭취하여 식이 단백질로부터 조직 단백질로의 전환율을 높여서 신장과 간장의 아미노산 처리 부담을 줄여 주어야 한다.

▌ 표 4-6 주요 식품의 생물가

식 품		생물가	식 품		생물가
육 류	쇠고기	79	곡 류	쌀	73
	닭고기	79		보리	74
	돼지고기	75		밀가루	53
	내장고기	77		조	61
어 류	새우	75		참깨	63
	대구	83	서 류	감자	67
	고등어	84			
	멸치(건)	74	난 류	달걀	100
	오징어(생)	83			
	낙지	72	유제품	우유	88
두 류	대두	77			
	녹두	63	채소류	열무	53
	팥	46		표고버섯(건)	81
	땅콩	57			

(출처: 1970, Amino-acid Content of Foods and Biological Data on Proteins, Food and Agriculture Organization of the United Nations)

3) 단백질 실이용률

단백질 실이용률(NPU: net protein utilization)은 섭취한 단백질이 몸 안에서 이용된 비율을 나타낸 것이다. 생물가(BV)는 흡수한 단백질이 몸 안에서 이용된 것을 나타내나 소화율을 고려하지 않는 데 비해 단백질 실이용률(NPU)은 소화율을 고려한 것이다.

단백질 실이용률(NPU) = 생물가 × 소화 흡수율

예) 단백질 함량 (%)

소화율(%)

생물가(%)

※ 어떤 식품 100g 중에 단백질이 얼마나 이용되었나?

달걀 100g 중에 단백질이 13.2g이 들어 있는데 12.4g이 완전 이용되었다. (94%)

우유 100g 중에 단백질이 3.3g이 들어 있는데 2.88g이 완전 이용되었다. (85%)

$$\frac{13.2 \times 1 \times 94}{100} = 12.4$$ (13.2의 94% 이용)

$$\frac{3.3 \times 1 \times 85}{100} = 2.8$$ (3.3g의 85% 이용)

표 4-7 식품의 단백질 영양가

식 품	단백질 (g/100g)	에너지 (kcal/ 100g)	소화율 (%)	단백질 효율 (PER)	생물가 (BV) (%)	진정 단백질 이용률 (NPU) (%)	화학가 (CS)	제한 아미노산
달걀	13	163	99	3.92	94	94	100	None
우유	4	66	97	3.09	85	82	61	Methionine Cystine
생선	19	125	98	3.55	83	81	75	Tryptophan
쇠고기	18	250	99	2.30	74	74	69	Valin
닭고기	21	120	95	-	74	70	67	Valin
돼지고기	12	350	-	-	74	-	68	Methionine Cystine
젤라틴	86	335	-	-1.25	-	3	0	Tryptophan
대두	34	403	90	2.32	73	66	46	Methionine Cystine
말린 콩	22	340	73	1.48	58	42	34	Methionine Cystine
땅콩	26	564	87	1.65	55	48	43	Methionine Cystine
효모	39	283	84	2.24	67	56	45	Methionine Cystine
통밀가루	12	330	91	1.50	66	60	48	Lysine
옥수수	9	355	90	1.12	60	54	40	Lysine
현미	8	360	96	-	73	70	56	Lysine
백미	7	363	98	2.18	64	63	53	Lysine
감자	2	76	89	-	73	5	48	Methionine Cystine

(출처: 1994, Food and Nutr. Encyclopia, 2nd edition.)

3. 화학적 평가법

1) 단백가(protein score)

단백가는 FAO/WHO에서 단백질을 가수분해한 후 필수아미노산 함량을 분석하여 단백질의 영양가를 판단하는 방법이다.

FAO에서는 많은 연구를 통해 유아 및 성인 남녀에게 필요한 아미노산 양[표 4-8]을 결정하여 이것을 기초로 아미노산의 표준 구성을 작성했다.

▌표 4-8 연령별 아미노산 필요량의 추정치(mg/kg/일)*

아미노산	영 아	유아(2세)	학동(10~12세)	성 인
histidine	28	?	?	8~12
isoleucine	70	31	28	10
leucine	161	73	42	14
lysine	103	64	44	12
methionine cystine	58	27	22	13
pheylalanine+tyrosine	125	69	22	14
threonine	87	37	28	7
tryptophane	17	12.5	3.3	3.5
valine	93	38	25	10
전체 필수아미노산	714	352	214	84

(출처: 1985, Food and Agriculture Organization/World Health Organization)

단백가는 각 식품에 함유된 단백질의 필수아미노산 함량을 분석하여 그것과 아미노산 표준 구성과 비교하여 그중에서 가장 부족되는 제한아미노산을 골라내어 그 양을 표준 구성의 그 아미노산 양으로 나누어 100을 곱한 것이다.

$$\text{단백가} = \frac{\text{식품 속의 가장 부족한 아미노산 양}}{\text{표준 구성의 그 아미노산 양}} \times 100$$

2) 소화율이 고려된 아미노산가 (PDCAAS: protein digestibility corrected amino acid score)

소화율이 고려된 아미노산가는 생물학적인 방법과 화학적인 방법의 단점을 보완한 것으로 최근에 FDA에서 4세 이상의 어린이나 임신하지 않은 성인을 위한 식품에 단백질 효율 대신 사용하도록 승인한 것이다. PDCAAS는 단백질의 아미노산가를 100으로 나눈 값에다 소화율을 곱한 것으로 최댓값이 1.0이다. 우유, 달걀, 콩 단백질 등은 1에 가깝고, 필수아미노산 중 하나라도 완전히 결핍되면 아미노산가가 0이므로 PDCAAS도 0이 된다.

4-8 단백질의 영양섭취기준

2020 단백질 섭취기준은 우리와 급원 식품 및 생리적 특성이 유사한 일본의 단백질 이용 효율 근거 자료를 참고하되, 연령을 보정하여 산출하였다(6개월~8세, 70%; 9~11세 73%; 12~14세, 80%; 15~18세, 86%; 19세 이상, 90%). 영아 후기부터 18세까지 성장기의 평균필요량에는 질소평형 유지에 필요한 단백질 양에 체내 단백질 이용 효율을 반영한 뒤 성장에 필요한 단백질 양을 추가하여 산정하였다. 성인의 경우 0.66g/kg일에 이용 효율 90%를 적용하여 0.73g/kg/일을 질소평형 유지를 위한 단백질 필요량으로 결정하였다. 권장섭취량은 97.5 백분위수를 추정한 값으로 표준편차는 12.5%를 적용하여 권장량 산정계수 1.25를 산출하고 평균필요량에 1.25를 곱한 값으로 산출하였다. 2015년 섭취기준과 비교하여, 2020개정된 섭취기준은 성장기 이용 효율의 반영과 체위기준 변화를 기반으로 성장기와 일부 성인기에서 상향 조정되었다.

단백질 필요량은 적당한 수준의 신체적 활동을 할 때 에너지 균형을 이루면서, 체내 질소 배설량과 식이 질소 섭취량이 평형을 이루는 최소의 수준으로 정의된다. 즉 단백질 필요량은 건강한 개인이 건강을 유지하는 수준으로 산정이 되어야 하며 신체의 단백질 손실을 막아 줄 뿐 아니라 성장과 임신기 동안에 요구되는 단백질을 축적하는 데 필요한 식이 단백질의 양을 말한다. 단백질의 합성과 분해는 식이 에너지 섭취량에 따라 달라지기 때문에 신체의 에너지 섭취가 충분하고 에너지 균형이 이루어지는 조건하에서 설정을 한다.

대표적인 단백질 급원 식품 중에서 필수아미노산이 충분히 함유되어 있는 완전단백질의 급원 식품은 육류, 생선, 달걀, 우유 및 유제품 등의 동물성 식품이다. 곡류, 견과류, 대두 등은 일부 필수아미노산이 양적으로 부족한 부분적 완전단백질의 급원 식품이므로 완전단백질 급원 식품과 함께 섭취하여 필수아미노산의 부족을 예방할 것을 권장한다.

표 4-9 한국인의 1일 단백질 섭취기준

성별	연령	단백질(g/일)			
		평균필요량	권장섭취량	충분섭취량	상한섭취량
영아	0~5(개월)			10	
	6~11	12	15		
유아	1~2(세)	15	20		
	3~5	20	25		
남자	6~8(세)	30	35		
	9~11	40	50		
	12~14	50	60		
	15~18	55	65		
	19~29	50	65		
	30~49	50	65		
	50~64	50	60		
	65~74	50	60		
	75 이상	50	60		
여자	6~8(세)	30	35		
	9~11	40	45		
	12~14	45	55		

여자	15~18	45	55		
	19~29	45	55		
	30~49	40	50		
	50~64	40	50		
	65~74	40	50		
	75이상	40	50		
임신부	2분기	+12	+15		
	3분기	+15	+30		
수유부		+20	+25		

(출처: 2020 한국인 영양소 섭취기준)

4-9 단백질 필요량에 영향을 미치는 요인

조직의 성장과 유지를 위한 단백질 필요량에 영향을 미치는 요소들은 다음과 같다.

1. 체격

근육은 체중의 상당한 부분을 차지하고 근육이 활성 조직이므로 일정 기간 활동하면 노쇠하여 파괴되고 그 자리에 새로운 세포가 생성된다. 그러므로 근육이 많으면 많을수록 근육을 유지하기 위해 더 많은 단백질을 필요로 한다. 따라서 단백질의 필요량은 체중 1kg에 대한 양으로 계산해야 한다.

2. 연령

단백질은 새로운 조직을 만드는 데 필수적이고 그 필요량을 결정짓는 중요한 요소는 연령이다. 어린이나 청년기에는 빠른 성장에 필요한 단백질을 공급하기 위해서 많은 단백질을 필요로 한다. 성장률이 높은 시기의 어린이들은 체중 kg당 단백질 필요량이 성인의 2~3배나 된다.

3. 신체의 영양 상태와 건강 상태

성장 외에도 질병, 전염병, 수술 등에 의해서 새로운 조직은 만들어져야만 한다. 식이 단백질의 부족으로 영양 상태가 나쁜 사람들의 경우는 질병이나 수술에 의해서 단백질 이용률이 감소되므로 더 많은 단백질을 필요하게 된다.

4. 식이 중 열량 식품 공급

적절한 열량 공급은 단백질 필요량과 밀접한 관계가 있다. 열량 공급이 탄수화물과 지방에 의해서 충분하지 않으면 단백질이 열량원으로 이용되기 때문이다.

5. 단백질의 질

식품 속의 단백질 소화 흡수율은 각각 다르다. 동물성 단백질은 97%, 식물성 단백질은 대개 83~85%이며, 말린 콩은 78%이다. 또 단백질의 생물가도 각각 다른데 생물가가 높은 동물성 단백질은 양질로 필수아미노산이 골고루 함유되어 필요량이 감소되나, 식물성 단백질은 동물성 단백질보다 생물가가 낮아 더 많이 섭취해야만 한다.

6. 스트레스

인체가 스트레스에 노출되면 체내 단백질이 파괴되어 요중 질소 배설이 증가하므로 단백질 섭취량을 늘려야 한다.

4-10 단백질 섭취 실태

2013–2017 국민건강영양조사 자료에 따르면 우리나라 성인의 1일 평균 단백질 섭취량은 남자 86.5g/일, 여자 61.7g/일로 나타났다. 2017년 국민건강영양통계에 따르면, 우리나라 국민의 식품군별 단백질 섭취분율은 육류가 29.7%로 가장 높았고, 곡류와 어패류가 각각 27.1%, 13.6%로 뒤를 이었으며, 이후 채소류 6.1%, 두류 4.9%, 우유류 4.9%, 난류 4.7%, 양념류 3.1%, 과일류 1.4%, 종실류 1.1% 순이었다. 육류와 어패류와 같은 동물성 식품의 섭취가 여전히 단백질 섭취에서 높은 비율을 차지하고 있지만, 단백질 섭취량에 대한 주요 급원 식품의 순위를 살펴보면, 백미가 가장 높았고, 돼지고기, 닭고기, 소고기, 달걀이 그 뒤를 이었다.

표 4-10 단백질 주요 급원 식품[1)]

급원 식품 순위	급원 식품	함량 (g/100g)	급원 식품 순위	급원 식품	함량 (g/100g)
1	백미	9.3	16	새우	28.2
2	돼지고기(살코기)	19.8	17	고등어	21.1
3	닭고기	23.0	18	오징어	18.8
4	소고기(살코기)	17.1	19	요구르트(호상)	5.2
5	달걀	12.4	20	명태	17.5
6	우유	3.1	21	밀가루	10.3
7	두부	9.6	22	떡	3.7
8	멸치	49.7	23	샌드위치/햄버거/피자	9.6
9	빵	9.0	24	가다랑어	29.0
10	햄/소시지/베이컨	20.7	25	간장	7.4
11	배추김치	1.9	26	어묵	11.4
12	라면(건면, 스프 포함)	8.6	27	보리	8.7
13	국수	7.3	28	된장	13.7

14	돼지 부산물(간)	26.0	29	현미	6.3
15	대두	36.1	30	소 부산물(간)	29.1

(출처: 2020 한국인 영양소 섭취기준)

4-11 단백질과 건강 문제

단백질 섭취에 영향을 받는 대표적인 건강 상태 지표로는 성장, 발달, 임신, 출산 등이 있다. 이는 단백질 섭취에 있어 질소평형 유지에 필요한 양 이외에 체내 단백질의 축적이나 모유 분비 등의 추가적인 필요량이 존재함을 의미한다. 임산부의 단백질 섭취 부족은 저체중아 출산을 유도하고 반대로 섭취량의 증가는 태아의 출생 시 체중 증가에 영향을 미친다는 연구 보고가 있다. 성인의 경우는 다양한 원인에 의해 단백질 결핍이 유도될 수 있다.

2013-2017년도 국민건강영양조사 자료 분석 결과 현재 우리나라 국민의 단백질 평균섭취량은 여성 75세 이상을 제외하고 상향 조정된 평균필요량보다 높은 수준이었으며 에너지 섭취 비율은 대부분의 연령대에서 2.5 퍼센타일부터 95 퍼센타일까지 7~20% 기준 범위 내에서 섭취하고 있는 것으로 나타나 단백질 섭취는 일부 노년층을 제외하고 결핍이 우려되지 않는 수준으로 나타났다.

주요 급원 식품의 1회 분량 당 함량을 19~29세 성인의 2020 단백질 권장섭취량과 비교한 것으로, 1회 분량의 단백질 함량이 가장 높은 식품은 새우와 가다랑어로, 각각 22.6 g, 17.4 g이었다. 또한, 닭고기, 돼지고기, 소고기와 같은 육류의 단백질 함량은 10~14 g으로, 19~29세 성인이 1일 권장섭취량에 도달하기 위해서는 남자는 5~6회 분량을, 여자는 4~5회 분량을 섭취해야 함을 알 수 있다.

▌표 4-11 단백질의 주요 급원 식품 (1회 분량 당 함량)[1)]

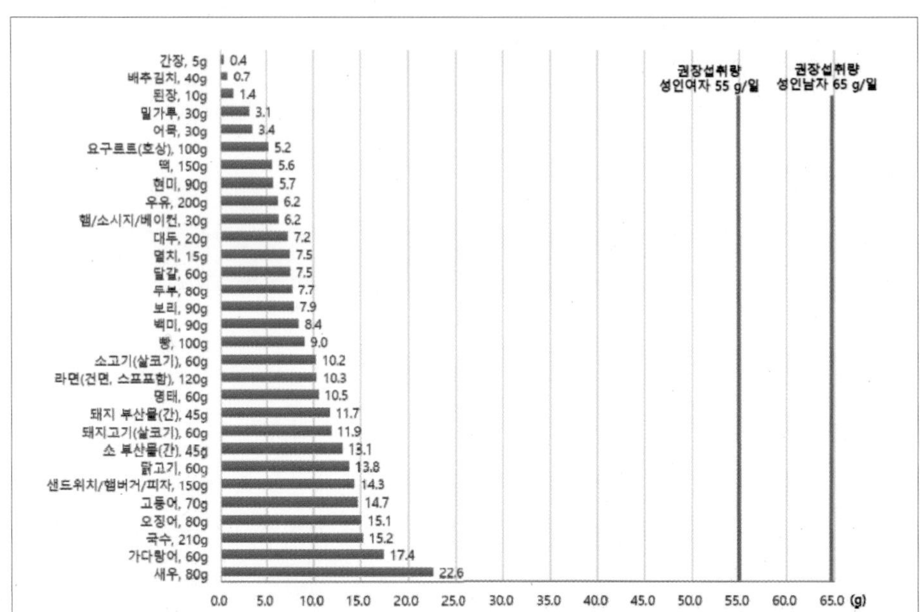

1. 단백질 결핍증

단백질은 필수영양소로서 그 기능을 다른 영양소로 대치할 수가 없다. 그러므로 단백질의 질과 양을 부적당하게 섭취했을 경우나 열량을 공급하는 식품 섭취가 부족할 경우 단백질 부족증이 발생한다. 또한, 여러 가지 소화기 질환, 고열, 간질환, 신장질환 및 출혈성 질환에 의해서 단백질 결핍증은 발생되기도 하고 선천성 단백질 대사장애, 흡수 부진, 조직 파괴 증가 및 단백질 배설 증가로 단백질 결핍증이 발생되기도 한다.

단백질 결핍은 어른보다 이유 직후의 유아들에게 많이 나타난다. 유아들은 성장에 필요한 단백질 필요량이 높은 데 비하여 이유 완료 시 우유 등 단백질 섭취가 부족하거나 열량 공급 식품의 섭취가 부족하기 때문에 발생한다. 단백질 결핍의 초기 증세는 체중이 감소하고, 쉽게 피로하며 신경질적이 되고 성장이 느려진다. 이외에도 부종, 저혈압증, 빈혈증, 피부의 색소 변화, 성욕 감퇴, 유즙 분비의 감소, 병에 대한 저항력 약화 등을 초래한다.

개발도상국가에서는 필수아미노산을 함유하고 있는 양질의 단백질 공급이 부족하여 콰시오카(kwashiorkor)라는 단백질 결핍증[그림 4-8]이 발생되고 있다. 이러한 현상은 아프리카, 아시아, 라틴아메리카 지역에 사는 어린이들에게서 많이 볼 수 있다. 양질의 단백질 섭취 부족이 제일 중요한 원인이며, 열량 부족과 비타민 결핍이 단백질 결핍과 겹쳐서 일어나기도 한다.

▌그림 4-8 **단백질 결핍증**

A: 부종이 있는 콰시오카 증상의 어린이 모습

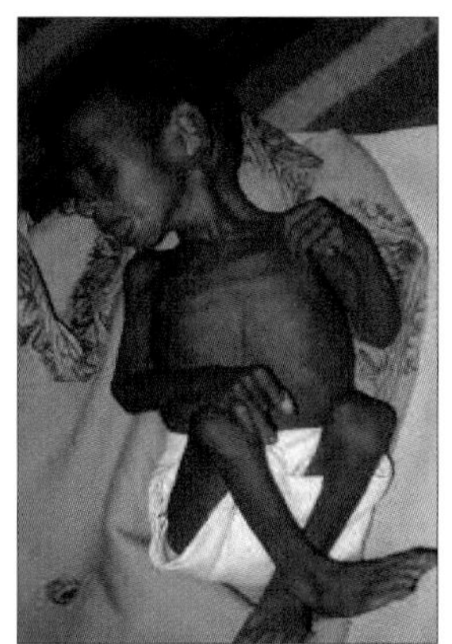

B: 마라스무스 증상의 어린이 모습

주된 증상은 피로, 성장 부진, 지방간, 머리털이 갈색으로 변하고 피부의 색이 연해짐, 영양적 피부염, 소화 흡수장애, 신경장애 및 부종 등이 있다. 카시오커의 치료를 위해 부종이 없어질 때까지 탈지유 등의 충분한 양질의 단백질 공급으로 치유가 가능하다.

단백질의 결핍은 흔히 식사 내 열량 결핍과 함께 나타나며 이런 경우는 거의 굶는 것과 마찬가지의 상황이 된다. 이런 상태를 단백질-에너지 영양불량(PEM ; protein energy malnutrition)이라고 하며 마라스무스(marasmus)라고도 한다. PEM은 총 식사 섭취량이 적기 때문에 단백질 양이 단백질 본래의 기능을 수행하기에도 부족할 뿐 아니라 에너지를 내는 데도 부족하므로 영양적으로 매우 심각한 상태이다. 식이요법을 바로 실행하지 않으면 소화기계 질환과 감염까지 나타나 사망에 이르는 경우가 많다. [표 4-13]은 콰시오카와 마라스무스의 특징을 비교한 표이다.

표 4-13 콰시오카와 마라스무스의 특징 비교

특 징	마라스무스	카시오커
최고 발생 시기	6~18개월	12~48개월
신 장	나이에 비해 적다.	거의 정상
외 모	매우 마름	약간 마름
부 종	없다.	심하다.
지방간	별로 없다.	많다.
체지방	모두 사용한다.	정상으로 존재한다.
근 육	근육 쇠퇴	근육 위축
피 부	건조하여 주름이 생긴다.	부스럼이 생긴다.
머리카락	드물고 가늘다.	건조하며 탈색된다.
혈청 알부민	정 상	감 소
비타민 A 결합 단백질	정 상	감 소
포도당의 내성	정 상	감 소

2. 단백질 결핍의 증상

단백질의 결핍 증상은 부종의 형태이다. 우리 몸에서 알부민과 글로불린의 비율이 최소한 1.2: 1은 되어야 하는데, 알부민의 부족으로 인하여 세포 내의 교질삼투압의 저하로 세포 안에 있는 중요한 성분들이 세포 밖으로 빠져나와야 하는 불상사를 초래하게 된다. 이유는 삼투는 농도가 낮은 쪽에서 농도가 높은 쪽으로 이동하기 때문이다. 중요한 세포 안의 성분들이 빠져나오지 않기 위해서, 세포 밖의 농도를 낮추기 위해서 물을 끌어들이는 현상을 우리는 부종이라고 한다. 그 중요한 예로써 첫 번째는 임신중독을 들 수 있다. 임신 후반기에서 임신성의 변화에 따른 단백질의 요구량의 증가는 태아의 성장과 태반의 형성, 수유를 위한 유방의 변화, 분만을 위한 자궁의 변화 등이다. 이때에 단백질의 부족으로 인하여 임신중독의 부종을 증상을 가져온다.

두 번째는 신장질환이다. 사구체의 구멍이 커져서 많은 양의 단백질이 여과되어 근위세뇨관이 흡수할 수 있는 최대치보다 많이 여과되어서 전부를 흡수치 못하고 오줌으로 단백질이 배설된다. 이것을 단백뇨라고 하며 손발이 붓고 얼굴의 안면 부위가 붓는 부종을 가져온다.

세 번째는 간경화인데 간세포가 죽어서 딱딱해진 것을 말한다. 간의 많은 기능 중에서, 하루에 30~40g을 생합성하는데, 간경화로 단백질을 생합성 하지 못해서 단백질의 부족으로 부종이 생기는데, 배에 물이 찬다고 '복수'라고 한다. 그리고 네 번째는 앞에서 언급을 한 급성장기 어린이에게 열량은 충분한데 단백질이 부족한 콰시오커도 부종을 가져온다.

3. 단백질 과잉증

단백질은 과잉으로 섭취했을 경우에는 여분의 단백질이 연소하여 지방이나 당질의 연소를 절약한다. 따라서 열량 공급이 충분할 경우는 여분의 단백질이 글리코겐이나 저장 지방으로 되어 체내에 축적되므로 체중이 증가된다.

단백질은 특이동적작용이 당질이나 지방보다 강하므로 대사가 항진되고, 체온이 증가하며 혈압이 증가하고 피로가 쉽게 온다. 또 단백질의 분해물 증가로 요독증이 일어나기도 한다.

또한, 단백질을 많이 섭취하면 칼슘의 배설량이 증가되어 골격무기질을 고갈시킨다. 따라서 단백질의 섭취량이 많을 경우 꼭 칼슘의 섭취를 늘려야 골다공증 등의 질병을 예방할 수 있다. 단백질의 과잉 섭취가 직접적으로 해를 미치는가는 명확하지 않다.

CHAPTER

05

에너지대사

05 CHAPTER

에너지대사

인체가 생명을 유지하기 위해서는 에너지(Energy) 공급이 반드시 필요하다. 에너지란 '일을 할 수 있는 힘'으로 식품 섭취를 통해 얻어진다. 이러한 에너지는 기초대사량(Basal energy expenditure, BEE), 신체활동대사량(Physical activity energy expenditure, PAEE), 식사성 발열효과(Thermic effect of food, TEF), 적응대사량 등에 사용된다.

인체는 에너지 섭취량과 소모량이 균형을 통하여 항상성을 유지하는데, 소비량에 비해 섭취량이 부족하게 되면 체중이 감소하고, 소비량에 비해 섭취량이 많게 되면 잉여 에너지는 체지방의 형태로 체내에 저장된다.

이와같이 체내에서 이루어지는 에너지의 변화 및 소모에 관련된 생화학적 반응이 에너지대사이며, 이러한 에너지대사에 대한 이해를 돕기 위해서는 에너지 측정 방법 및 에너지를 얻는 방법, 신체의 에너지 필요량 등에 대하여 이해하는 것이 중요하다고 할 것이다.

5-1 에너지의 측정

1. 에너지의 단위

식품이 가지고 있는 잠재 에너지와 신체 내에서 일어나는 에너지대사에 사용되는 에너지의 단위는 칼로리(calorie)와 주울(joule)로 나타낸다.

1킬로 칼로리(kilocalorie)는 열량의 단위로서 물 1kg의 온도를 15℃에서 16℃로 1℃ 올리는 데 필요한 열에너지의 양이다. 1kcal=4.184kJ이다. 일반적으로 영양학에서는 대단위인 kilocalorie를 사용하며 다음의 약자로 표시한다.

calorie: cal
kilocalorie(=1,000calories): kcal, Kcal, Calorie

2. 식품의 열량가

식품의 열량가는 신체가 실제 식품을 섭취했을 때, 식품을 연소시켜 열량을 발생하게 되는데 얼마만큼의 에너지를 발생하는가를 말하는 것이다. 식품의 열량가는 직접 또는 간접적인 방법으로 측정할 수 있는데, 폭발 열량계(bomb calorimeter)로 측정하는 것은 식품에서 발생되는 열량을 직접 측정하는 방법이다. [그림 5-1]과 같이 기계의 중심을 bomb이라 하며, 이 안에 일정량의 식품 시료를 밀폐된 용기에서 태우면 식품은 완전 연소하게 된다. 이때 발생되는 연소열은 외부와 절연된 bomb 주위의 물로 전달되어 온도를 상승시킨다. 따라서 식품을 태우기 전후의 물의 온도를 측정함으로써 식품의 연소열을 측정할 수 있다. 이때 방출되는 에너지는 식품 내의 탄소와 산소의 양에 따라 달라지는데 다음과 같이 간단히 표현될 수 있다.

탄수화물(단백질 또는 지방)+O_2 → 에너지+H_2O+CO_2

탄수화물, 단백질, 지방, 알코올 등 폭발 열량계로부터 나오는 각 에너지 영양소의 연소 에너지는 일반적으로 탄수화물 1g에 4.15kcal, 지방은 9.45kcal, 단백질 5.65kcal, 알코올 7.1kcal로 실제 인체에서 이용되는 에너지보다 높다.

▌그림 5-1 폭발 열량계(bomb calorimeter)의 단면도

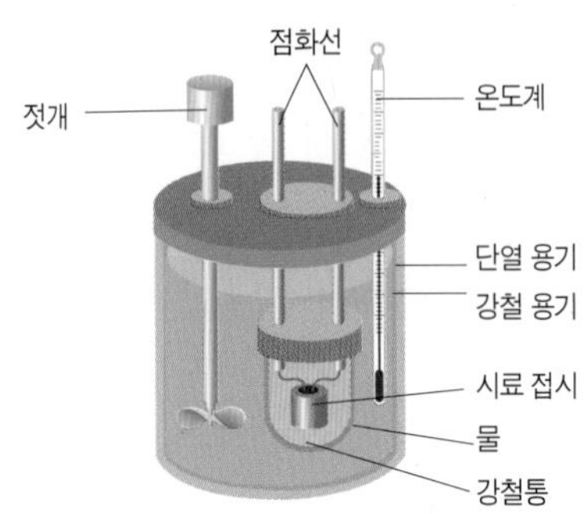

인체에서 식품을 섭취할 때에도 폭발 열량계에서와 같은 과정이 일어나는데, 인체 내에서는 폭발 열량계에서 연소할 때 나오는 에너지보다 적다. 그 이유는 인체 내에서 식품이 완전히 소화, 흡수되지 않거나 단백질의 경우 질소가 인체 내에서 연소되지 않기 때문이다. 따라서 이와 같이 흡수율과 불연소율을 감안한 열량가를 생리적 열량가 혹은 애트워터계수(Atwater factor)라고 한다. [표 5-1]에서와 같이 탄수화물과 단백질은 각 1g당 4.0kcal, 지방 1g은 9.0kcal로 환산된다. 따라서 식품 중 탄수화물, 단백질, 지방의 함량을 알면 Atwater factor를 곱한 다음 모두를 더해줌으로써 그 식품의 열량가를 계산할 수 있다.

▌표 5-1 에너지 영양소의 물리적 에너지와 생리적 에너지

		물리적 에너지[1] (kcal/g)	O_2 (kcal/L)	RO[2] (CO_2/O_2)	생리적 에너지[3] (kcal/g)
탄수화물	전분	4.18	5.05	1.0	4.0
	설탕	3.94	5.02	1.0	
	포도당	3.72	4.99	1.0	
지방		9.44	4.69	0.71	9.0
단백질	완전 연소	5.60			
	채내 대사	4.70	4.66	0.84	4.0
알코올		7.09	4.86	0.67	7.0

1) 밤 열량계(Bomb calorimeter) 내의 열량가, 2) 호흡률(Respiratory quotient), 3) 아트워터 계수(Artwater's calorie factors)

▌표 5-2 몇 가지 식품의 열량가 비교

식품명		1인 1회 분량(g)	kcal/1인 1회분	kcal/100g
고열량 식품	기름	1작은술(5)	45	899
	버터	1작은술(5)	36	723
	초콜릿	6조각(30)	165	549
	아이스크림	1개(60)	98	163
	감자튀김	1봉(70)	393	562

[표 5-2]는 식품 분석표를 이용하여, 식품 100g당과 1인 1회분의 열량가를 표시한 것이다. 고열량 식품(기름, 버터, 마요네즈, 견과류, 건과류, 사탕류 등)들은 적은 양으로도 많은 에너지를 내는데, 일반적으로 식품 구성 중 지방 함량이 매우 높거나 수분의 함량이 매우 적거나 거의 없기 때문이다.

5-2 인체의 에너지 필요량

건강한 성인은 하루 동안 인체가 소비하는 에너지와 동일한 양의 에너지를 필요로 한다. 인체의 에너지 소비량은 기초대사량, 활동대사량, 식품 이용을 위한 에너지 소모량 등의 형태로 소비하기 때문에 이를 근거로 하여 1일 에너지 필요량을 구하게 된다.

1. 인체 에너지 필요량의 측정

인체에서 발생되는 에너지를 에너지대사율(energy metabolic rate)이라 하며, 직접적인 에너지 측정법과 간접적인 에너지 측정법이 있다.

1) 직접 에너지 측정법

직접 에너지 측정법은 폭발 열량계로 식품의 에너지를 측정하는 방법과 유사하다. 피실험자를 완전히 절연된 공간에서 활동하게 하고 이때 발생하는 에너지가 주위의 코일 장치에 흐르는 물에 전도되어 공간 주위의 물 온도를 상승시키고, 이 온도차를 측정함으로써 특정 실험이나 활동 시 신체에서 발산되는 에너지를 구할 수 있다[그림 5-2]. 인체에 사용된 에너지는 궁극적으로 모두 열로 발산되기 때문에 직접 에너지 측정법으로 에너지 필요량을 측정하는 것이 가능하다. 그러나 일반적으로 직접 에너지 측정을 위한 특수 설비가 필요하며 비용이 많이 들고 복잡하기 때문에 직접 에너지 측정법을 사용하는 경우는 드물다.

▌그림 5-2 **직접 에너지 측정법에 의한 에너지 필요량의 측정**

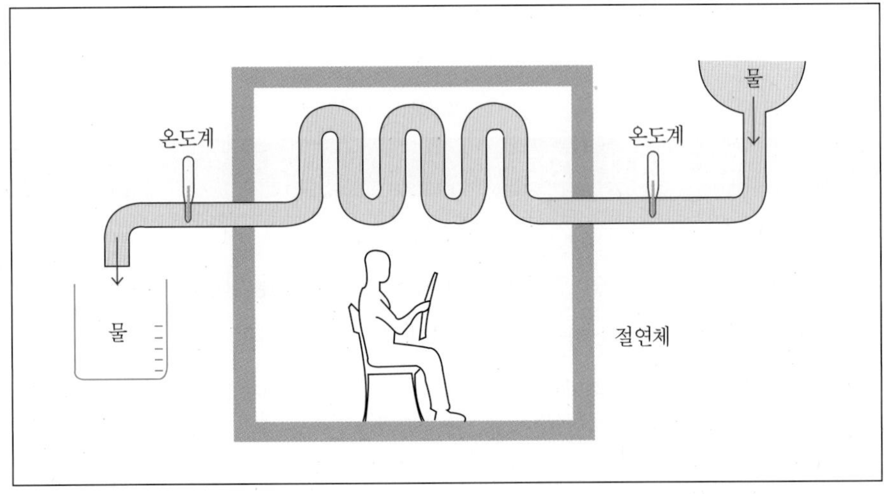

2) 간접 에너지 측정법

간접 에너지 측정법은 호흡 시 산소 소모량이나 이산화탄소 발생량을 측정하여 에너지 소모량과의 상관관계를 나타내는 공식을 적용시켜 소모 에너지를 계산하는 방법이다. 이는 신체에서 에너지가 발생될 때에는 언제나 일정량의 산소를 소비하고 일정량의 탄산가스를 발생시킨다는 원리를 이용한 것이며, 이를 이용하여 호흡계수[또는 호흡상(respiratory quotient, RQ)]을 계산할 수 있다.

$$RQ = \frac{\text{생산된 } CO_2\text{의 양}}{\text{소모된 } O_2\text{의 양}}$$

RQ는 인체에서 어떤 영양소가 산화되느냐에 따라서 그 값이 달라지는데, RQ가 1이면 탄수화물만이 연소된 것이며, 순수한 지방만 산화될 때는 그 값이 RQ는 0.7, 단백질의 RQ는 0.8이다. 이 3가지 영양소를 혼합하여 섭취했을 때의 RQ는 0.8~0.85 정도이다.

일반적으로 혼합식이를 할 때 1l의 산소가 소모되면 4.82kcal의 에너지를 발생한다. 간접 에너지 측정법에서 사용되는 열량계는 호흡식을 사용하는 방법과 마스크형이 있다. 특히 각종 활동에 따라 에너지 소모량을 측정하는 데는 휴대용 간접 열량계가 좋다. 간접 에너지 측정법에서 호흡상(RQ)을 측정하면 대사되는 에너지 영양소의 조성비를 어느 정도 예측할 수 있다.

▌그림 5-3 기초대사율 측정에 사용되는 Benedict 호흡 측정기

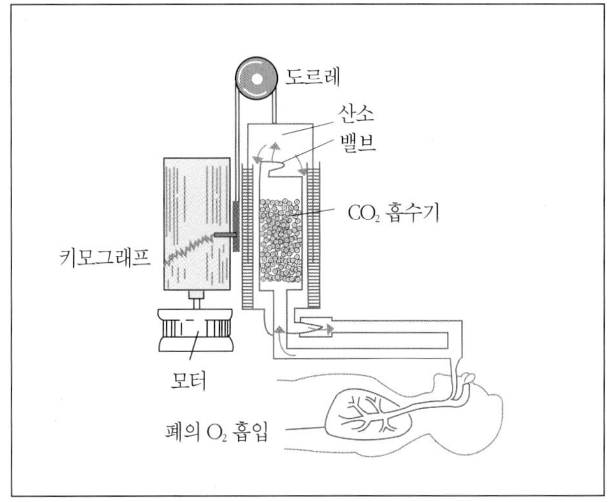

(출처: Williams, E.R., and Caliendo, M.A., Nutrition: Principles, Issues, and Applications, McGraw-Hill Book Company, 1984)

[그림 5-4]과 같이 피실험자가 호흡 측정기를 착용하여 약 5~10분 동안 소모되는 산소량을 측정하여 이 값에 4.82를 곱하면 소모되는 에너지가 계산된다.

▌그림 5-4 **간접 에너지 측정법**

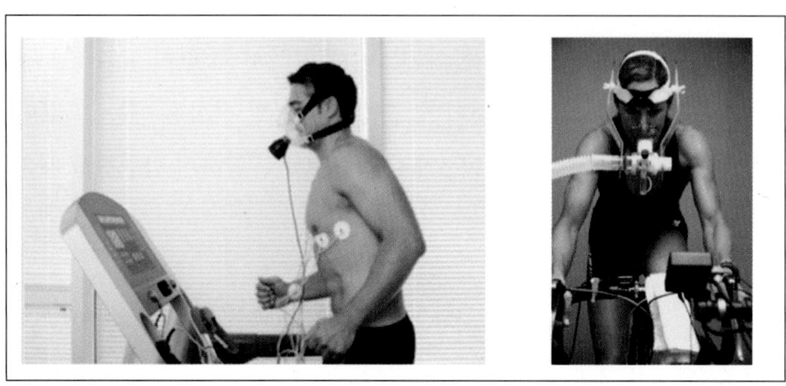

대사율(kcal/min) = 산소 소모량(VO_2 l/min) × 4.82(kcal/l)

2. 인체의 에너지 필요량

1일 총에너지 소비량은 기초대사량을 포함시킨 휴식대사량, 활동에 의한 에너지 소모량, 식품 이용을 위한 에너지 소모량의 총합계에 의해 얻어진다.

1) 휴식대사량(RMR: resting metabolic rate)

휴식대사량은 식사나 운동 후 4~5시간이 지난 후에 편안하게 휴식을 취하고 있는 상태에서 체내 기능과 항상성을 유지하는 데 소비되는 에너지를 말한다. 휴식대사량은 측정하는 조건이 기초대사량보다 편리하기 때문에 기초대사량 대신에 휴식대사량을 적용하는 경우가 많다. 기초대사량을 포함하는 휴식대사량은 인체가 필요로 하는 1일 총에너지 중에서 차지하는 비율이 가장 크다.

2) 기초대사량(BMR: basal metabolic rate)

인체 내에서 기본적인 생체 기능을 유지하기 위해 필요한 최소한의 에너지를 기초대사량이라 한다. 주로 심장박동, 두뇌활동, 호흡작용, 혈액순환의 유지, 근육과 신경의 전달작용 등에 필요한 에너지를 말하며, 식품의 소화, 흡수작용 및 근육의 활동에 필요한 에너지는 제외한다.

기초대사량을 측정할 때에는 식후 적어도 12시간 이상 지난 후, 혹은 아침 식사 전의 공복 상태에서 감정적인 흥분 상태나 걱정이 전혀 없는 완전히 육체적, 정신적으로 완전히 편안한 휴식 상태를 유지하여야 한다. 또한, 실온 20~25℃ 정도에서 정상적인 체온의 상태에서 측정한다.

기초대사량은 개인마다 차이가 있으며 일반적으로 정상 성인의 1일 기초대사량은 1,200~1,800kcal로 하루 소모 에너지의 60~70%를 차지하며, 건강한 개인의 기초대사량은 늘 비교적 일정하다.

▌그림 5-5 체표면적과 기초대사량을 구하는 도표

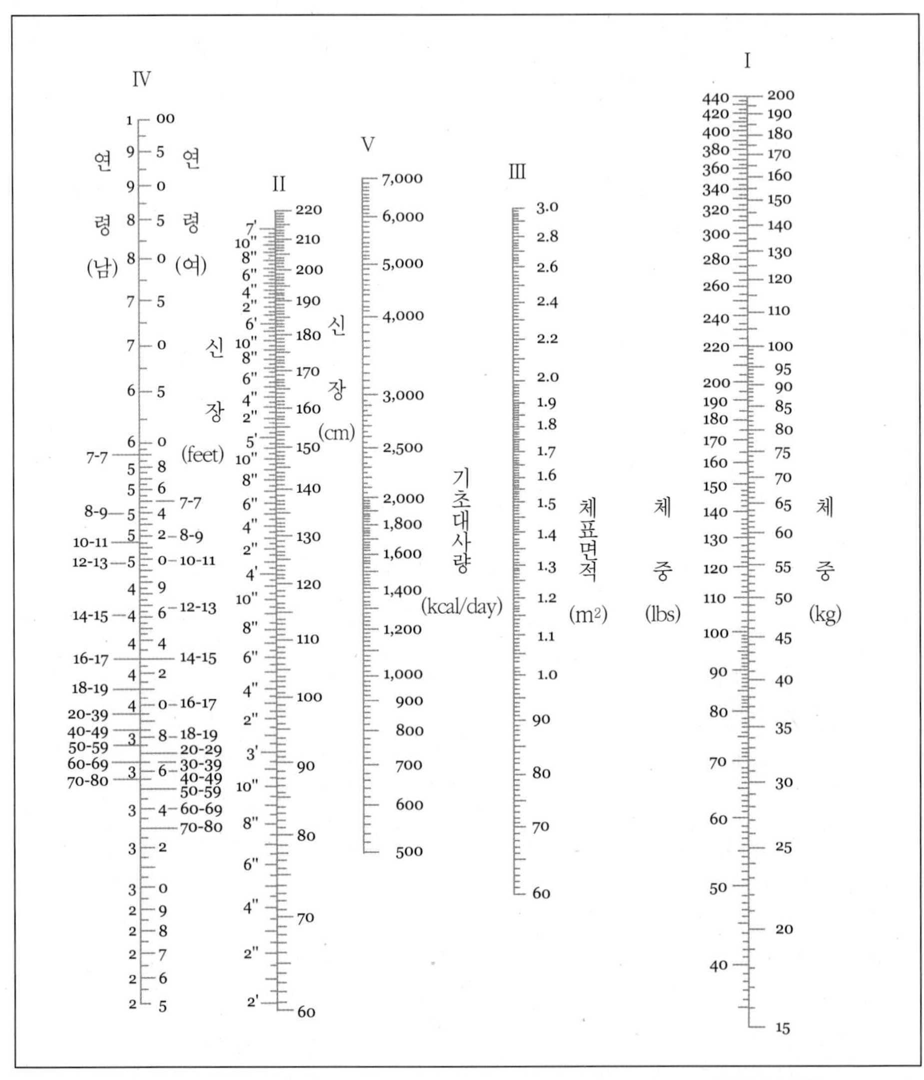

① I 의 체중치와 II 의 신장치를 연결한다.
② ①번 직선과 III의 교점이 체표면적 값이다.
③ III의 체표면적 값과 IV의 연령치를 연결한다.
④ ③번 직선과 V 의 교점이 기초대사량이다.

(출처: Nomogram of Boothby and Standiford, 1936)

▌표 5-3 연령과 성별에 따른 체표면적 1m²에 발생되는 에너지 (단위: kcal/m²/hr)

남자		여자	
연 령	에너지 (kcal/m²/hr)	연 령	에너지 (kcal/m²/hr)
6	53.00	6	50.62
7	52.45	7	50.23
8	51.78	8	49.12
8 1/2	51.20	8 1/2	47.84
9	50.54	9	47.00
9 1/2	49.42	9 1/2	46.50
10	48.50	10	45.90
10 1/2	47.71	10 1/2	45.26
11	47.18	11	44.80
12	46.75	12	44.28
13~15	46.35	13~15	43.58
16	45.72	16	42.90
16 1/2	45.30	16 1/2	42.10
17	44.80	17	41.45
17 1/2	44.03	17 1/2	40.74
18	43.25	18	40.10
18 1/2	42.70	18 1/2	39.40
19	42.32	19	38.85
19 1/2	42.00	19 1/2	38.30
20~21	41.43	20~21	37.82
22~23	40.82	22~23	37.40
24~27	40.24	24~27	36.74
28~29	39.81	28~29	36.18
30~34	39.34	30~34	35.70
35~39	38.68	35~39	34.94
40~44	38.00	40~44	33.96
45~49	37.37	45~49	33.18
50~54	36.73	50~54	32.61
55~59	36.10	55~59	32.30
60~64	35.48	60~64	
65~69	34.80	65~69	

(출처: Boothby WM, Berkson, J and Dumn HL, Am J Physiol, 116: 468, 1936)

기초대사율은 나이, 임신, 영양 상태, 체구성 성분, 성별, 체표면적, 호르몬 상태, 체온, 기후 등에 의해서도 영향을 받는다.

- 나이: 출생 후부터 생후 2년까지의 기초대사율이 가장 높으며 2년 후부터는 급속히 감소했다가 사춘기 이후 약간 상승하는 듯하다가 20세 이후 노년에 이르기까지 계속 저하된다.
- 임신: 임신기 동안 여성의 기초대사율은 계속 증가하는데, 이는 태아 및 태반과 모체 조직 등의 대사작용 증가로 인한다.
- 영양 상태: 기아 상태와 같이 영양 섭취가 부족할 때에는 대사조직의 활동 저하로 기초대사율이 감소하는데 신체가 다시 충분한 영양을 섭취하지 않는 한 저하된 상태가 그대로 유지된다. 이는 에너지 섭취량의 감소에 대한 신체의 적응 현상이다.
- 체구성 성분: 근육조직은 대사작용이 활발하여 지방조직보다 더 높은 기초대사량을 갖는다. 그러므로 근육이 매우 발달된 운동선수들의 기초대사량은 보통 사람들보다 6%나 높다고 한다.
- 성별: 여성의 기초대사율은 남성보다 약 5~10% 낮은데, 이는 남성에 비해 근육조직은 적은 반면 지방조직은 더 많기 때문이다.
- 체표면적: 체표면적이 넓을수록 피부를 통해 발산되는 에너지가 커진다. 같은 연령과 키를 가진 사람이라도 체표면적이 크면 피부를 통하여 발산하는 에너지 손실이 크기 때문에 기초대사량이 높다. 같은 체중이라도 키가 작은 사람보다 키가 큰 사람은 체표면적이 커서 단위체중에 대한 기초대사량이 커진다.
- 수면: 수면하는 동안은 깨어 있을 때보다 기초대사율이 약 6~10% 정도 낮아지는데 이는 근육이 이완되며 교감신경계의 활동이 감소하기 때문이다
- 내분비선: 갑상선호르몬인 티록신은 체내 에너지대사에 영향을 미친다. 갑상선 기능 저하로 티록신 분비가 적어지면 기초대사율은 감소하고, 반대로 갑상선 기능 항진 시 기초대사율은 증가한다. 부신호르몬인 에피네프린은 놀라거

나 흥분 등의 자극에 의해 분비가 증가되어 기초대사율을 증가시킨다.

- 체온: 발열 시와 같이 체온이 상승하면 기초대사율은 증가하여 정상 체온 36.5℃에서 매 1℃ 상승마다 약 13%의 비율로 상승한다.
- 기후: 환경의 온도 변화에 따라 기초대사율이 달라진다. 여름보다 겨울에 대사율이 증가하는데, 이는 낮은 기온에 대해 체온 조절작용의 일환인 떨림 등으로 근육작용을 증가시켜 열 생산을 함으로써 기초대사율이 상승되기 때문이다. 또한, 추운 지방의 사람들은 더운 지방 사람들에 비해 오랫동안 추위를 막기 위해 갑상선 기능이 항진되어 티록신의 분비가 증가하여 기초대사율이 높아진다.

기초대사량의 계산 방법으로 여러 가지가 있는데, 간이법으로 유용하게 많이 사용되는 방법은 1시간당 체중 1kg당 남자 1.0kcal, 여자 0.9kcal로 계산하는 것이다.

3) 활동을 위한 에너지 소모량(TEE: thermic effect of exercise, 활동대사량)

활동을 위한 에너지 소모량은 에너지 요구량 중 기초대사량 다음으로 많은 양을 차지하는 것으로, 주로 의식적인 근육 활동에 필요한 에너지를 말한다. 일반적으로 하루 필요 에너지의 약 15~30%를 차지한다.

활동대사량은 활동의 종류나 활동 강도에 따라 차이가 나는데 예를 들면 앉거나, 달리거나, 수영할 때의 활동대사량은 모두 다르며, 달리기도 어느 정도의 속력으로 달리는가에 따라 대사량이 달라질 것이다. 또한, 활동 시간에 따라 달라져 지속 시간이 길수록 활동대사량은 커지게 된다. 그리고 신체의 크기에 의해서도 영향을 받는데 체중이 무거운 사람은 체중이 가벼운 사람에 비해 같은 활동을 같은 속도로 진행해도 더 많은 에너지를 소모하게 된다. [표 5-4]는 활동에 따른 에너지의 소비량을 나타낸 표이다.

표 5-4 여러 활동에 따른 에너지 소비량 (기초대사량과 특이동적작용은 제외)

활동의 종류	kcal/kg/hr	활동의 종류	kcal/kg/hr
깨어 누워 있기	0.1	서있기	0.5
조용히 앉아 있기	0.4	걷기	2.0
글쓰기	0.4	빨리걷기	3.4
큰소리로 읽기	0.4	뛰기	7.0
식사하기	0.4	매우 빨리뛰기	8.3
바느질하기	0.4	계단 내려가기	*
전기재봉틀 바느질하기	0.4	계단 올라가기	**
발재봉틀 바느질하기	0.6	TV시청	0.4
벗고 입기	0.7	바이올린 연주	0.6
스웨터 짜기	0.7	큰소리로 노래부르기	0.8
자동차 운전하기	0.9	피아노 치기 (멘델스존의 무언가)	0.8
설거지하기	1.0	피아노 치기 (베토벤의 열정)	1.4
다림질하기	1.0	피아노 치기 (리스트의 타란텔라)	2.0
컴퓨터 작업 (빠른 속도)	1.0	자전거 타기 (보통 속도)	2.5
걸레질하기	1.2	자전거 타기 (빠른 속도)	7.6
가벼운 빨래하기	1.3	스케이트 타기	3.5
바닥 쓸기	1.4	탁구치기	4.4
바닥 청소하기	1.6	스키타기 (보통 속도)	10.3
진공청소기로 청소하기	2.7	권투	11.4

(출처: Taylor CM and Pye OF, Foundations of nutrition, 6th ed, NY, Macmillan Company, 1967)

※ 시간제한 없이 15계단 내려가는데 체중 1kg당 0.012kcal로 간주한다.

※※ 시간제한 없이 15계단 올라가는데 체중 1kg당 0.036kcal로 간주한다.

4) 식품 이용을 위한 에너지 소모량(TEF: thermic effect of food, 식품특이동적작용)

식품 이용을 위한 에너지 소모량은 식품을 섭취한 직후 식품을 소화시키거나 흡수·대사·이동·저장을 위해 필요한 에너지를 말한다. 실제 식사 후 몇 시간 동안 휴식대사량 이상으로 에너지가 소모되며 주로 에너지가 열로 발산되므로 체온 상승 효과를 가져온다.

특이동적작용은 식품이 소화, 흡수, 대사될 때 에너지를 필요로 하기 때문에 일어나며 섭취한 영양소의 종류에 따라 다르다. 열량 영양소 중 단백질은 복잡한 대사 과정을 거치므로 탄수화물이나 지질에 비해 에너지 소비량이 많다. 일반적으로 혼합식이 섭취 시 총에너지 섭취량의 약 10% 정도에 해당한다.

3. 인체의 1일 필요 총에너지 소요량

사람의 몸에서 1일 동안 소요되는 총에너지량을 측정하는 데에는 목적에 따라 여러 가지 방법이 있을 수 있으나 기본적으로 ① 기초대사량 ② 활동대사량 ③ 식품의 특이동적작용으로 인한 대사량을 합하여 구할 수 있다.

개인의 1일 총에너지 권장량을 구하는 방법은 다음과 같다.

① 기초대사량: 신장, 체중에 근거한 체표면적을 구한 후 24시간 동안의 기초대사량을 구한다.
② 활동대사량: 하루 동안의 여러 활동의 종류와 시간을 기록하여 각 활동에 소모한 에너지를 구한 후 각각을 합한다.
③ 특이동적작용으로 인한 대사량: ①과 ② 합의 1/10을 구한다.
④ 1일 총에너지 권장량: ①과 ②와 ③을 합한다.

5-3 에너지권장량

에너지 섭취기준은 모든 연령층에 평균필요량에 해당하는 에너지 필요추정량을 제시하였다. 영아와 유아 및 청소년의 에너지 필요 추정량(EER)은 에너지소비량에 성장에 필요한 추가필요량을 합산하여 산출하였으며, 성인은 '저활동적' 수준에 해당하는 신체활동계수를 대입하였다.

성인(19~64세)의 경우 연령군에 따른 체격(신장, 체중)의 분류를 위하여 연령에 따라 19~29세, 30~49세 및 50~64세로 에너지 필요 추정량(EER)을 구분하여 제시하였다. 한국인의 에너지 적정 비율과 1일 에너지 섭취기준은 각각 [표 5-5], [표 5-6]과 같다.

▌ 표 5-5 한국인의 에너지 적정 비율

영양소		1~2세	3~18세	19세 이상
탄수화물		55~65%	55~65%	55~65%
단백질		7~20%	7~20%	7~20%
지질	총 지방	20~35%	15~30%	15~30%
	포화지방	-	8% 미만	7% 미만
	트랜스지방	-	1% 미만	1% 미만

(출처: 한국영양학회, 2020 한국인 영양소 섭취기준)

▌ 표 5-6 한국인의 1일 에너지 섭취기준

성별	연령	에너지(kcal/일)			
		필요추정량	권장섭취량	충분섭취량	상한섭취량
영아	0-5개월	500			
	6-11	600			
유아	1-2세	900			
	3-5	1,400			
남자	6-8세	1,700			
	9~11	2,000			
	12~14	2,500			
	15~18	2,700			
	19~29	2,600			
	30~49	2,500			
	60~64	2,200			
	65~74	2,000			
	75 이상	1,900			

여자	6-8세	1,500			
	9~11	1,800			
	12~14	2,000			
	15~18	2,000			
	19~29	2,000			
	30~49	1,900			
	60~64	1,700			
	65~74	1,600			
	75 이상	1,500			
임산부	1기	+0			
	2기	+340			
	3기	+450			
수유부		+340			

(출처: 한국영양학회, 2020 한국인 영양소 섭취기준)

CHAPTER

06

다량 무기질

CHAPTER

다량 무기질

무기질의 개요

무기질은 신체를 구성하고 있는 영양소로 체내에서 유기물질이 완전히 산화된 후에도 남아 있는 회분의 구성 성분이다. [그림 6-1]에서와 같이 유기화합물을 구성하는 탄소(C), 수소(H), 산소(O) 및 질소(N)는 체성분의 96%를 차지하며 무기질은 단지 4%에 해당된다.

인체 안에 있는 무기질은 약 20가지이며 신체 안에 있는 함량 및 필요량에 따라 [표 6-1]과 같이 나뉜다. 체중의 0.01% 이상 존재하거나 1일 식사에서 100mg 이상 섭취해야 되는 것을 다량 무기질(macrominerals)이라 하며 인, 황, 칼륨, 나트륨, 염소, 마그네슘이 해당된다. 체중의 0.01%보다 더 적은 양이 존재하는 것을 미량 무기질(microminerals)이라 하며, 그중 필수적인 성분은 철, 요오드, 불소, 아연, 셀레늄, 구리, 크롬, 망간, 몰리브덴, 코발트 등이며, 실리콘, 비소, 니켈, 바나듐 등은 필수성이 불확실한 미량 무기질이다.

각 무기질은 체내에서 각각 생리작용이 다르지만 체조직의 형성, 수분과 산 · 염기의 평형조절, 효소나 호르몬의 구성 성분, 체작용 조절 및 신경 충동의 전도와 근육 수축을 용이하게 하는 작용 등으로 나눌 수 있다.

▌그림 6-1 인체의 원소 조성

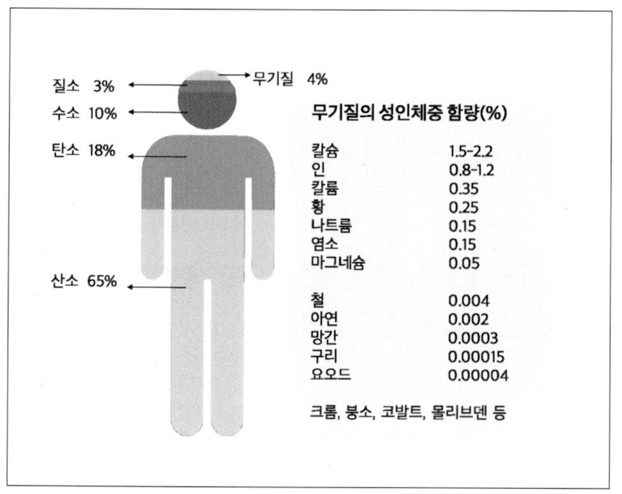

▌표 6-1 인체 영양에 필요한 무기질

다량 무기질 (요구량-1일 100mg 이상)	필수 미량 무기질 (요구량-1일 100mg 미만)	필수성이 불확실한 성분
칼슘 인 마그네슘 나트륨 칼륨 염소 황	철 요오드 아연 구리 망간 크롬 코발트 셀레늄 불소	실리콘 바나듐 니켈 주석 카드뮴 비소 알미늄 붕소

6-1 칼슘(calcium, Ca)

1. 체내 분포

칼슘은 인체 내에서 5번째로 풍부한 원소이며 가장 많은 양이온이고, 체중의 1.5~2.0%를 차지하고 있다. 칼슘의 99%는 경조직, 즉 골격과 치아조직을 구성하고 있으며 나머지 1%는 세포 내의 연조직 내에 존재하여 세포의 생명 기능에 관여하고 있다.

2. 흡수 및 대사

1) 흡수

① 보통 식사 중 칼슘의 10~30%가 장을 통해 흡수되는데 주로 장관의 윗부분인 십이지장에서 능동수송에 의해 흡수되고 공장과 회장 부분에서는 수동적 확산에 의해 흡수된다.

② 칼슘의 흡수 과정에는 많은 인자가 영향을 끼치는데 신장이 손상되거나 장내 산도가 높은 경우 칼슘의 흡수율은 크게 떨어지고 연령이 증가함에 따라 감소된다.

③ 개인의 칼슘 및 비타민 보유 상태, 임신, 수유 등에 의해서도 영향을 받는다. 청소년이나 성인은 20~40%, 골격 형성이 왕성한 성장기 어린이는 75%까지 흡수되고, 임신 기간은 60%까지 높아진다. 그러나 여성은 폐경이 되면 20%까지 급격히 떨어지는데 이는 에스트로겐 분비가 감소하기 때문이다.

④ 부갑상선호르몬(PTH: parathyroid hormone)은 비타민 D를 활성형으로 전환시킴으로써 칼슘의 흡수를 증가시킨다.

⑤ 유당은 칼슘의 용해성을 증가시킴으로써 칼슘의 흡수를 돕는데 우유에 비타민 D를 강화시킨다면 우유는 칼슘의 가장 좋은 급원이 될 것이다.

⑥ 리신과 아르기닌 등의 아미노산들이 염으로 존재하는 칼슘의 용해성을 증가시켜 칼슘의 흡수를 돕는다.

⑦ 칼슘의 흡수를 직접적으로 돕는 비타민 D가 결핍되면 칼슘의 흡수는 감소한다.

⑧ 장내의 pH가 높으면 염의 형태로 존재하는 칼슘의 용해도가 낮아져 흡수율이 감소한다.

⑨ 수산염(oxalate)이 많이 함유된 시금치, 무청, 근대 등의 짙푸른 채소와 피틴산염(phytate)을 많이 함유한 밀기울, 밀, 콩류 등을 섭취하면 이러한 염들이 소화기관 내에서 칼슘과 결합하여 불용해성 염을 형성하여 칼슘 흡수를 저해한다.

⑩ 식품 중의 식이섬유도 칼슘과 결합하여 흡수를 감소시킨다.

⑪ 장내에 유리지방산이 다량 있을 경우 칼슘은 지방산과 결합하여 불용성 염을 형성하여 배설되므로 흡수율이 저하된다.

⑫ 식이 내 인의 공급량이 칼슘보다 상대적으로 많으면 칼슘의 흡수 및 이용이 떨어지는데 소장 안에서 불용성 염을 형성하기 때문이다. 그러므로 칼슘과 인의 공급 비율은 일정 수준을 유지해야 하며 칼슘과 인의 적정 비율은 1:1 ~2:1 정도이다.

2) 대사

① 혈장의 칼슘 분포는 이온화된 Ca이 47.5%, 알부민이나 글로불린과 같은 단백질과 결합하고 있는 성분은 46% 정도 되며 6.5%는 citrate나 다른 물질과 유기적인 결합을 하고 있다[그림 6-2].

② 혈중 칼슘은 칼슘이 필요한 곳에 바로 공급하여 정상적인 대사가 일어날 수 있도록 항상 일정한 농도인 9~11mg/*dl*(2.25~2.75mmol/)로 잘 조절되고 있다. 이러한 것을 칼슘의 항상성[그림 6-3]이라고 하며 혈액 내 칼슘의 수준은 [표 6-2]에서와 같이 부갑상선호르몬과 비타민 D와 칼시토닌(calcitonin)이라는 호르몬에 의해 조절되고 있다. 혈액의 칼슘 농도가 정상 수준 이하로 떨

어지는 경우 부갑상선에서 부갑상선호르몬이 분비된다. 이 호르몬은 비타민 D를 활성형으로 바꾸기 위하여 신장을 자극한다. 활성형 비타민 D는 장에서 칼슘 흡수를 증가시키며 혈액의 칼슘 농도를 정상 수준으로 유지하기 위하여 뼈로부터 칼슘이 나오도록 하고 신장에서의 칼슘의 재흡수율을 높인다. 만약 혈액 내 칼슘 수준이 너무 높으면 칼시토닌이 갑상선에서 분비되어 부갑상선의 작용을 방해하여 혈액 내 칼슘 수준이 정상으로 되게 한다.

▌그림 6-2 **혈장에 있는 칼슘의 분포**

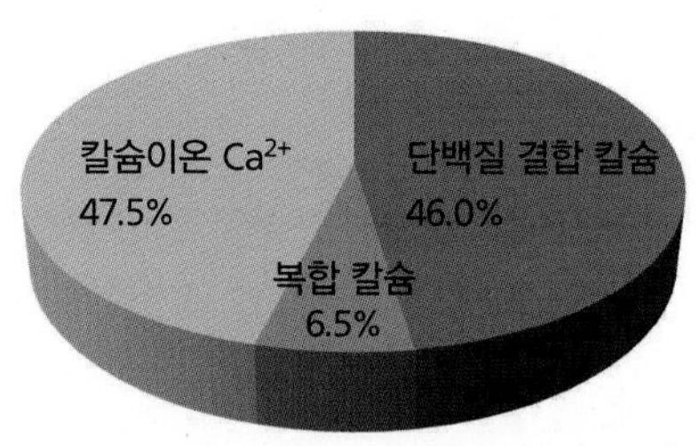

▌그림 6-3 **혈액 칼슘의 항상성**

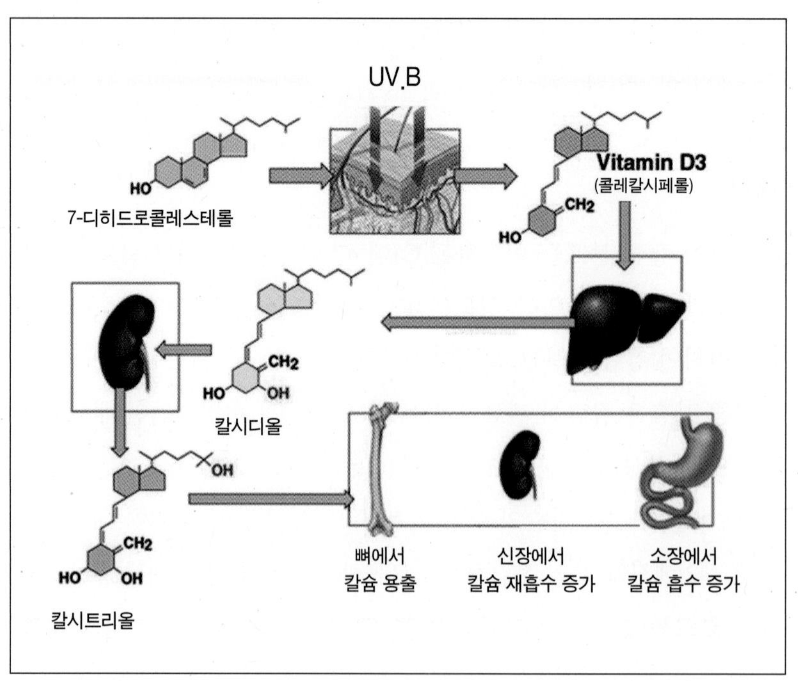

▌표 6-2 칼슘과 인대사에 관여하는 호르몬

종 류	기 관	Ca	P
PTH	골격 신장 장관 혈장	유리 증가 재흡수 증가 흡수 증가 농도 증가	유리 증가 재흡수 감소 흡수 증가 농도 감소
Vit. D	골격 신장 장관 혈장	유리 증가 재흡수 증가 흡수 증가 농도 증가	유리 증가 재흡수 증가 흡수 증가 농도 증가
칼시토닌	골격 신장 장관 혈장	유리 감소 재흡수 감소 흡수 변동 없음 농도 감소	유리 감소 재흡수 감소 흡수 감소 농도 감소

3. 기능

칼슘은 체내에서 골격과 치아조직의 형성 및 신체 기능 조절작용 등의 중요한 기능을 가지고 있다.

1) 골격과 치아조직의 형성

① 골격은 신체를 지탱시켜 주고 모양을 형성시키며 두뇌와 같은 중요한 기관을 보호하고 근육의 접착점으로서 작용한다.

② 골격의 성장과 균형은[그림 6-4] 조골세포(osteoblast)와 파골세포(osteoclast)에 의해 이루어진다. 조골세포는 계속해서 새로운 뼈의 기질(bone matrix)을 형성하고 거기에 무기염이 축적되어 뼈의 결정(bone crystal)이 생성된다.

③ 뼈의 기질은 콜라겐 섬유와 점질 다당류로 구성되어 있으며, 그 기질이 무기염으로 석회화된다. 이 무기염은 수산화 인회석으로 주로 칼슘, 인, 수산기로 형성되어 있으며 그 외 나트륨, 마그네슘, 탄산염 이온들도 소량 존재한

다. 연골은 주로 콜라겐과 점액 다당류로 만들어져 있다.

▌그림 6-4 **뼈의 생성 과정**

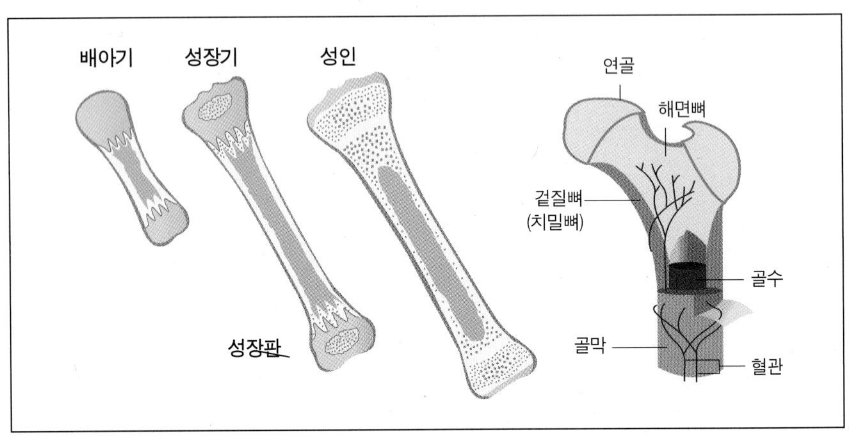

④ 골격이 성숙되면서 비결정상은 감소하고 인회석이 증가한다. 이때 파골세포는 골격조직을 파괴함으로써 이러한 작용이 균형을 이루도록 한다.

⑤ 골격의 바깥층은 치밀뼈로써 아주 조밀하고 단단한 반면 안쪽의 해면뼈는 혈액이 통과하는 곳으로 스펀지처럼 부드러운 조직으로 되어 있다. 혈액 농도의 항상성에 관여하는 칼슘은 해면뼈에 저장되어 있고 필요 시 칼슘을 혈액으로 용출시킴으로써 혈중 칼슘 농도의 항상성에 관여한다.

⑥ 사람은 생후 첫 1년 동안에는 뼈의 칼슘 성분을 100% 교체하고 아동기에는 약 10%의 뼈 칼슘을 1년 동안에 교체하며, 어른은 1년 동안에 2~4%의 뼈 칼슘 성분을 교체하게 된다.

⑦ 새로운 뼈의 합성과 분해 정도를 보면 아동의 경우는 분해보다 합성이 크므로 뼈의 성장이 일어나며 성인은 합성과 분해 정도가 같으므로 그냥 유지된다. 40~50세 사이에 합성보다 분해가 더 커지는 시기가 오며 그 이후에는 매년 총 골격의 0.7% 정도가 감소된다. 특히 여성은 남성보다 이러한 뼈의 손실이 오는 시기가 빠르며 특히 폐경 이후에 심해진다.

⑧ 치아조직도 골격과 같이 하이드록시아파타이트(hydroxyapatite, 수산화인회석)로 되어 있으나 골격보다 더 치밀한 결정체를 가지며 수분 함량이 낮다. 치아의 제일 외부는 에나멜층으로 가장 단단하며, 그 안은 상아질층, 치수 등으로 되어 있다. 어린이의 유치는 보통 5~6개월에 나기 시작하여 2~3년 사이에 완성되며, 만 6~7세가 되면 영구치로 교환되기 시작한다. 에나멜층은 인체 중 가장 단단한 조직으로 97%가량이 무기질이다. 치아에는 칼슘, 인, 마그네슘, 불소 등의 무기질이 축적된다. 뼈와 다르게 치아에 일단 축적되었던 칼슘은 다른 것으로 대치되지 않는다.

2) 체내 대사작용의 조절

골격과 치아 이외 체액에 존재하는 칼슘은 극히 소량이나 매우 중요한 조절작용을 한다.

① 칼슘은 세포막의 투과성을 조절하여 세포막을 통한 영양소의 이동에 관여하고 있다. 또한, 신경세포와 근육 사이에 충동을 전달하는 데 필요한 아세틸콜린(acetylcholine)과 같은 신경전달물질의 분비를 촉진시켜 신경 충동의

▌그림 6-5 **칼슘의 신경전달물질의 방출**

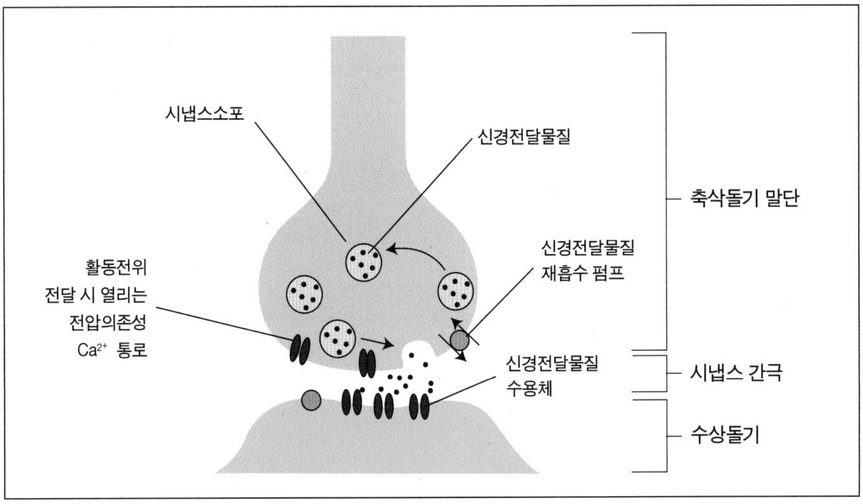

전달을 원활하게 한다[그림 6-5].

② 근육의 수축과 이완에 관여하는 단백질로는 액틴과 미오신이 있는데, 근육이 수축할 때는 액틴과 미오신이 액토미오신을 형성하게 되며 이 과정에 칼슘이 필요하다. 골격근육뿐만 아니라 심장근육의 수축에도 칼슘이 중요한 기능을 하고 있다[그림 6-6].

▌그림 6-6 **액틴과 미오신에 작용하는 칼슘**

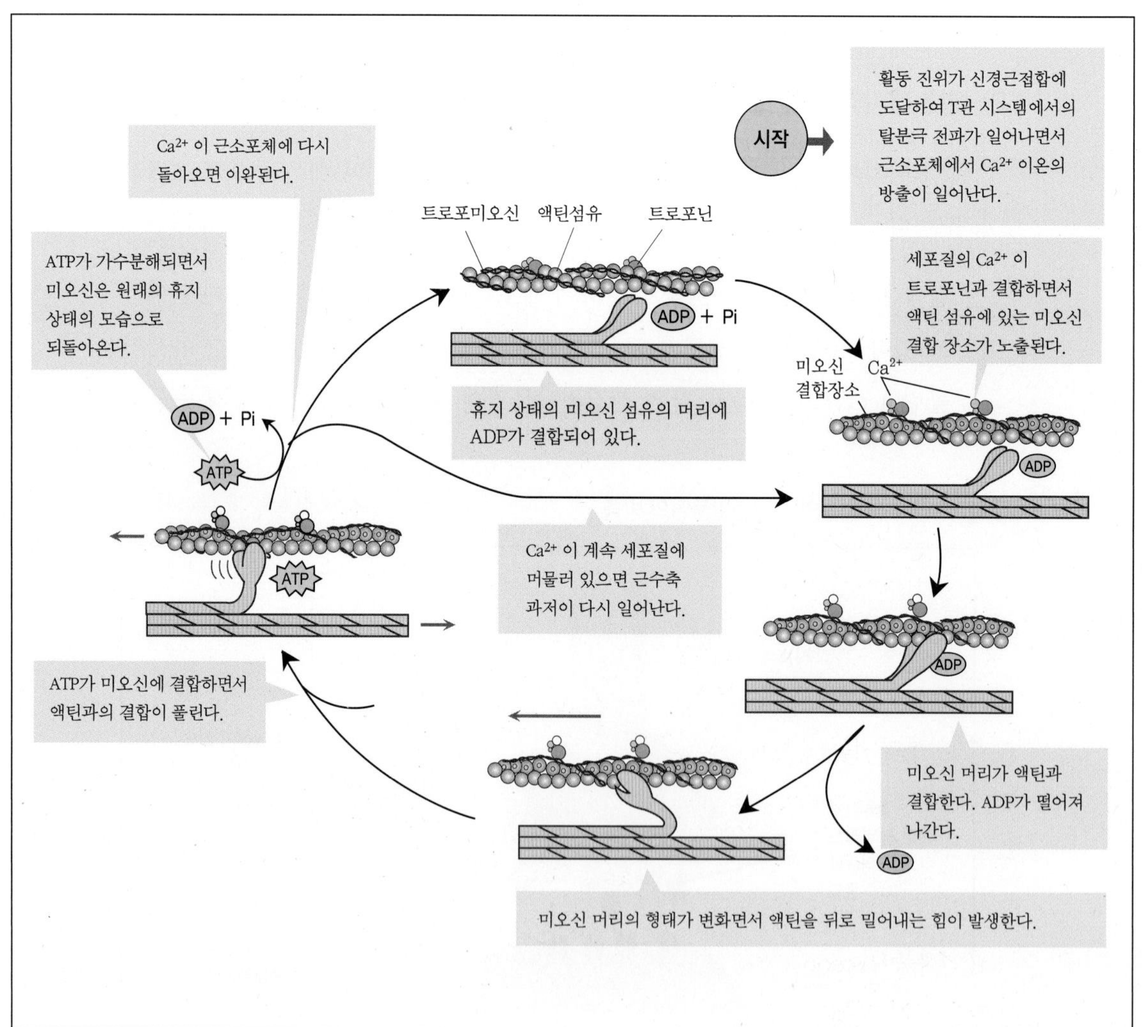

③ 칼슘은 혈액응고에 관여하는 단백질인 피브린을 형성하는 반응에 필수적인데, 한 예로 칼슘은 프로트롬빈을 트롬빈으로 전환시키는데 작용한다. 이렇게 생긴 피브리노겐을 불용성의 피브린으로 전환시킴으로써 혈액이 응고된다[그림 6-7].

▌그림 6-7 **혈액의 응고 과정**

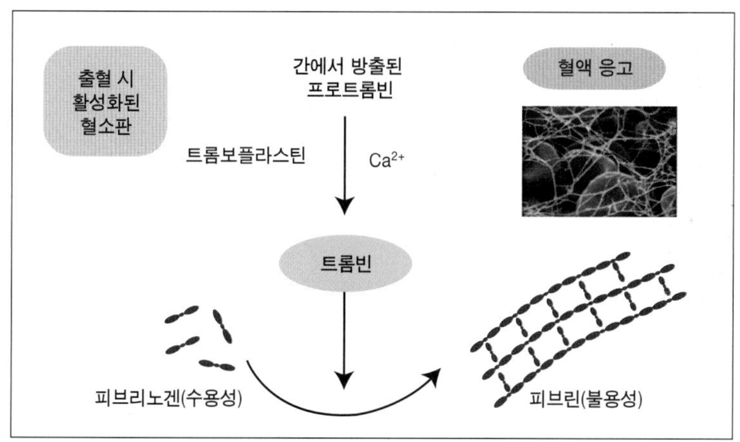

4. 결핍증

성장기 어린이에 있어서 칼슘의 섭취가 불충분하면 성장 저하, 뼈의 성분 변화, 뼈의 기형 등 [그림 6-8]과 같이 구루병(rickets)이 나타난다. 칼슘 섭취가 부족하게 되면 뼈의 석회화(calcification)가 충분히 이루어지지 않아 조그만 사고에도 쉽게 뼈가 부러지는 경향이 있다. 오랜 기간의 심한 칼슘 결핍으로 인해 구루병에 걸린 아동은 뼈가 단단하지 못해 체중을 지탱할 수 없기 때문에 다리가 O형 또는 X형으로 구부러지거나 관절 부위가 확대되어 굵어지고 앞가슴뼈가 튀어나오는 등 기형의 모습을 보이게 된다.

골연화증(osteomalacia)은 성인형 구루병으로서 아기를 많이 출산하고 칼슘이 부족한 식사를 하는 부인에게서 많이 발생한다. 또한, 오랫동안 일광을 쪼이지 못하는 여성들에게도 많은데 이는 낮은 칼슘의 섭취로 뼈의 기질 내 칼슘이 부족하게 되기 때문이다. 또한, 혈중 칼슘 농도가 감소하면 저칼슘혈증이 유발되는데 이는 신경세포에 적절한 자극이 전달되지 않아 신경의 흥분성이 증가하고 근육의 경련을 일으키는 테타니 증세를 일으킬 수 있다.

▌그림 6-8 **구루병, 골연화증, 골다공증**

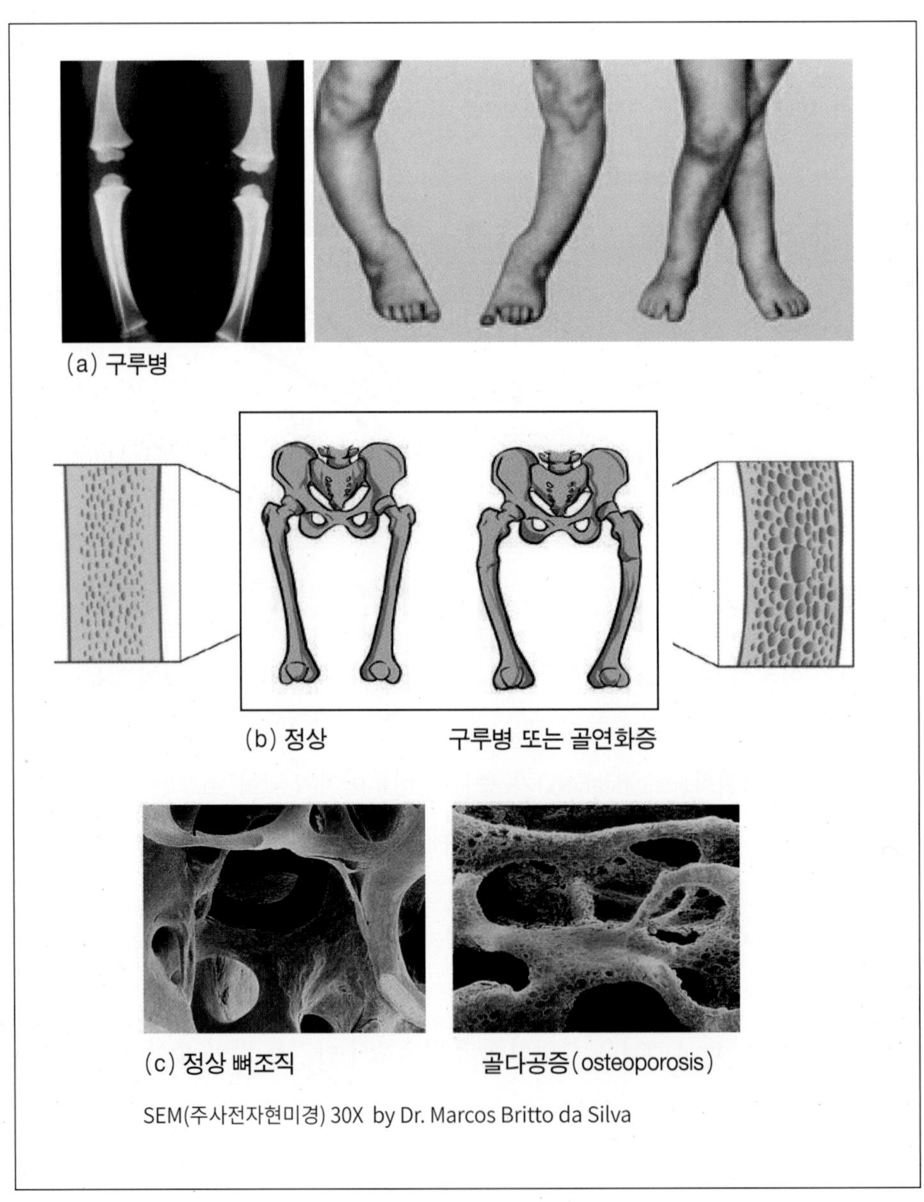

SEM(주사전자현미경) 30X by Dr. Marcos Britto da Silva

골다공증(osteoporosis)은 골연화증과는 약간 다른 형태로서 뼈의 석회화 감소뿐만 아니라 뼈의 군데군데 구멍이 뚫려 있는 증세를 말한다. 골다공증 환자는 조그마한 사고에도 골절이 되는 수가 많다. 골다공증의 원인은 여러 가지 인자가 있을 수 있으며 칼슘의 부족도 그 하나가 될 수 있다. 특히 폐경기 이후의 여성은 에스트로겐의 분비 감소로 인하여 뼈의 칼슘 손실이 증가됨으로써 골다공증에 걸릴 확률이 높아진다.

표 6-3 골다공증과 골연화증

	골다공증	골연화증
뼈의 조성	· 뼈의 크기, 용적→정상 · 뼈의 양 → 감소 · 유기물질, 무기물질 → 감소	· 뼈의 크기, 용적→정상 · 뼈의 양→정상 · 무기물질, 석회화 → 감소
발생연령, 대상	· 50~60세 이후의 고령자, 특히 50세 이상의 여성에 많이 나타남	· 모든 연령층에서 나타날 수 있음, 남 · 여 구별 없음
원인	· 性호르몬의 결핍 (폐경기 이후 여성) · 칼슘 섭취 부족 · 비타민 D 섭취 부족	· 체내 비타민 D량의 부족
뼈의 생리상태	· 뼈의 노화가 촉진된 상태	· 비타민 D 부족에 따른 뼈의 정상 대사가 부진한 상태
증세 및 특징	· 주로 등과 허리에 통증이 있음. · 골절이 잘 되는 곳: 척추, 팔뼈 · 65세 이상의 여성의 1/3이 척추 골절 · 아주 가벼운 충격에도 쉽게 골절을 일으킴	· 전신적으로 뼈와 관절 부위에 통증이 있음 · 뼈가 물러지기는 하지만 쉽게 골절되지는 않음
치료 (약물요법)	· 칼슘제 복용 · 비타민 D제 복용(종합 비타민) · 호르몬(에스트로겐) 투여 · 진통제, 근이완제 투여(통증 완화)	· 비타민 D제 복용 (칼슘제나 인제제 병용투여) · 뼈의 변형이 심한 경우 석고로 고정
식이요법 및 예방법	· 우유, 버터, 치즈 등 유제품 섭취 · 멸치같이 뼈까지 먹는 생선 섭취 · 녹황색 채소, 과일 등 비타민이 풍부한 식품 섭취 · 적당한 운동 실시(걷기, 기타 가벼운 운동) 및 햇볕 쬐기	

또한, 노인들의 잦은 질병으로 인한 신체 움직임의 부족은 뼈의 무기질 손실(demineralization)을 증가시키므로 노인이나 폐경기 이후의 여성에게는 특히 칼슘의 섭취가 필요하다. 골다공증과 골연화증의 차이는 [표 6-3]과 같다.

5. 영양섭취기준

칼슘의 영양소 섭취기준으로는 연령 및 성별에 따라 그 특성을 고려하여, 균형 연구의 결과, 요인가산법, 퇴행성 골질량 감소 등을 다양하게 적용하였으며 [표 6-4]에서와 같이 1세 이상의 모든 연령층에서 평균필요량, 권장섭취량, 상한섭취량을 설정하였고 영아의 경우 충분 섭취량을 설정하였다.

- 성인의 경우 칼슘 배설량, 흡수량, 불감손실량, 폐경기 여성의 배설량 증가 및 칼슘 보유량을 고려하여 필요량을 설정하고, 성별 체위기준에서 제시된 체중을 반영하여 산출하였다. 한편, 성장기의 아동과 청소년의 경우는 체내 칼슘 보유량에 중점을 두어 요인 가산법을 적용하였고, 노인의 경우는 골질량 감소 및 골다공증 예방을 목적으로 산출하였는바 성인의 칼슘 필요량을 적용하고 불가피 손실량과 흡수율 30%를 고려하여 칼슘의 평균필요량을 설정하였다.
- 권장섭취량은 평균필요량에 두 배의 표준 편차를 더하여 19~49세 성인 남자는 800mg, 여자는 700mg으로 설정하였다. 폐경기 여성의 경우 만성질환 및 골다공증 예방을 위해 추가로 손실되는 양을 감안하여 상향 조정하여 800mg으로 권장섭취량을 설정하였다.
- 남성 노인의 경우 흡수율과 손실량에 관하여 입증할 만한 자료의 부족으로 인하여 성인과 동일하게 적용 후 체위기준에 따른 체중을 반영하여 700mg으로 설정하였다.
- 임신부의 경우 태아 조직과 골격, 태아 부속물의 성장을 위해 비임신기에 비해 칼슘 필요량이 증가하지만 이 시기의 모체에는 생리적 적응 현상이 일어나 칼슘 흡수율이 증가하므로(임신 후기 50~70%, 비임신 여성 30%) 추가섭취량을

설정하지 않았다. 수유부의 경우에도 모유 수유를 위한 칼슘 공급과 모체의 골격 건강 유지를 위해 칼슘 요구량이 크게 증가하지만 수유기에 발생하는 모체의 골용출 증가는 정상적 생리현상으로, 추가적 칼슘 섭취가 뼈 손실을 늦추는 것은 아닌 것으로 보고되어 각 연령대별 여성의 칼슘 필요량을 기준으로 섭취토록 하였다.

- 영아의 섭취기준은 건강한 모유 영양아의 평균 칼슘 섭취량을 기준으로 하여 영아 전반기는 모유 섭취량과 모유의 평균 칼슘 함량을 계산하였고, 후반기는 여기에 이유 보충식의 칼슘 섭취량을 고려하여 계산하였다.
- 유아 및 아동의 경우 칼슘 균형 연구, 칼슘 축적량, 골무기질 함량을 지표로 삼았으며 체중 및 골격의 증가를 고려하여 연령별로 적절히 조정하였다.
- 청소년기의 경우 최고 칼슘 축적률을 보이는 시기로써 골격 칼슘 축적량, 소변을 통한 손실량, 불감손실량과 흡수율 45%를 고려한 뒤 두 배의 표준편차를 감안하여 12~14세 남자 1,000mg, 여자 900mg을 권장섭취량으로 설정하였다.
- 칼슘의 상한섭취량은 과잉 칼슘이 조직에 축적되어 나타나는 신장 건강 이상과 요로결석의 상관성을 반영하고, 우유 섭취가 과다한 경우 나타나는 우유-알칼리증과 칼슘 섭취량 등을 반영하여 결정하였다. 신장결석 발생의 위험을 고려하여 남녀 모두 50세 이상에서는 19~49세 성인 2,500mg보다 낮은 2,000mg을 상한섭취량으로 추정하였다.

▌표 6-4 칼슘의 영양소 섭취기준 (2020)

성별	연령	칼슘(mg/일)			
		평균필요량	권장섭취량	충분섭취량	상한섭취량
영아	0-5(개월)			250	1,000
	6-11			300	1,500
유아	1-2(세)	400	500		2,500
유아	3-5	500	600		2,500
남자	6-8(세)	600	700		2,500
	9-11	650	800		3,000
	12-14	800	1,000		3,000
	15-18	750	900		3,000
	19-29	650	800		2,500
	30-49	650	800		2,500
	50-64	600	750		2,000
	65-74	600	700		2,000
	75 이상	600	700		2,000
여자	6-8(세)	600	700		2,500
	9-11	650	800		3,000
	12-14	750	900		3,000
	15-18	700	800		3,000
	19-29	550	700		2,500
	30-49	550	700		2,500
	50-64	600	800		2,000
	65-74	600	800		2,000
	75 이상	600	800		2,000
임신부		+0	+0		2,500
수유부		+0	+0		2,500

6. 급원 식품

칼슘은 다른 영양소와 달리 자연계에 널리 분포되어 있지 않고 국한된 식품에만 다량 함유되어 있다. 그러므로 칼슘이 함유되어 있지 않은 식품만을 섭취하는 식습관은 칼슘 부족 결과를 쉽게 초래한다.

[표 6-5]에서 보는 바와 같이 우리나라 사람들이 일상 섭취하는 음식 중에는 녹황색 채소와 해조류, 그리고 멸치, 뱅어포와 같은 뼈째 먹는 생선 등이 칼슘 함량이 높다. 그러나 푸른 채소에는 상당한 양의 칼슘이 함유되어 있기는 하나, 흡수되기 어려운 형태로 존재하기 때문에 이용되는 양은 적다. 육류 및 곡류는 비교적 칼슘 함량이 낮은 식품들로 칼슘 급원 식품으로 추천하지 않는다. 이에 비해 우유 및 유제품은 칼슘을 다량 함유하고 있을 뿐 아니라 칼슘 흡수를 촉진시키는 유당을 함유하고 있고 칼슘과 인의 함량이 흡수가 용이한 비율이어서 체내 이용률이 높다. 국민건강영양조사 자료(질병관리본부, 2014)에 의하면 한국인이 주로 섭취하는 칼슘 급원 식품은 멸치, 치즈, 우유, 달걀 등이었다.

표 6-5 식품 100g 중의 칼슘 함량

식품명	함량(mg)	식품명	함량(mg)	식품명	함량(mg)	식품명	함량(mg)
쌀	11	양미리	1091	순두부	114	배추	70
보리	44	건멸치(중것)	1860	파래	403	무우	149
밀가루	46	뱅어포	1056	조선김	111	고추잎	364
감자	5	새우젓	681	생미역	457	갓	259
고구마	28	달걀	67	다시마	763	사과	13
대두	127	우유	186	쇠고기	19	배	4
참깨	630	치즈	613	돼지고기	4	감	8
강남콩	130	탈지분유	1308	연어통조림	230	바나나	23

6-2 인(phosphorus, P)

1. 체내 분포

인은 신체 내의 모든 조직에 존재하며 체중의 0.8~1.1%를 차지하고 있는데, 그 중 85%는 골격에서 칼슘과 결합하여 하이드록시아파타이트를 이루어 뼈와 치아조직을 형성하고 나머지는 근육, 장기, 체액 등에 있으며 유기물질과 결합하고 있다.

2. 흡수 및 대사

- 식품 내에서 다른 물질과 에스테르 결합을 하고 있는 인은 가수분해되어 유리 상태가 된 후 수동적 확산에 의해 흡수된다. 인의 흡수율은 섭취한 양의 60~70% 정도로 높으며 섭취량이 적을 경우 90% 이상이 흡수된다.
- 일반적으로 섭취하는 칼슘과 인의 비율이 1:1일 때 골격 형성이 가장 효율적으로 이루어진다.
- 인이 신장에서 흡수되려면 식품 내에 인산염의 형태로 존재하던 것이 분해되어야 하며 알칼리 조건에서는 인산염이 용해되지 않으므로 인의 흡수는 산성 조건을 유지하는 위와 소장 상부에서 이루어진다.
- 과량의 칼슘 섭취는 인의 흡수를 감소시키고 과량의 인의 섭취는 칼슘 흡수를 감소시키므로 칼슘과 인의 비율을 1:1로 하는 것이 적당하다. 비타민 D는 인의 흡수를 도우며, 다량의 마그네슘이나 철, 칼슘 등을 섭취했을 때는 인의 흡수가 방해를 받는다.
- 체내 인의 양을 조절하는 것은 흡수율에 의하는 것보다 신장을 통해 배설됨으로써 일어난다. 혈청 내에 함유되어 있는 인의 총량은 신장의 세뇨관을 통하면서 재흡수된다. 비타민 D는 재흡수율을 높여 주고 부갑상선호르몬은 억제한다.

3. 기능

- 인은 칼슘과 함께 인산 칼슘의 형태로 뼈의 석회화에 필수적이며 골격에 존재하는 칼슘과 인의 비율은 일반적으로 2:1이고 칼슘과 인의 균형이 맞지 않으면 뼈의 석회화가 잘 일어나지 않는다.
- 체내 에너지의 생산 및 저장은 ATP와 크레아틴 인산 등의 인산화된 구성물에 의해 이루어진다.
- 근육의 수축과 대사의 이화작용에도 필요하다.
- 조직은 인을 이용하여 티아민, 리보플라빈, 니아신, 비타민 B_6와 판토텐산 등의 조효소를 생산한다.
- 많은 대사 물질이 인과 접촉함으로써 대사작용이 활성화된다.
- 인은 세포의 재생산과 단백질의 합성에 불가결한 DNA와 RNA의 필수 구성 요소이다.
- 인을 가진 화합물은 인산화 과정을 거쳐 형성되며 인은 인지질의 형태로서 세포막과 혈중 지질의 운반에 필요한 지단백의 중요한 성분이다.
- 인은 체액의 산 · 염기 평형조절에 관여하는 무기인 완충제(phosphate buffer)의 일부분으로서 중요한 기능을 하고 있다. 신장은 혈액에 인이 과량 존재하는 경우 이를 충분히 제거할 수 있기 때문에 정상인의 경우 문제가 되지 않으나 심각한 신부전 환자에게는 과잉증이 나타날 수 있다. 따라서 신장기능이 떨어진 경우 식품으로 섭취하는 인도 고인산혈증을 유발하여 근육경련증이 나타날 수 있다.

4. 결핍증

인은 거의 모든 식품에 함유되어 있어 사람에게서 결핍증이 발생하는 일은 드물다. 그러나 장기적으로 인이 결핍되면 ATP 등이 합성되지 않아 식욕 부진, 근육 약화, 뼈의 약화 및 통증 등이 초래된다. 특히 조산아인 경우 부적절한 인이나 칼슘의 공급으로 인해 구루병이 생길 수도 있다. 그 외에도 당뇨병, 알코올중독, 신장병 등이 있거나 인과 결합하는 물질이 들어 있는 제산제의 장기 복용으로 인해 인의 평형에 영향을 미침으로써 저인산혈증이 나타날 수도 있다. 신장은 혈액에 인이 과량 존재하는 경우 이를 충분히 제거할 수 있기 때문에 정상인의 경우 문제가 되지 않으나 심각한 신부전 환자에게는 과잉증이 나타날 수 있다. 신장기능이 떨어진 경우 식품으로 섭취하는 인도 고인산혈증을 유발하여 근육경련증이 나타날 수 있다.

5. 영양섭취기준

- 인의 영양소 섭취기준으로 [표 6-6]에서와 같이 1세 이상 모든 연령층에서는 평균필요량, 권장섭취량, 상한섭취량을 설정하였고 영아의 경우 충분섭취량을 설정하였다.
- 인은 생리적 기능과 대사면에서 칼슘과 밀접한 관련이 있어 칼슘과 인의 섭취 비율을 매우 중요하게 다뤄왔으나 최근에 성인에서 이 비율은 중요한 의미가 없는 것으로 알려져 성인의 섭취기준 설정에 혈청 무기인산 농도를 지표로 하였다.
- 인의 흡수율은 동물성과 식물성 단백질의 흡수율을 감안하여 혈청 무기인산의 최저 정상 수준인 2.7mg/*dl*을 유지하기 위해서는 580mg을 섭취해야 하므로 성인의 평균필요량은 남녀 모두 580mg으로, 권장섭취량은 변이계수 10%를 고려하여 남녀 모두 700mg으로 설정하였다.
- 노인의 경우 성인기에 비해 장을 통한 흡수율이나 사구체 여과율이 달라진다는 연구 결과가 없으므로 성인과 동일하게 적용하였다.
- 임신기에 인의 섭취를 특별히 증가시켜야 한다는 과학적 증거가 부족하여 인의 권장량을 비임신 성인 여성과 동일하게 700mg으로 설정하였고, 수유부도 유즙으로 배출되는 인을 공급해 주어야 하는데 수유 필요량을 공급할 수 있다고 추정되므로 수유부의 인 권장량을 임신부와 동일하게 설정하였다.

▌표 6-6 인의 영양소 섭취기준 (2020)

성별	연령	인(mg/일)			
		평균필요량	권장섭취량	충분섭취량	상한섭취량
영아	0-5(개월)			100	
	6-11			300	
유아	1-2(세)	380	450		3,000
	3-5	480	550		3,000
남자	6-8(세)	500	600		3,000
	9-11	1,000	1,200		3,500
	12-14	1,000	1,200		3,500
	15-18	1,000	1,200		3,500
	19-29	580	700		3,500
	30-49	580	700		3,500
	50-64	580	700		3,500
	65-74	580	700		3,500
	75 이상	580	700		3,000
여자	6-8(세)	480	550		3,000
	9-11	1,000	1,200		3,500
	12-14	1,000	1,200		3,500
	15-18	1,000	1,200		3,500
	19-29	580	700		3,500
	30-49	580	700		3,500
	50-64	580	700		3,500
	65-74	580	700		3,500
	75 이상	580	700		3,000
임신부		+0	+0		3,000
수유부		+0	+0		3,500

- 유아에서부터 청소년의 평균필요량을 결정하는데 있어, 이 연령대를 대상으로 한 자료가 없어서 체내에서의 인 증가량을 지표로 삼았으며, 소변 중 배설량과 체내 흡수율 등의 요인을 고려하여 설정하였다.
- 인의 상한섭취량은 성인에 있어 혈청 인산 농도가 정상 상한치에 도달하는 것

으로 추정되는 3,500mg을 최대 무독성량으로 하고 불확실계수를 1로 하여 성인의 상한섭취량을 3,500mg으로 설정하였다. 1~8세 아동은 성인에 비해 작은 신체 크기, 75세 이상 노인은 신장기능 저하를 감안하여 3,000mg으로 설정하였다.

6. 급원 식품

인은 [그림 6-9]와 같이 자연계에 널리 분포되어 있으며 특히 우유 및 유제품, 육류 등은 인의 좋은 급원이고 가공식품과 탄산음료에 많다. 현미나 전곡에는 인이 많으나 대부분 피틴산의 형태로 존재하여 흡수율은 낮은 편이다.

▌그림 6-9 **인의 급원 식품**

3 마그네슘(magnesium, Mg)

1. 체내 분포

성인의 체내에는 약 20~35g의 마그네슘이 함유되어 있는데 절반은 뼈에 그리고 나머지는 주로 근육과 간의 연조직 및 세포간액에 존재한다. 뼈에 존재하는 마그네슘은 다른 조직으로 쉽게 옮겨가서 사용되지 못한다.

2. 흡수 및 대사

- 마그네슘의 흡수는 대부분 단순 확산과 능동수송에 의해 소장에서 일어나며 흡수율은 30~40% 정도이나 섭취가 부족할 경우 80%까지 증가한다.
- 알칼리 제제를 다량으로 섭취할 경우, 곡류의 외피에 많은 피틴산이나 다량의 칼슘 섭취 시 마그네슘의 흡수는 방해받는다.
- 골격의 마그네슘은 칼슘과는 달리 혈액으로 유출되는 비율이 낮기 때문에 혈중 마그네슘 농도의 유지는 주로 신장에 의한다. 마그네슘의 배설은 대부분 담즙을 통해서 일어나고 1/3은 소변으로 나머지는 대변으로 배설된다.
- 마그네슘은 칼륨과 마찬가지로 알도스테론에 의해 신장에서 배설이 증가하는데 알코올이나 이뇨제도 마그네슘의 배설을 증가시킨다.

3. 기능

- 마그네슘은 골격과 치아 구성에 필수적인 무기질이다. 탄수화물, 지방, 단백질 및 핵산대사의 여러 과정에 필요한 효소를 활성화시키는 보조 인자(cofactor)나 활성제로 작용한다.
- [그림 6-10]에서와 같이 ATP의 구조적인 안정 유지 및 에너지대사에 작용한다.

- 신경전달물질인 아세틸콜린의 분비를 감소시키고 분해를 촉진하여 신경을 안정시키고 근육을 이완시키는 등 칼슘과 상반된 작용을 한다. 따라서 마그네슘은 마취제나 항경련제의 성분으로 이용된다.

▌그림 6-10 Mg^{2+}-ATP의 복합체

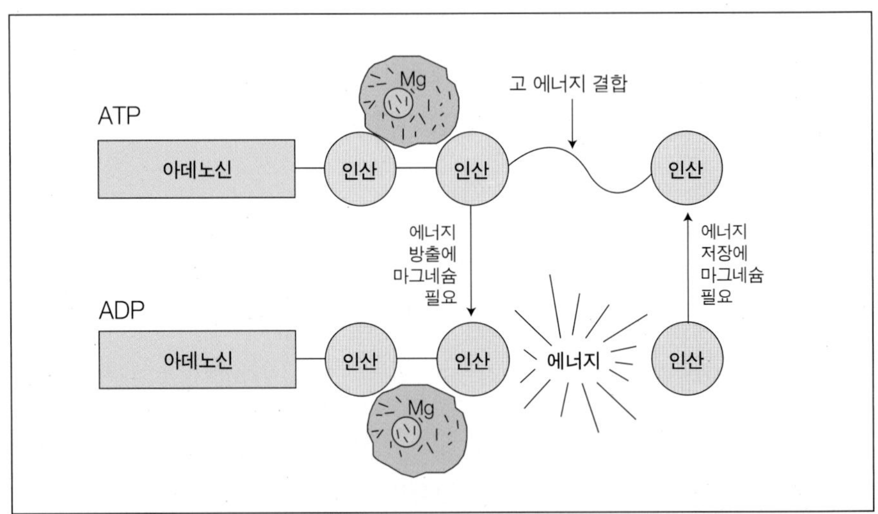

4. 결핍증

마그네슘의 결핍 증세는 정상적인 식생활을 영위하는 사람들에게서는 보고되지 않았지만 만성 설사나 구토 등으로 체액의 손실이 크거나 만성 알코올 중독, 콰시오커 등으로 마그네슘의 흡수가 극히 불량할 때 발생한다. 혈중 마그네슘이 감소되면 세포 외액의 무기질 불균형에 의해 신경의 자극 전달이나 근육의 수축, 이완에 이상이 와서 근육신경이 떨리게 되는 신경성 근육 경련, 즉 마그네슘 테타니(magnesium tetany) 증상을 일으킨다.

5. 영양섭취기준

- 마그네슘의 영양소 섭취기준으로 [표 6-7]에서와 같이 1세 이상 모든 연령층에서 평균필요량, 권장섭취량, 상한섭취량을 설정하였고, 영아의 경우 충분섭취량을 설정하였다. 그러나 우리나라 사람을 대상으로 한 자료가 부족하므로 미국에서 장기간에 걸쳐 행해진 성인 대상의 마그네슘 평형 실험의 결과를 이용하고 기준 체중을 적용하여 30~49세 남성의 경우 권장섭취량을 370mg, 30~49세 여성의 경우 280mg으로 설정하였다.
- 노인의 경우 체위 기준의 표준 체중이 낮아짐에도 불구하고 계속적인 신장 기능의 감소를 고려하여 50세 이상의 성인과 동일한 양을 책정하였다.
- 임신부의 경우 체중 증가에 따른 무지방 근육조직의 증가량에 따른 마그네슘 함량 증가량과 체내 이용률을 고려하고 권장섭취량 안전율 20%를 고려하여 +40mg을 부가하여 설정하였다. 수유부의 경우 마그네슘 섭취량은 모유의 마그네슘 함량에 영향을 주지는 않음으로 수유부의 마그네슘 평균필요량과 권장섭취량은 성인 여성과 동일하게 설정하였다.
- 영아기의 경우 0~5개월의 영아는 모유를 통한 섭취량을 충분섭취량으로 정하였고, 6~11개월의 영아는 미국 영양섭취기준에서 성장기 아동에게 제시한 마그네슘 필요량에 안전율을 고려한 섭취량을 충분섭취량으로 정하였다.
- 유아 및 아동기는 균형 실험 결과 얻어진 단위 체중당 마그네슘 필요량에 기준 체중을 적용시켜 평균필요량을 정하고 여기에 변이계수 10%를 고려하여 권장섭취량을 정하였다. 청소년기는 급성장에 따른 축적량을 고려하여 평균필요량과 권장섭취량을 결정하였다.
- 식품을 통한 마그네슘의 과잉 섭취 유해 보고는 없으며, 약용으로 섭취된 마그네슘으로 인한 유해 영향이 보고된 바 있다. 이를 근거로 식품과 음용수를 통한 상한섭취기준은 설정하지 않고 보충제 등의 형태로 섭취된 마그네슘의 최대 무해 용량을 360mg으로 설정하였다. 독성종말점은 삼투성 설사이며 비교적 경미한 설사에 회복이 용이한 점을 고려한 불확실계수 1.0을 적용하여

350mg을 상한섭취량으로 정하였다. 단 식품 외의 급원으로부터 섭취한 마그네슘에 한하여 적용된다.

6. 급원 식품

마그네슘의 함량이 많은 식품은 코코아, 견과류, 두류 등이고, 특히 마그네슘은 엽록소의 구성 성분으로 존재하므로 녹색 잎채소류는 좋은 급원이라 할 수 있다. 피틴산이 함유된 전곡류는 마그네슘 흡수를 저해할 수 있으므로 주의한다.

▌그림 6-11 **클로로필 성분 마그네슘**

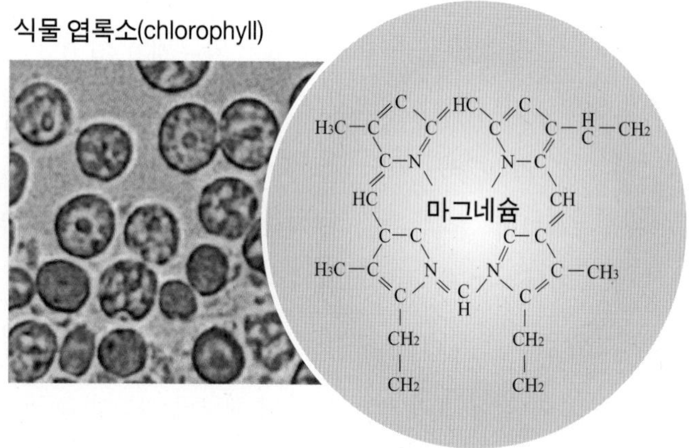

▌표 6-7 마그네슘의 영양소 섭취기준 (2020)

성별	연령	마그네슘(mg/일)			
		평균필요량	권장섭취량	충분섭취량	상한섭취량1)
영아	0-5(개월)			25	
	6-11			55	
유아	1-2(세)	60	70		60
	3-5	90	110		90
남자	6-8(세)	130	150		130
	9-11	190	220		190
	12-14	260	320		270
	15-18	340	410		350
	19-29	300	360		350
	30-49	310	370		350
	50-64	310	370		350
	65-74	310	370		350
	75 이상	310	370		350
여자	6-8(세)	130	150		130
	9-11	180	220		190
	12-14	240	290		270
	15-18	290	340		350
	19-29	230	280		350
	30-49	240	280		350
	50-64	240	280		350
	65-74	240	280		350
	75 이상	240	280		350
임신부		+30	+40		350
수유부		+0	+0		350

1) 식품 외 급원의 마그네슘에만 해당

6-4 유황(sulfur, S)

1. 체내 분포

체내 유황의 함량은 체중의 0.25% 정도(175g)이며 주로 유황을 함유하고 있는 아미노산(메티오닌, 시스테인, 시스틴)에 존재하므로 결체조직, 피부, 손톱, 모발 등에 풍부히 존재한다. 또한, 유황은 티아민과 비오틴 같은 비타민, 그리고 coenzyme A와 호르몬인 인슐린에도 존재한다.

2. 흡수 및 대사

- 식품 중의 황은 유기물질과 결합된 황(예: 함황아미노산)의 형태로 소장 벽을 통해 흡수되어 이용되며, 소량 들어 있는 무기황은 거의 흡수되지 않는다.
- 세포 내에서 함황아미노산은 황산을 생산하는데 이는 신속히 중화되어 무기염(SO_4^{-2})의 형태로 체외로 방출된다.
- 소변을 통해 배설되는 유황은 85~90%가 무기황이다. 저단백 식사를 할 때는 황 배설량이 감소한다.

3. 기능

- 유황은 연골, 건, 골격, 피부 그리고 심장판막 등의 결합조직을 이루는 점액다당류(mucopolysaccharide)의 구성 성분이다.
- 인슐린, 헤파린, thiamin pyrophosphate(TPP), coenzyme A, lipoic acid 등 조효소의 성분이 된다.
- 세포 내의 산화·환원작용에 중요한 역할을 하는 글루타티온(glutathione)에 포함되어 있다.
- 세포 내에서 함황아미노산은 황산을 생산하며 페놀(phenol)이나 크레졸

(cresol)류 등 독성을 가진 물질이 있을 때 무기황이 그 물질과 결합하여 배설되기 쉬운 상태로 해독하여 배설하게 한다.

- 세포외액에 존재하는 황의 이온화 형태인 황산염은 체내에서 산 - 염기 평형에 관여한다.

4. 필요량

황의 필요량은 아직까지 결정된 바 없으며 메티오닌과 시스테인이 풍부한 식사를 하고 있는 한 신체가 필요한 양을 충분히 공급받을 수 있다.

5. 급원 식품

단백질 중에는 약 1% 정도의 황이 함유되어 있다. 함황아미노산을 많이 함유한 단백질의 섭취가 충분하면 황의 섭취는 자연히 충족된다. 황이 풍부한 식품으로는 육류, 우유, 달걀, 두류 등이 있다[그림 6-12].

그림 6-12 **함황아미노산과 급원 식품**

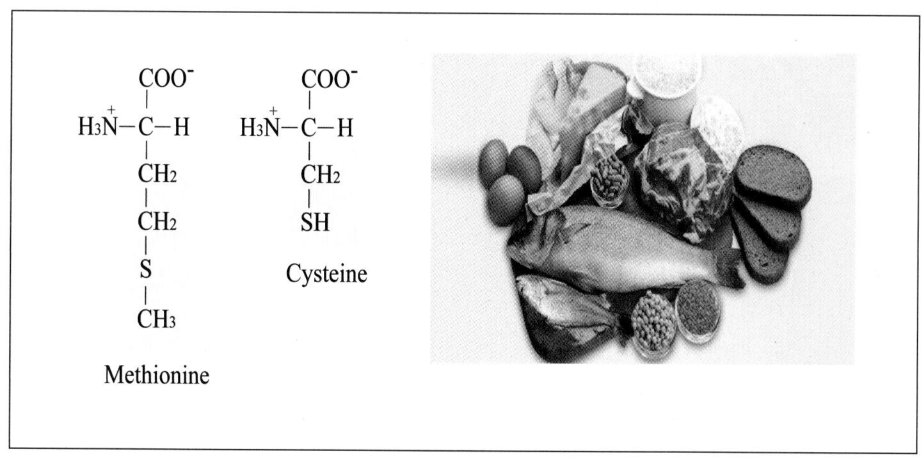

6-5 나트륨(sodium, Na)

1. 체내 분포

나트륨은 세포외액에 존재하는 1가의 양이온으로 체중의 0.15~0.2%(105g 정도)를 차지하고 있으며 그중 50%는 세포외액에, 40%는 골격에, 나머지 10%는 세포 내에 존재한다. 혈청 중 310~340mg/*dl* 수준으로 들어 있다.

2. 흡수 및 대사

- 섭취된 나트륨은 아주 소량만이 능동수송에 흡수되고 대부분은 확산에 의해 쉽게 소장 벽을 통과해 흡수된다.
- 나트륨의 흡수는 포도당, 염소와 함께 흡수될 때 촉진된다. 흡수된 나트륨은 체내 정상 수준을 유지하는데 필요한 양만 혈액에 잔류하고 여분의 나트륨은 주로 신장을 통해 배설된다.
- [그림 6-13]에서와 같이 나트륨의 주요 배설원은 소변이고, 소량은 땀을 통해서도 이루어지며 땀을 통한 배설량은 발한의 정도와 관련된다. 발한에 의한 수분 손실이 체중의 3%를 초과할 경우에는 나트륨의 손실량을 보충해 주어야 한다.
- 혈중 나트륨의 항상성은 부신피질에서 분비되는 알도스테론의 작용으로 신장을 통해서 이루어진다. [그림 6-14]와 같이 체내에 나트륨 함량이 저하되고 그에 따라 혈액량이 감소되면 알도스테론의 분비가 촉진되어 신장에서 나트륨 재흡수를 촉진하여 체내 나트륨 함량과 체내 수분량을 증가시킨다.

▌그림 6-13 **나트륨의 흡수와 대사**

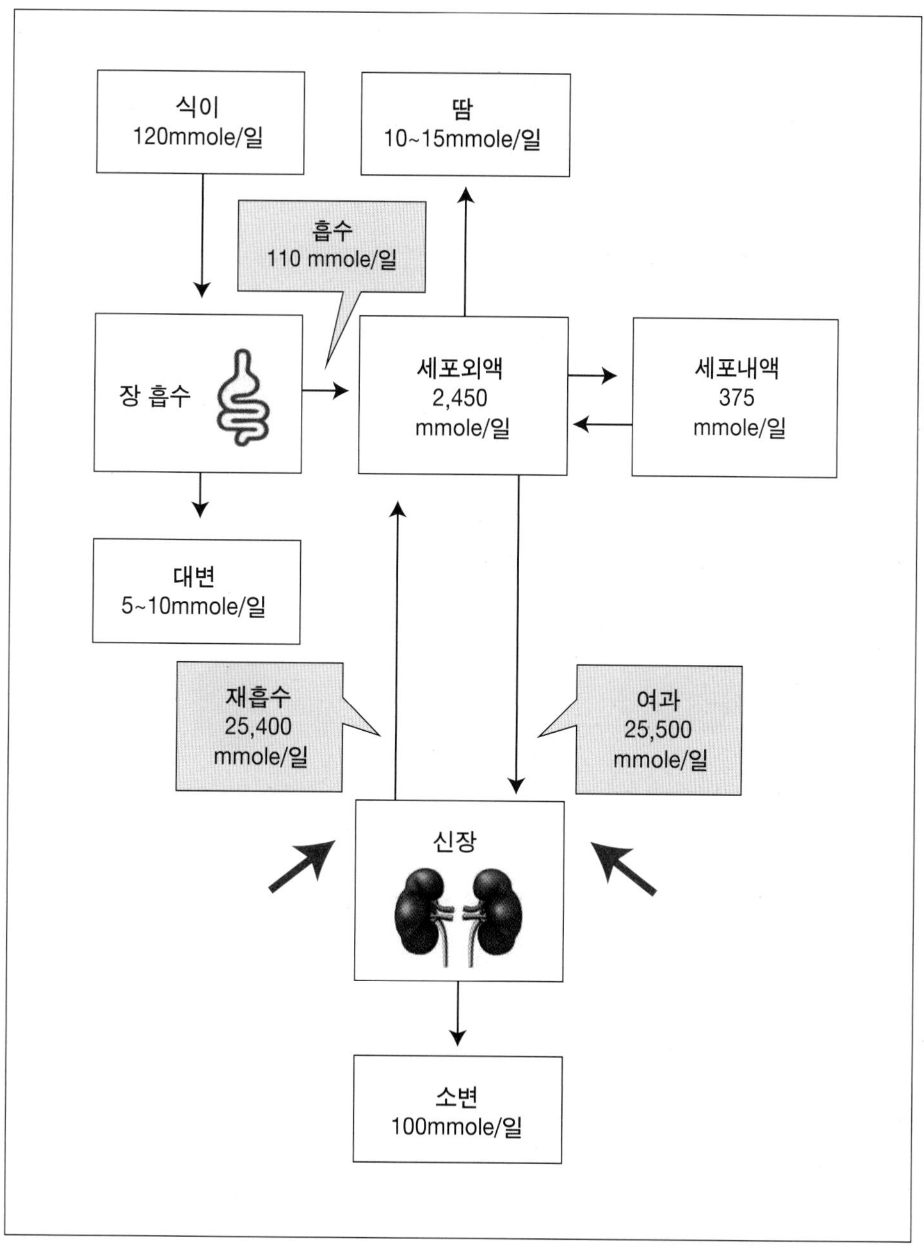

▌그림 6-14 레닌-안지오텐신-알도스테론계

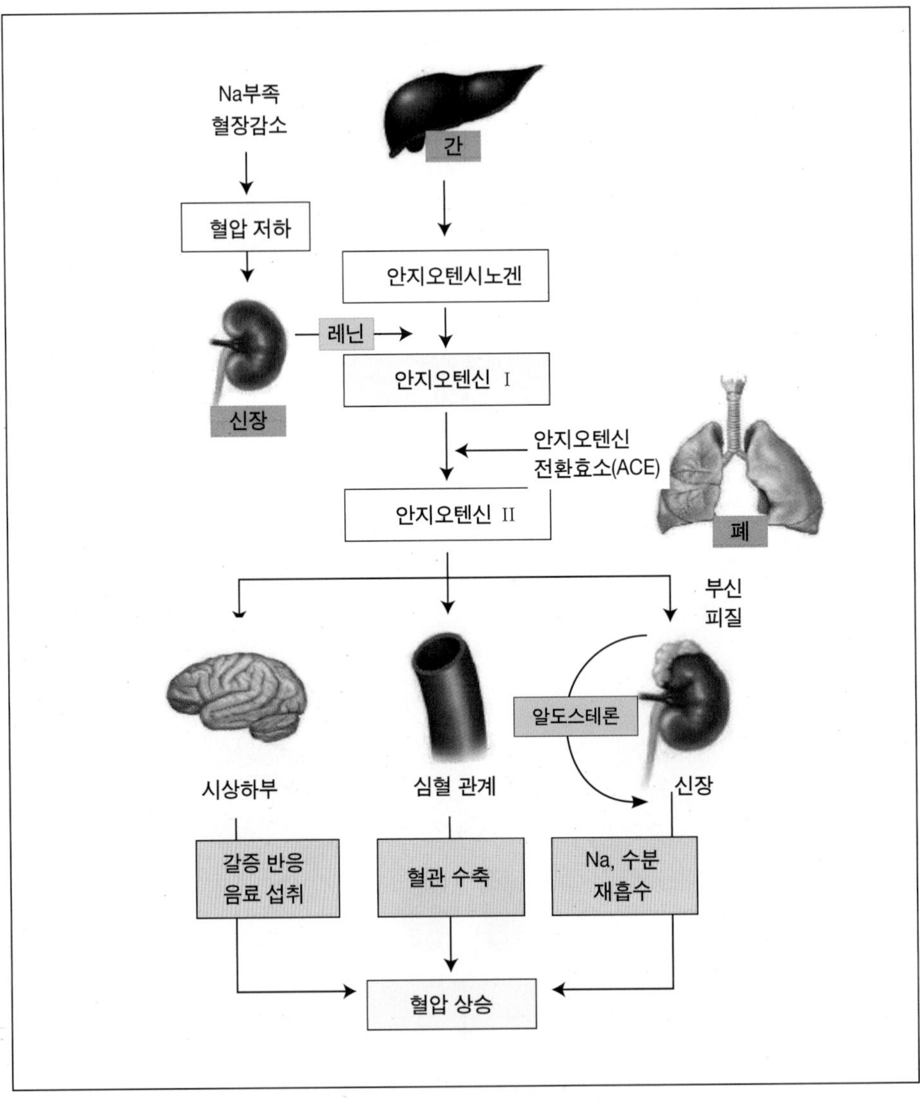

3. 기능

- 나트륨은 K^+, Cl^-, HCO_3 등의 전해질과 함께 체내 산·염기 평형 유지에 관여하여 체액에 알칼리도를 준다. 특히 소장액의 알칼리성을 유지하는 데 큰 역

할을 한다.

- 세포외액의 삼투압 유지(280~300mOsm/ l)와 수분량을 유지하는 기능이 있다.
- 근육과 신경의 정상 활동에도 필요한 무기질이다.
- Na-K pump 작용을 통하여 포도당이나 아미노산과 같은 영양소의 세포막을 통한 능동적 운반을 돕기도 한다.

4. 결핍증 및 과잉증

평상시 나트륨의 결핍은 거의 찾아볼 수 없으나 심한 구토와 설사, 땀 흘림에 의해 일시적 결핍 증세가 올 수도 있다. 체내 나트륨 함량이 감소하면 세포외액 내 삼투압이 감소하므로 혈액량이 감소하여 혈압이 떨어지게 된다. 그 외 성장장애, 식욕 부진, 모유 분비 감소, 근육 경련, 메스꺼움, 설사, 두통 등의 증세를 나타낸다. 그러나 일반적으로 나트륨 섭취는 결핍보다는 과잉되기가 훨씬 쉽다. 체내에 나트륨이 과잉 존재하면 혈장량이 증가되고 그에 따라 신체 총수분량이 증가하여 부종(edema)을 일으키게 된다. 또한, 혈관 수축의 촉진 또는 호르몬 변화의 유도 등에 의해 고혈압이 될 수도 있다. 이외에도 나트륨의 과잉 섭취는 위암 및 위궤양의 발병률을 증가시킨다는 보고가 있다. 최근 가공식품의 이용이 많아지고 있는데 식품을 가공하는 동안 소비자들은 가공식품에 얼마나 많은 양의 나트륨이 함유되어 있는지를 궁금해하므로 식품 제조업자들은 다른 영양소 함량과 함께 나트륨의 함유량을 표시해 주는 것이 바람직하다.

5. 영양섭취기준

나트륨의 영양소 섭취기준은 [표 6-8]에서와 같이 모든 연령층에 충분섭취량을 설정하였고, 다른 영양소와 달리 나트륨은 상한섭취량 대신 만성질병의 예방 차원에서 목표섭취량을 설정하였다.

- 건강한 성인에 있어서 1일 나트륨 섭취량으로 1,500mg을 제안하는데, 온화한 기후에서 중등 활동을 하는 성인 남녀의 나트륨 충분섭취량은 서구식 및 한국식 식이에서 볼 수 있는 일반적 식단을 사용하면 외견상 건강한 사람들의 나트륨 필요량을 만족시킬 수 있다. 충분섭취량 기준은 극심한 지구력을 요하는 조건들(마라톤과 철인3종경기 등)이나 장기간의 더위와 같은 환경 상태에서 땀으로 나트륨 배설이 증가되는 경우에는 적용할 수 없다.
- 노인의 충분섭취량은 연령이 증가함에 따라 감소하는 남자 및 여자의 에너지 섭취량 통합 평균값에 근거하여 젊은 성인으로부터 외삽하였다.
- 임신기에 세포외액의 증가가 있기는 하지만 나트륨 섭취를 증가시키지는 않으며 수유기의 경우에도 세포외액의 증가와 수유를 통한 나트륨 배출이 있기는 하지만 부가적인 나트륨 섭취를 고려하지 않으므로 동일하게 설정하였다.
- 영아기는 모유를 통한 섭취량을 기준으로 충분섭취량을 정하였고 유아기 아동의 경우 극단적인 나트륨 섭취량에서도 정상적인 신장 기능은 성인처럼 나트륨평형을 유지할 수 있으므로 충분섭취량은 상대적 에너지 섭취량을 이용하여 성인의 충분섭취량 1일 1,500mg(65㎛ol)으로부터 외삽하였다.
- 청소년의 경우 에너지 중앙값의 통합 평균값은 성인 범위에 근접하므로 청소년 충분섭취량은 성인과 동일한 양으로 설정하였다.
- 나트륨의 상한 섭취량은 대표적인 유해 영향이 혈압 증가이나 용량-반응 자료에서 역치가 없이 지속적으로 증가하여 최저 독성량을 결정하기 어렵고 또한 인종에 따른 민감성과 기존 섭취 수준에 대한 신체의 생리적인 적응도를 보고한 한국인 대상 자료가 거의 없어서 상한섭취량은 설정하지 않았다. 그러나 나트륨은 생활습관병의 예방 차원에서 과잉 섭취에 대한 대책 마련이 요구되므로 전 세계적인 나트륨 섭취와 뇌졸중 또는 심혈관질환과의 연관성에 관한 문헌 고찰 결과와 미국의 만성질환 위험 감소를 위한 나트륨 섭취기준, 최근 우리나라의 현황을 근거로 하여 한국인의 만성질환 위험 감소를 위한 나트륨 섭취기준을 성인 기준 1일 2,300 mg으로 설정하였다.

▌표 6-8 나트륨의 영양소 섭취기준 (2020)

성별	연령	나트륨(mg/일)			
		필요추정량	권장섭취량	충분섭취량	만성질환위험 감소섭취량
영아	0-5(개월)			110	
	6-11			370	
유아	1-2(세)			810	1,200
	3-5			1,000	1,600
남자	6-8(세)			1,200	1,900
	9-11			1,500	2,300
	12-14			1,500	2,300
	15-18			1,500	2,300
	19-29			1,500	2,300
	30-49			1,500	2,300
	50-64			1,500	2,300
	65-74			1,300	2,100
	75 이상			1,100	1,700
여자	6-8(세)			1,200	1,900
	9-11			1,500	2,300
	12-14			1,500	2,300
	15-18			1,500	2,300
	19-29			1,500	2,300
	30-49			1,500	2,300
	50-64			1,500	2,300
	65-74			1,300	2,100
	75 이상			1,100	1,700
임신부				1,500	2,300
수유부				1,500	2,300

6. 급원 식품

나트륨의 급원 식품[그림 6-15]은 식품 자체에 존재하는 나트륨과 조리나 가공(가공식품, 통조림식품, 식탁염 등)에 첨가되는 나트륨이 있다. 자연식품 중 우유, 치즈, 생선, 조개류, 육류, 달걀이 좋은 급원이며 간장, 된장, 김치 등을 비롯한 염장 제품, 절인 콩류, 통조림 또는 병조림된 과일즙, 조미료(식품첨가물, 감미료, 유화제, 보존제) 등도 많은 양의 나트륨을 함유하고 있다. 살리신 산염 중의 진통제나 감기약, 항생제나 안정제 등에도 나트륨이 들어 있으며 치약, 수돗물에도 나트륨이 들어 있다. 국민건강통계(질병관리본부, 2014)에 따르면 나트륨의 주된 급원은 소금 23.8%, 장류(간장, 된장, 고추장, 쌈장) 22.4%, 배추김치 10.1%, 라면 4.9%, 국수 2.5% 등으로 한국인 1일 나트륨 급원의 2/3를 차지하는 것으로 나타났다.

그림 6-15 **나트륨 급원 식품**

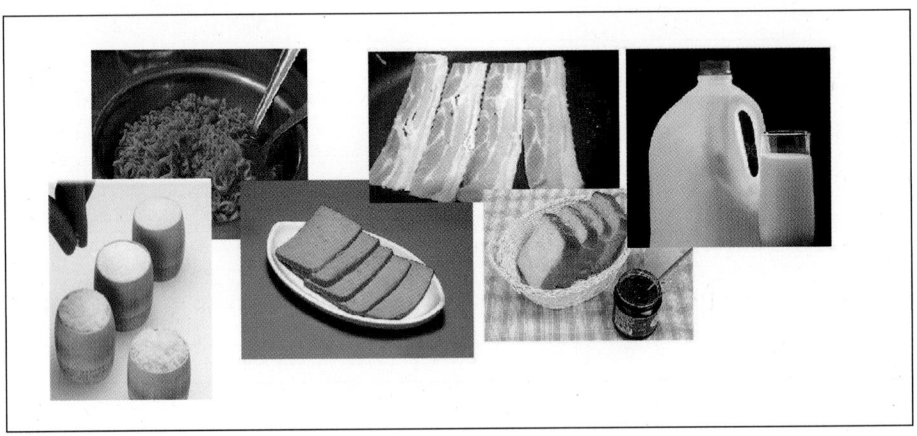

TIP: 고혈압 식이처방

하루 평균 소금 섭취량은 1998년 10g, 2001년 12.2g(유병률 26.1%)에서 2005년 13.5g(유병률 27.9%)으로 꾸준히 늘다가 2013년 국민건강영양조사 24시간 회상법 조사에서 4g으로 과거보다는 감소하였지만, 위암, 심혈관계질환 등의 발병률을 낮추기 위해 2020 한국인 영양소 섭취기준에 설정된 만성질환 위험 감소 섭취량인 2,300mg을 넘지 않도록 섭취하는 것이 바람직하다.

■ **소금은 나트륨과 염소로 구성된다.**

소금양 = 나트륨양 × 2.5

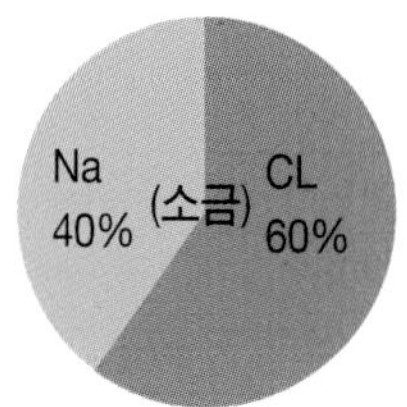

이 중 혈압을 올리는 성분은 나트륨이다. 따라서 나트륨 섭취를 줄이는 일이 더 중요하다. 천연식품 자체(특히 동물성 식품)에 자연적으로 들어 있는 나트륨의 양은 하루 전체 나트륨 섭취량의 10%가량으로 그리 많지 않다. 문제는 양념 · 화학조미료 등 조리에 첨가된 나트륨이다

■ **소금 섭취 줄이기 실천 지침**

[1단계] 식품 선택과 구입 단계

- 생선은 자반보다 날생선을 선택한다.
- 가공식품보다 가능한 한 자연식품을 선택한다.
- 가공식품은 영양 표시를 꼭 읽고, 나트륨 함유량이 적은 것을 선택한다.
- 양념은 저염 · 저염 된장 · 저나트륨 등 저염 제품을 선택한다. (단 혈압약을 복용하거나 신장기능이 떨어진 환자는 반드시 의사의 지시에 따른다.)
- 장아찌 · 젓갈 · 염장 미역 등 염장식품을 되도록 선택하지 않는다.

[2단계] 조리 단계

- 조리의 마지막 단계에서 음식 간을 한다.
- 소금을 적게 넣고 향이 있는 채소나 후춧가루 · 고춧가루 · 파 · 마늘 · 생강 · 양파 · 카레 가루 등 향신료를 사용해 맛을 낸다. (식초 · 레몬즙 · 설탕 등 신맛과 단맛을 이용해 맛을 내고, 음식을 무칠 때 김 · 깨 · 호두 · 땅콩 · 잣을 갈아 넣어 맛을 낸다.)
- 김치는 가능한 한 겉절이로 만들고, 포기김치는 살짝 절여 싱겁게 담근다.
- 라면 · 즉석 국 등 가공식품을 조리할 때 수프 양을 적게 넣는다.
- 생선은 소금을 뿌리지 않고 굽는다.

[3단계] 식사 단계

- 하루 한 끼는 김치 대신 생채소와 쌈장을 먹는다.
- 튀김 · 전 · 구운 생선 · 회는 양념장에 살짝 찍어 먹는다.
- 국(찌개)의 국물은 작은 그릇에 담아 적게 먹는다.
- 탕 종류를 먹을 때는 소금보다 후춧가루, 고춧가루, 파 등을 먼저 넣는다.
- 외식할 때 소금(또는 소스 · 양념 등)을 넣지 않도록 요구하고, 소금 · 장류 · 소스 · 드레싱의 추가 사용을 줄인다.

6-6 칼륨(potassium, K)

1. 체내 분포

칼륨의 농도가 가장 높은 조직은 근육이며 다음이 뇌, 적혈구 등이다. 대부분의 칼륨은 비지방조직(lean body tissue)의 세포 내에 존재하기 때문에 체내 칼륨의 양을 측정하여 비지방조직과 지방조직량을 추정할 수 있다.

2. 흡수 및 대사

섭취한 칼륨은 90% 이상이 소장 내에서 단순 확산으로 흡수되며 주로 소변을 통하여 배설된다. 신장에서 칼륨 재흡수율은 92%이며 칼륨의 배설은 체내 산 · 알칼리도의 변화에 따라 쉽게 증가 또는 감소될 수 있다. 알도스테론은 신장에서의 칼륨 배설을 증가시킨다. 이외에도 이뇨제, 알코올, 커피 및 설탕의 과다 섭취도 배설을 촉진한다.

3. 기능

- 칼륨도 세포내액의 주된 양이온으로 세포외액의 주된 양이온인 나트륨과 함께 세포 내의 삼투압과 수분평형의 유지에 관여한다.
- 체액에 알칼리도를 유지해 줌으로써 산염기평형에 관여한다. 또한, 에너지 발생과 글리코겐 및 단백질의 합성에 관여한다.
- 세포외액 중의 칼륨은 소량이긴 하나 신경과 근육 활동, 특히 심장 근육의 정상적인 활동에 필요하다.
- 체내에서 글리코겐이나 단백질을 합성할 때 적절한 양의 세포내액을 함께 저장하여 농도를 일정 수준으로 유지한다.

4. 결핍증 및 과잉증

1) 과잉증

일반적으로 신장기능이 정상이면 일상 식사에서 섭취하는 정도로는 고포타슘혈증이 발생하지 않는다. 신장부전으로 포타슘이 정상적으로 배설되지 않으면 고포타슘혈증이 나타나며 근육 과민, 사지마비, 호흡곤란, 혼수, 불규칙적 심장운동, 심정지 등의 증상으로 나타난다.

칼륨이 과잉 섭취되면 소변으로 배설되며 신장은 나트륨만큼 칼륨을 저장하지 못한다. 칼륨은 나트륨과는 반대로 혈압 수준을 저하시키는 작용이 있기 때문에 식사 중의 칼륨과 나트륨의 비율에는 밀접한 관계가 있어서 K: Na = 1:1이 이상적이다.

2) 결핍증

식사 내 칼륨의 섭취 부족으로 인한 결핍은 흔하지는 않다. 그러나 기아, 만성 알코올중독 등으로 오랫동안 칼륨의 섭취가 불량했을 경우나 심한 구토, 설사 등으로 영양소 흡수가 방해를 받는 경우, 칼륨 배출을 유도하는 이뇨제를 복용한 경우, 강도 높은 운동을 수행하는 운동선수인 경우 등에 발생할 수 있다. 또한, 당뇨병 환자, 체 단백질의 손실로 인한 음의 질소평형 상태인 경우, 부신피질의 기능이 항진되어 알도스테론의 분비가 증가된 경우, 그리고 알칼리혈증인 경우에도 소변 중 칼륨의 배설량이 증가하고 체내 칼륨양이 저하된다.

칼륨이 결핍되면 구토, 무기력, 근육의 연약 등이 나타나며 특히 심장 근육이 영향을 많이 받아 심장박동 리듬이 변화되고 경우에 따라서는 근육 마비가 일어나기도 한다.

5. 영양섭취기준

칼륨의 영양섭취기준으로는 [표 6-9]에서와 같이 모든 연령층에서 충분섭취량을 설정하였고 상한섭취량은 설정하지 않았다.

- 칼륨의 충분섭취량은 성별, 연령별로 양호한 건강 상태를 유지를 목표로 한 것이 아니라 칼륨이 소금 섭취로 인한 혈압 상승을 완화시키고, 신장결석 발병 위험도와 염분 감수성을 감소시켰다는 실험적 증거에 입각한 자료를 근거로 잘못된 식습관으로 인한 질병을 1차적으로 예방하기 위한 목적으로 충분섭취량을 제안하였다. 특히 한국인에서 생활습관과 관련된 질병 중 소금의 과다 섭취로 인한 고혈압 발병 위험도가 높다는 점을 고려하였다.

- 평균필요량을 설정하기에는 용량-반응 평가 자료가 충분하지 않아 부분적으로 미국의 영양섭취기준을 차용하여 성인의 칼륨 충분섭취량을 1일 3,500mg으로 설정하였다. 남녀 간에 체격, 신체 구성 성분, 열량 섭취량의 차이는 있으나 칼륨 요구량에 관해 남녀 간의 차이를 보이는 연구 결과가 없어 남녀의 칼륨 충분섭취량을 동일하게 설정하였다.
- 노인은 성인에 비해 에너지 섭취량이 적으나 연령이 증가하면서 고혈압의 위험도가 증가하기 때문에 칼륨의 요구량이 증가할 가능성이 있어 성인과 동일한 양으로 설정하였다.
- 임신기에는 칼륨의 요구량이 달라진다는 자료가 없어 성인의 충분섭취량과 동일한 양으로 설정하였고, 수유기에는 6개월간 모유를 통해 분비되는 칼륨의 함량이 1일 약 400mg이며, 식사를 통해 섭취한 칼륨이 모유로 전환되는 효율이 100%라고 추정되기 때문에 수유부의 충분섭취량은 성인 여성에 비해 +400mg을 추가 설정하였다.

표 6-9 칼륨의 영양소 섭취기준 (2020)

성별	연령	칼륨(mg/일)
		충분섭취량
영아	0-5(개월)	400
	6-11	700
유아	1-2(세)	1,900
	3-5	2,400
남자	6-8(세)	2,900
	9-11	3,400
	12-14	3,500
	15-18	3,500
	19-29	3,500
	30-49	3,500
	50-64	3,500
	65-74	3,500
	75 이상	3,500
여자	6-8(세)	2,900
	9-11	3,400
	12-14	3,500
	15-18	3,500
	19-29	3,500
	30-49	3,500
	50-64	3,500
	65-74	3,500
	75 이상	3,500
임신부		+0
수유부		+400

- 영아의 경우 모유와 보충식을 통한 섭취량을 고려하여 충분섭취량을 결정하였다. 유아 및 아동의 경우는 장기간의 칼륨 결핍이 고혈압, 골 탈무기질화 등의 만성질환을 유발할 수 있고, 체중에 비해 고열량 섭취 시기이므로 칼륨 필요량을 증가시켜 충분섭취량을 설정하였다.
- 상한섭취량은 신장기능이 정상인 건강한 사람의 경우 충분섭취량 이상의 칼륨을 섭취하여도 소변을 통한 배설을 증가시켜 칼륨의 항상성을 조절할 수 있으므로 상한섭취량은 설정하지 않았다.

6. 급원 식품

칼륨은 [그림 6-16]에서와 같이 가공하지 않은 곡류, 채소와 과일이 주요 급원인데 특히 토마토, 오이, 호박, 가지와 근채류에 많이 들어 있고 콩류, 사과, 과일, 바나나, 우유에도 상당량 들어 있다. 소비가 많으면서 칼륨 함량이 비교적 높은 식품은 감자와 고구마이다. 육류 중에는 돼지고기가 비교적 우수한 칼륨 급원 식품이다.

▌그림 6-16 **칼륨 급원 식품**

6-7 염소(chlorine, Cl)

1. 체내 분포

염소는 세포외액에 존재하는 음이온으로서 척수액에 440mg/*dl*(124mmol/*dl*)로 가장 많고, 혈장의 정상 농도는 340~370mg/*dl*이며 주로 위에서 분비되는 HCl의 구성 성분이다.

2. 흡수 및 대사

염소는 거의 대부분이 나트륨이나 포타슘과 함께 소장에서 흡수되고 주로 신장을 통해 배설되어 소량만이 대변을 통해 손실된다.

3. 기능

- 염소는 삼투압을 조절하는 데 관여한다.
- 위 내에서 효소들의 활성을 위해 필요한 위 내용물의 정상적인 산도를 유지시켜 준다.
- 타액 아밀라아제의 비활성화, 펩시노겐의 활성화에 관여한다.
- 산 형성 원소로서 체액의 산염기평형 유지에 큰 역할을 한다.
- 백혈구가 이물질을 공격하는 면역 반응에 관여하며 신경 자극 전달에도 관여한다.

4. 결핍 및 과잉증

염소의 결핍은 거의 드물지만 극도의 소금 섭취 제한, 장기간의 구토 및 설사 시에 일어날 수 있으며 가벼운 청각 자극에도 경련이 일어나게 된다. 염소 이온은 그 자체가 나트륨 이온의 작용을 증가시킴으로써 고혈압의 원인으로 작용할 수 있다.

5. 영양섭취기준

염소의 경우에도 나트륨, 포타슘과 마찬가지 이유로 충분섭취량이 설정되었으며, 성인의 경우 1일 2,300mg으로 [표 6-10]에 나타나 있다. 임신과 수유부를 위한 추가 설정량은 없다.

표 6-10 **염소의 영양소 섭취기준 (2020)**

성별	연령	염소(mg/일)
		충분섭취량
영아	0-5(개월)	170
	6-11	560
유아	1-2(세)	1,200
	3-5	1,600
남자	6-8(세)	1,900
	9-11	2,300
	12-14	2,300
	15-18	2,300
	19-29	2,300
	30-49	2,300
	50-64	2,300
	65-74	2,100
	75 이상	1,700
여자	6-8(세)	1,900
	9-11	2,300
	12-14	2,300
	15-18	2,300
	19-29	2,300
	30-49	2,300
	50-64	2,300
	65-74	2,100
	75 이상	1,700
임신부		2,300
수유부		2,300

6. 급원 식품

염소는 나트륨과 결합하여 소금의 형태로 존재하므로 나트륨이 풍부한 모든 식품에 함께 함유되어 있다.

그림 6-17 **염소 급원 식품**

▌표 6-11 다량 무기질의 요약

무기질	체내 함량 (g/70kg)	주요 함유 기관	기능	결핍증	섭취기준 (19~29세 성인)	함유 식품
칼슘	1050~1040	뼈와 치아 99%	골격과 치아 형성, 혈액응고, 근육의 수축이완 작용, 신경의 전달	성장 정지, 골격의 약화, 구루병	권장섭취량 남자 800mg 여자 700mg 상한섭취량 2,500mg	우유 및 유제품, 뼈째 먹는 생선, 치즈, 푸른 잎 채소, 콩류
인	560~840	뼈 80~90%, 치아에도 존재	골격과 치아 형성, 산·염기평형, 효소와 조효소의 구성 성분	허약, 식욕감퇴, 골격통증	권장섭취량 남녀 700mg 상한섭취량 3,500mg	우유, 치즈, 육류, 가금류, 탄산음료, 전곡
칼륨	245	세포내액	수분평형, 삼투압 조절, 산·염기평형, 신경근육의 흥분 조절과 근육수축	불규칙한 심장박동, 식욕 상실, 근육 경련	충분섭취량 남녀 3,500mg	시금치, 호박, 바나나, 오렌지, 육류, 우유, 채소와 과일, 전곡
황	175	단백질과 결합	세포 단백질의 구성 요소, 해독작용			함유황 아미노산이 있는 단백질
염소	105	세포외액	산·염기평형, 위액의 형성 신경자극 전달	근육경련, 식욕감퇴, 성장 저지	충분섭취량 남녀 2,300mg	소금, 간장, 절인 육류, 피클, 가공 치즈
나트륨	105	세포외액	산·염기평형, 수분평형, 삼투압조절, 신경의 조절	근육경련, 식욕감퇴	충분섭취량 남녀 1,500mg	염소와 동일
마그네슘	25	뼈와 치아 60%	골격, 치아 및 효소의 구성 성분, 신경과 심근에 작용	허약, 근육통, 심장기능 신경장애	권장섭취량 남자 360mg 여자 280mg 상한섭취량 350mg	전곡, 푸른 잎 채소, 견과류, 콩류

CHAPTER

07

미량 무기질

07 CHAPTER

미량 무기질

체내 구성 무기질 중에서 미량 무기질은 체중의 0.01% 이하로 존재하고 1일 필요량이 100mg 이하인 것으로 철, 아연, 구리, 요오드, 셀레늄, 불소, 망간, 몰리브덴, 코발트, 크롬 등이 해당된다. 식품 중 함유량도 낮고 결핍되는 경우 생리적 기능과 구조에 이상을 초래하며 생명 유지에 필수적이다. 과잉 섭취하는 경우는 중독 현상을 일으키고 보충제의 형태로 과잉 섭취하는 경우 다른 무기질의 흡수를 방해한다.

7-1 철(iron, Fe)

1. 체내 분포

철은 성인의 체내에 3~4g 정도 함유되어 있다. 철의 65%가 헤모글로빈(hemoglobin)의 형태로 혈액에, 25%가 간장, 비장 및 골수에 단백질과 결합한 페리틴(ferritin)이나 헤모시데린(hemosiderin)의 형태로 저장되어 있다. 나머지 10%는 근육 중에 미오글로빈(myoglobin)을 구성하고 있다.

2. 흡수 및 대사

철의 흡수는 소장의 상부에서 이루어지며 영양소 중 흡수율이 가장 낮다. 식품 중의 철은 헴철(heme iron)과 비헴철(non-heme iron)의 형태로 존재하며 이들의 흡수율은 다르다. 헴철은 헤모글로빈이나 미오글로빈에 결합되어 있는 철분으로 흡수율은 평균 20~25% 수준이다. 동물성 식품에는 헴철이 절반 이상 함유되어 있고 나머지는 비헴철로 존재한다. 식물성 식품에는 비헴철로 존재하며 흡수율은 5% 수준으로 낮다. 철은 무기철과 유기철의 상태로 흡수되는데 철의 영양 상태나 섭취하는 음식물의 종류에 따라 흡수율이 다르다. 환원형인 제1철 ferrous iron(Fe^{2+})은 산화형인 제2철 ferric ion(Fe^{3+})보다 흡수가 잘된다. 식품 중의 철은 주로 제2철인데 제1철로 환원되어 흡수된다. 철의 흡수에 영향을 주는 인자는 [표 7-1]과 같다.

표 7-1 철의 흡수에 영향을 주는 인자

철의 흡수를 촉진하는 인자	철의 흡수를 방해하는 인자
헴철	수산, 피틴산
어육류, 가금류 등 동물성 식품	칼슘의 과잉 섭취
위산	차의 탄닌
비타민 C	자당, 유당, 포도당 및 섬유소
철 결핍 상태	위산의 분비가 저하된 경우
임신 및 성장 등 철 요구량 증가	체내 트랜스페린의 포화 상태

흡수된 철은 소장의 융모에서 트랜스페린(transferrin)과 결합하여 혈액을 따라 필요한 곳으로 운반되어 사용되거나 간에 페리틴 형태로 저장된다. 골수로 운반된 철은 헤모글로빈의 합성에 이용되어 적혈구를 생성하고 일부는 저장된다. 골수는 조혈 인자인 에리스로포이에틴(erythropoietin)의 자극을 받아 적혈구를 생성한다. 생성된 적혈구는 혈액 중 120일 정도의 생존 기간을 지니고 비장으로 가서 분해된다. 간장, 비장 및 골수에 저장된 양은 1~2g 정도이며 저장 철은 90%가 여러 번 재사용된다. 적혈구의 철은 90%가 재흡수되고 나머지는 대변, 소변, 땀으로 배설되며 출혈이나 여성의 생리 등을 통하여 적혈구 형태로 손실되기도 한다. 철대사의 개요는 [그림 7-1]과 같다.

▌그림 7-1 철대사의 개요

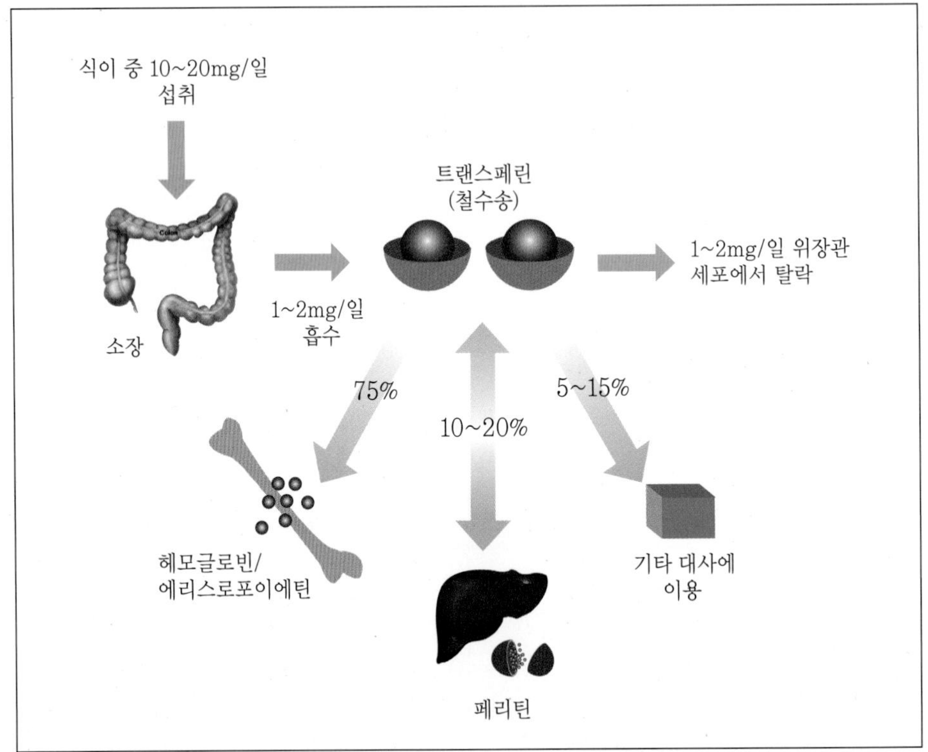

3. 기능

1) 산소의 운반과 저장

체내에 존재하는 철의 약 70%는 헤모글로빈을 형성하여 조직 내로 산소를 운반한다. 헤모글로빈은 [그림 7-2]와 같이 1개의 글로빈 단백질과 4개의 헴이 결합된 복합단백질로 적혈구 전용적의 1/3을 차지한다. 근육조직에도 헤모글로빈과 비슷한 미오글로빈이 존재하는데 근육에 산소를 저장하였다가 다음 근육 수축에 사용한다. 적혈구는 골수에서 만들어지나 태아기에는 주로 간과 비장에서 만들어진다. 적혈구가 합성될 때 엽산, 비타민 B_{12}, 구리이온 등이 필요하다. 조혈작용을 위해 필요한 영양소의 함유 식품은 [그림 7-3]과 같다.

▌그림 7-2 헤모글로빈과 미오글로빈의 구조

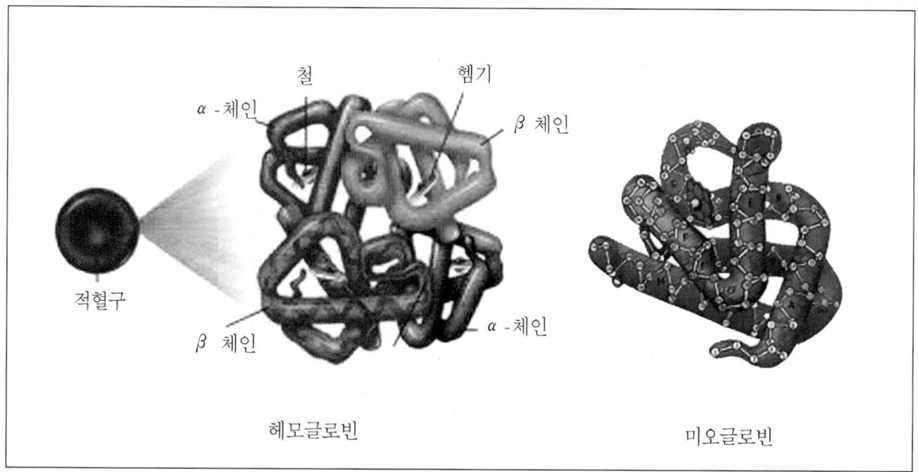

▌그림 7-3 조혈에 관여하는 성분과 함유 식품

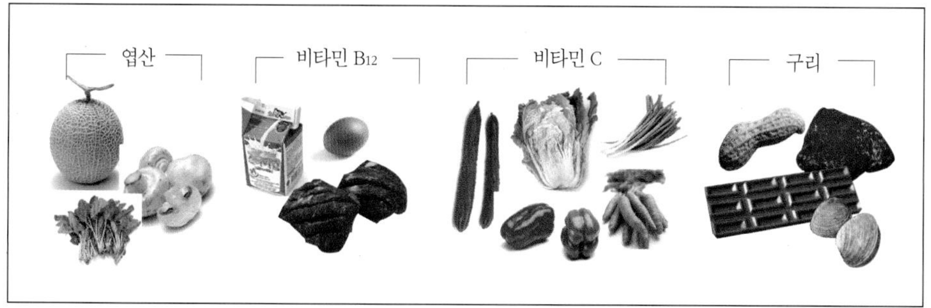

2) 효소의 보조 인자

철은 시토크롬계 효소, 과산화효소, 과산화수소 분해효소 등의 보조 인자로 작용하여 산화대사에 관여한다.

3) 기타

철은 면역기능을 정상적으로 유지하며 신경전달물질의 합성에도 관여하고 두뇌기능에도 중요한 역할을 한다.

4. 영양 문제

1) 결핍증

빈혈(anemia)은 철 결핍의 대표적 증세지만 철만 결핍되었다고 빈혈이 되는 것은 아니다. 궤양이나 암을 비롯한 질병으로 인한 혈액 손실이나 비타민 및 무기질의 결핍도 빈혈의 원인이 된다. 가장 흔한 것은 철 결핍성 빈혈이며 사춘기 소녀, 임신부 및 영유아 등이 걸리기 쉬운 대상이다. 빈혈의 특징은 산소의 결합 능력이 저하되고 대사산물인 이산화탄소가 잘 제거되지 않는다. 철 함유효소가 감소되어 노동 효율이 저하되고 체온 유지가 잘 안되며 면역기능도 저하된다. WHO의 빈혈 판정기준은 [표 7-2]와 같다.

표 7-2 빈혈 판정기준

	영유아	어린이	성인 남자	성인 여자	임신부
헤모글로빈(g/dl)	11	12	13	12	11
헤마토크리트(%)	33	36	36	36	33
MCHC(%)*	34	34	34	34	34

* MCHC(mean corpulscular hemoglobin concentration): 평균적혈구 헤모글로빈 농도

■ 철 결핍 단계

- 1단계: 저장 철이 고갈되고 있으나 적혈구 생성에 필요한 철의 함량은 유지되는 상태로 혈청 페리틴 농도가 감소하고 철결합 능력은 증가한다.
- 2단계: 조혈에 필요한 철은 부족하지만 임상적으로 빈혈 증세는 없는 상태로 트랜스페린의 포화도가 감소하고 혈청트랜스페린 수용체가 증가한다.
- 3단계: 적혈구 내 철이 감소하여 빈혈이 있는 상태로 헤모글로빈과 평균 적혈구 용적이 감소한다.

2) 과잉증

다량의 철을 보충하면 일반적으로 변비, 메스꺼움, 구토, 설사 등의 위장장애가 나타난다. 급성 독성은 성인에게 드물며 철 보충제를 과잉 섭취한 어린에게 보고되었다. 초기 증세는 구토와 설사이며 만성 중독증으로 순환기계에 손상이 일어날 수 있다.

영양실조가 심한 어린이에게 항생제를 쓰지 않고 다량의 철을 섭취시키면 면역기능의 회복보다 세균 증식이 더 빨라져서 감염의 원인이 되기도 한다. 임신부가 철 영양제를 다량 섭취하면 태어난 아이는 급성 철 중독으로 사망까지 할 수도 있다. 또한, 철의 과잉 섭취는 아연이나 구리의 흡수를 방해한다.

5. 영양섭취기준

한국인의 철 영양소 섭취기준은 [표 7-3]과 같다. 19~29세 성인 남녀에게 각각 10mg 및 14mg/일을 권장하며 상한섭취량은 남녀 모두 45mg/일이다.

▌표 7-3 철의 영양소 섭취기준 (2020)

성별	연령	철(mg/일)			
		평균필요량	권장섭취량	충분섭취량	상한섭취량
영아	0-5(개월)			0.3	40
	6-11	4	6		40
유아	1-2(세)	4.5	6		40
	3-5	5	7		40
남자	6-8(세)	7	9		40
	9-11	8	11		40
	12-14	11	14		40
	15-18	11	14		45
	19-29	8	10		45
	30-49	8	10		45
	50-64	8	10		45
	65-74	7	9		45
	75 이상	7	9		45
여자	6-8(세)	7	9		40
	9-11	8	10		40
	12-14	12	16		40
	15-18	11	14		45
	19-29	11	14		45
	30-49	11	14		45
	50-64	6	8		45
	65-74	6	8		45
	75 이상	5	7		45
임신부		+8	+10		45
수유부		+0	+0		45

6. 급원 식품

동물의 간과 내장, 살코기, 가금류, 어패류 등은 헴철의 형태로 존재하여 흡수율이 높다. 달걀, 콩, 견과류, 강화미, 통밀과 녹색 채소에도 철의 함량이 높으나 흡수율은 높지 않다. 비타민 C는 철을 흡수되기 쉬운 형태인 제1철로 만들어 흡수를 돕는다.

▌그림 7-4 빈혈의 예방과 치료에 도움이 되는 철분과 비타민 C가 풍부한 식품

7-2 아연(zinc, Zn)

1. 체내 분포

성인의 체내에 2g 수준의 아연이 존재하며 이 중 60% 정도는 근육에, 30%는 골격에 나머지는 간, 신장, 뇌, 모발, 피부, 손톱, 남자의 전립선 등에 분포되어 있다.

2. 흡수 및 대사

아연은 소장의 상부에서 흡수되며 동물성 단백질이 있으면 흡수율이 증가한다. 혈액 중에 알부민이나 아미노산과 결합되어 이동되며 장관으로 들어온 아연은 세포질 내에 존재하는 특수 금속단백질인 메탈로티오네인(metallothionein)의 합성을

유도한다. 배설은 주로 대변으로 이루어지며 극히 일부는 소변으로 배설된다.

3. 기능

1) 금속효소의 구성

아연은 금속효소(metalloenzyme)의 구성분으로 생체 내 100여 종 이상의 효소나 호르몬의 보조 인자이다. 인슐린 분해효소, 카르복실기 분해효소, 슈퍼옥사이드 디스뮤타제(superoxide dismutase: SOD) 등이 있다.

2) 생체막의 구조 유지

아연 결핍 시 생체막의 산화적 손상으로 물질 운반에 장애가 발생한다.

3) 성장에 관여

아연은 핵산의 합성에 관여하여 단백질 합성을 조절하므로 아연이 결핍되면 세포 증식이 억제되어 성장 지연을 초래한다.

4) 면역기능 유지

백혈구 생성에 관여하는데 아연이 결핍되면 감염성 질환에 대한 면역력이 약해지고 설사를 유발한다.

5) 미각에 관여

아연은 미각기능의 유지에 필수적이다.

6) 인슐린의 합성에 필요

아연은 인슐린의 작용을 돕고 인슐린 합성에 관여한다.

4. 영양 문제

1) 결핍증

정상적인 식사를 하는 경우 아연의 결핍증은 드물다. 토양 중 아연 함량이 낮은 지역의 곡식을 먹거나 과량의 인산 섭취로 아연의 흡수가 저해된 경우와 비경장 영양을 공급받은 경우 아연 결핍으로 피부염, 성장장애 및 미각의 둔화 등을 보인다. 철이나 구리 등의 무기질은 아연과 경쟁적으로 흡수되므로 다른 무기질이 상대적으로 많아도 아연의 흡수가 저해되어 결핍증이 나타날 수 있다.

2) 과잉증

식품을 통하여 아연을 과잉 섭취한 경우 부작용이 없으나 만성적으로 보충제를 섭취하거나 아연으로 도금된 용기에서 오염된 음료를 먹는 경우에 과잉증을 보인다. 증상으로 적혈구의 활성 저하, 면역 반응 손상, 혈중 고밀도지단백 저하, 구리 결핍 등이 있다. 만성적 아연 중독은 구리의 흡수를 방해하여 면역기능을 저하시키고 빈혈을 일으킨다. 1일 100~300mg 이상의 아연 섭취는 2차적으로 구리 결핍을 유발한다. 소장점막세포 내 존재하는 메탈로티오네인은 아연이나 구리와 결합하여 흡수를 조절하는데 어느 한쪽의 과잉 섭취는 다른 한쪽의 흡수를 방해한다.

5. 영양섭취기준

한국인의 1일 아연 영양소 섭취기준은 [표 7-4]와 같으며 성인 남녀의 권장섭취량은 각각 10mg/일과 8mg/일이며 상한섭취량은 남녀 모두 35mg/일 수준이다.

▌표 7-4 아연 영양소 섭취기준 (2020)

성별	연령	아연(mg/일)			
		평균필요량	권장섭취량	충분섭취량	상한섭취량
영아	0-5(개월)			2	
	6-11	2	3		
유아	1-2(세)	2	3		6
	3-5	3	4		9
남자	6-8(세)	5	5		13
	9-11	7	8		19
	12-14	7	8		27
	15-18	8	10		33
	19-29	9	10		35
	30-49	8	10		35
	50-64	8	10		35
	65-74	8	9		35
	75 이상	7	9		35
여자	6-8(세)	4	5		13
	9-11	7	8		19
	12-14	6	8		27
	15-18	7	9		33
	19-29	7	8		35
	30-49	7	8		35
	50-64	6	8		35
	65-74	6	7		35
	75 이상	6	7		35
임신부		+2.0	+2.5		35
수유부		+4.0	+5.0		35

6. 급원 식품

아연은 동물의 내장, 붉은색 살코기, 가금류, 해산물, 달걀, 견과류 및 전곡류에 많이 함유되어 있다. 콩에도 다량 함유되어 있으나 피틴산이 많아 흡수율이 낮다.

7-3 구리(copper, Cu)

1. 체내 분포

구리는 성인의 체내에 약 100~150mg 정도 존재하며 주로 간, 뇌, 심장, 신장, 머리카락 등에 농축되어 있다. 혈액 중에는 대부분이 구리의 이동 단백질인 세룰로플라스민(ceruloplasmin)과 결합되어 존재한다.

2. 흡수 및 대사

주로 십이지장에서 흡수되며 흡수율은 30% 수준이다. 섭취량이 적으면 능동 흡수되고, 섭취량이 많으면 확산 흡수된다. 구리와 아연은 서로 경쟁적으로 흡수된다. 흡수된 후에는 간으로 가서 세룰로플라스민을 합성한다. 담즙과 같이 주로 대변으로 배설되며 소변이나 땀으로 배설되는 양은 아주 적다.

3. 기능

1) 철의 흡수와 이용에 관여

철은 Fe^{2+}의 형태로 흡수되어 Fe^{3+}의 형태로 되어 이동된다. 이때 세룰로플라스민이 Fe^{2+} 이온을 Fe^{3+} 이온으로 전환시켜 체내 철의 활용을 돕는다. 세룰로플라스민은 철 이온의 산화를 촉진으로 트랜스페린과 결합을 촉진하여 저장된 철과 장관 내의 철을 헤모글로빈 생성 장소로 운반하는 역할을 한다.

2) 결합조직의 합성

구리는 결합조직을 구성하는 콜라겐과 엘라스틴이 교차 결합하는 데 필요한 효소를 활성화시킨다. 구리가 부족하면 골격, 피부, 혈관이 비정상적으로 형성된다.

3) 기타

SOD 효소와 연결되어 세포의 산화적 손상을 방지하는 항산화에 기여한다.

4. 영양 문제

1) 결핍증

장기간의 소화불량이나 설사 등으로 구리의 결핍증이 나타날 수 있다. 먼저 혈액 내 구리와 세룰로플라스민의 양이 저하되고 철의 활용 능력이 저하된다. 빈혈, 백혈구 수의 감소, 성장 지연, 뼈와 관절의 손상, 저색소증 등이 나타난다. 또한, 아연을 지나치게 섭취하여도 구리의 대사를 방해하여 구리 결핍성 빈혈이 될 수 있다. 1일 150mg 이상의 아연 섭취는 구리 결핍을 일으킨다.

2) 과잉증

높은 농도의 구리에 오염된 음식을 먹으면 소화기 장애를 일으킨다. 복통, 오심, 구토, 설사로 시작하여 심하면 혼수, 결뇨, 간세포 손상, 혈관질환 및 사망까지 이른다. 유전적 결함에 의한 윌슨병(Wilson's disease)은 구리가 담즙을 통하여 배설되지 않고 간, 뇌, 각막, 신장에 구리가 축적되어 간 손상 혹은 신경학적 증상을 나타낸다[그림 7-5].

▌그림 7-5 **윌슨병 환자의 눈**

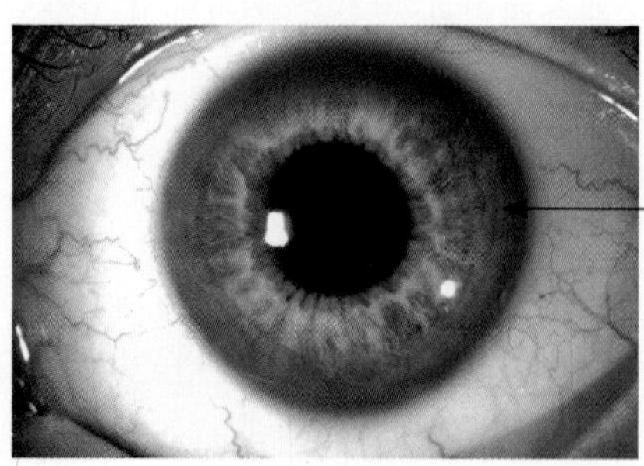

윌슨병 환자의 눈으로 각막 둘레를 따라 구리가 침착되어 갈색이 된다.

5. 영양섭취기준

한국인의 구리 영양소 섭취기준은 [표 7-5]와 같으며 19~64세 성인 남자의 권장 섭취량은 850㎍/일, 성인 여자는 650㎍/일로 설정하였다.

▌표 7-5 **구리 영양소 섭취기준 (2020)**

성별	연령	구리(㎍/일)			
		평균필요량	권장섭취량	충분섭취량	상한섭취량
영아	0-5(개월)			240	
	6-11			330	
유아	1-2(세)	220	290		1,700
	3-5	270	350		2,600
남자	6-8(세)	360	470		3,700
	9-11	470	600		5,500
	12-14	600	800		7,500
	15-18	700	900		9,500
	19-29	650	850		10,000
	30-49	650	850		10,000
	50-64	650	850		10,000
	65-74	600	800		10,000
	75 이상	600	800		10,000
여자	6-8(세)	310	400		3,700
	9-11	420	550		5,500
	12-14	500	650		7,500
	15-18	550	700		9,500
	19-29	500	650		10,000
	30-49	500	650		10,000
	50-64	500	650		10,000
	65-74	460	600		10,000
	75 이상	460	600		10,000
임신부		+100	+130		10,000
수유부		+370	+480		10,000

6. 급원 식품

구리는 동물의 내장, 어패류, 견과류, 두류 및 전곡류에 풍부하다. 초콜릿, 버섯, 말린 과일, 바나나, 토마토, 포도 및 감자에도 상당량이 함유되어 있다.

▌그림 7-6 구리가 풍부한 식품

7-4 요오드(iodine, I)

1. 체내 분포

요오드는 [그림 7-7]과 같이 티로신으로부터 형성되는 갑상샘호르몬 티록신(thyroxine, T4)과 트리요오드티도닌(triiodothyronine, T3)의 필수 구성분이다. 인체의 요오드 함량은 30mg 정도이며 이 중 70~80%가 갑상샘에 농축되어 있다. 갑상샘 조직은 목 하부의 인두와 후두부에 위치하는 20~25g 정도의 내분비선이다[그림 7-8].

▌그림 7-7 갑상샘호르몬의 구조

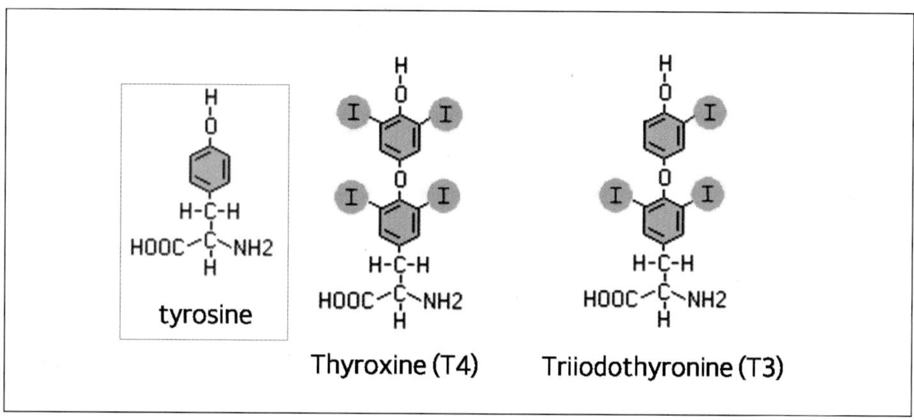

▌그림 7-8 인두와 후두를 싸고 있는 갑상샘 조직

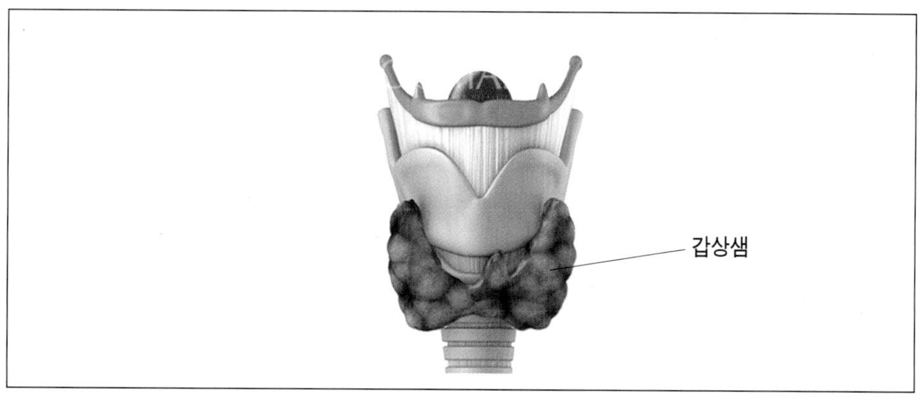

2. 흡수 및 대사

식품을 통하여 섭취한 요오드는 소장에서 거의 흡수되어 갑상샘 조직으로 운반된다. 요오드의 흡수율은 매우 높은 편이며 혈액으로 운반될 때 유리된 형태와 단백질과 결합한 상태(protein bound iodine: PBI)의 2가지가 있다. 2가지의 비율은 임신이나 갑상샘의 기능 상태에 따라 지배를 받는데 임신이나 갑상샘 기능 항진 시에는 PBI 수치가 상승한다. 주로 소변을 통하여 배설되며 배설량은 체내 요오드의 영양 상태를 나타내는 좋은 자료이다.

3. 기능

1) 기초대사 조절

요오드는 갑상샘호르몬의 구성분으로 기초대사와 산소의 소비를 조절하며 성장을 촉진시킨다.

2) 기타

수유부의 모유 생산을 촉진시키며 백혈구의 구성에 관여한다.

4. 영양 문제

1) 결핍증

식사 중 요오드가 부족하면 혈중 요오드가 낮아지고 뇌하수체는 티록신을 생성하기 위하여 갑상샘자극호르몬(thyroid stimulating hormone: TSH)을 방출한다. 다량의 TSH가 방출되면 갑상샘을 자극하여 갑상샘조직이 비대해져서 목이 붓게 된다[그림 7-9]. 이를 단순 갑상샘종(simple goiter)이라 하며 해안가에서 먼 지역이나 토양 중 요오드 함량이 낮은 지역에서 많이 발생한다. 갑상샘기능 저하의 증상으로 탈모, 저혈압, 생리통, 피로, 추위, 얼굴 부종, 변비 외에도 목이 쉬고 피부가 거칠어진다. 갑상샘종 초기 단계에는 요오드의 섭취로 정상이 될 수 있다. 성장기 이후에 갑상샘호르몬이 부족하게 되면 기초대사가 내려가고 얼굴과 손에 부종이 나타나며 피부가 거칠어지고 목소리가 쉰듯하게 변하는데 이를 점액수종(myxedema)이라 한다. 임신 중 요오드가 결핍된 경우에는 모체에서 태어난 아이가 출생 직후 정신박약, 성장장애, 왜소증 등의 증상을 보이며 이를 크레틴증(cretinism)이라 한다.

▌그림 7-9 **단순 갑상샘종**

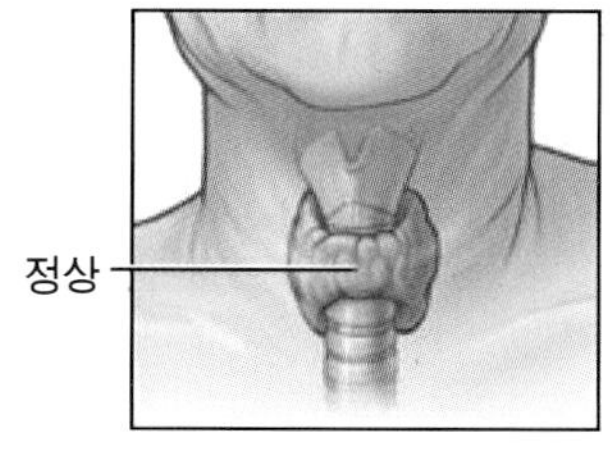

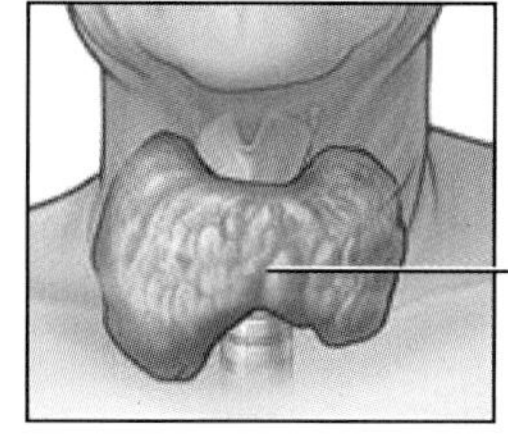

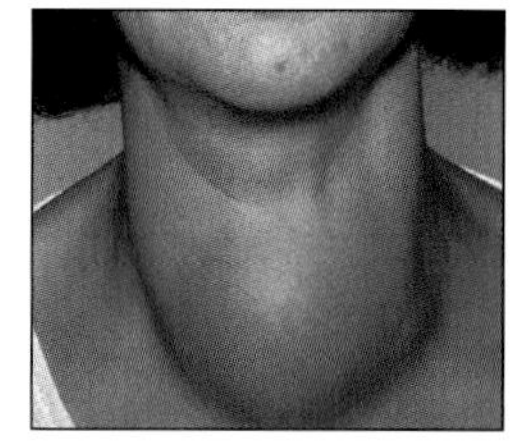

2) 과잉증

요오드를 만성적으로 과잉 섭취하는 경우에도 갑상샘염, 갑상샘기능항진증 및 저하증 등의 갑상샘호르몬대사 이상이 발생한다. 그러나 건미역(136.5mg/100g), 건다시마(11.6mg/100g) 등 요오드 함량이 높은 식품만을 극단적으로 과잉 섭취하는 경우가 아니라면 일반 식품의 섭취로 이 수준까지 되는 경우는 드물다. 단 요오드 영양제 등을 과다하게 섭취하면 갑상샘기능항진증 또는 바세도우병(Basedow's disease)이 나타나는데 안구가 돌출되고 심장박동이 빨라지며 기초대사율이 높아진다[그림 7-10]. 요오드 결핍이 심각한 지역에서 갑상샘 결절 환자의 치료를 목적으로 요오드를 과잉 섭취시키면 갑상샘호르몬 합성이 촉진되고 갑상샘 중독증(thyrotoxicosis)이 유발되기도 한다.

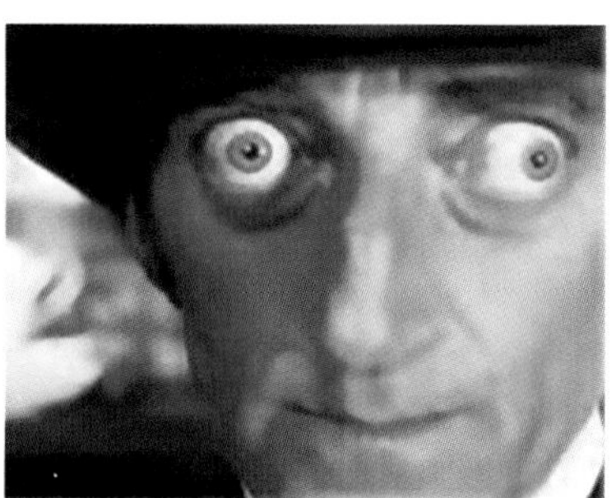

▌그림 7-10
바세도우병에 의한 안구 돌출

고이트로겐(Goitrogen)이란 ?

갑상샘조직에서 티록신의 형성을 방해하는 갑상샘종 유발물질이며 가열하면 파괴된다. 무청, 양배추, 브로콜리 및 겨자류의 종자 등에 함유되어 있으며 설파제, 티오우라실(thiouracil)과 같은 약제도 goiter를 유발한다.

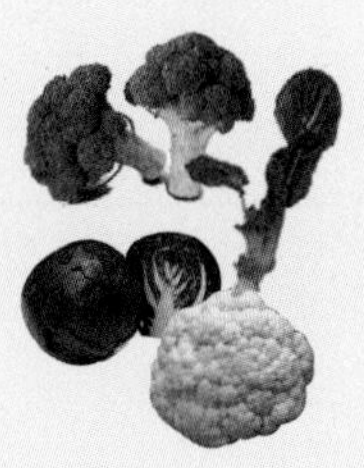

5. 영양섭취기준

한국인의 요오드 영양소 섭취기준은 [표 7-6]과 같다. 성인 남녀의 권장섭취량은 150㎍/일이며 상한섭취량은 2,400㎍/일 수준이다.

표 7-6 요오드의 영양소 섭취기준 (2020)

성별	연령	요오드(μg/일)			
		평균필요량	권장섭취량	충분섭취량	상한섭취량
영아	0-5(개월)			130	250
	6-11			180	250
유아	1-2(세)	55	80		300
	3-5	65	90		300
남자	6-8(세)	75	100		500
	9-11	85	110		500
	12-14	90	130		1,900
	15-18	95	130		2,200
	19-29	95	150		2,400
	30-49	95	150		2,400
	50-64	95	150		2,400
	65-74	95	150		2,400
	75 이상	95	150		2,400
여자	6-8(세)	75	100		500
	9-11	80	110		500
	12-14	90	130		1,900
	15-18	95	130		2,200
	19-29	95	150		2,400
	30-49	95	150		2,400
	50-64	95	150		2,400
	65-74	95	150		2,400
	75 이상	95	150		2,400
임신부		+65	+90		
수유부		+130	+190		

6. 급원 식품

요오드는 다시마, 미역, 김 등의 해조류와 멸치, 굴 등의 어패류에 풍부하며 토양에 요오드가 부족한 지역에서는 요오드 강화 소금(70㎍/1.5g)의 사용을 권장하기도 한다.

▌그림 7-11 **요오드가 풍부한 식품**

7-5 셀레늄(selenium, Se)

1. 체내 분포

셀레늄은 성인의 체내에 10mg 수준으로 존재하며 주로 간, 심장, 신장 및 비장에 분포되어 있다.

2. 흡수 및 대사

식품 중에 아미노산인 메티오닌이나 시스테인의 유도체와 결합되어 존재하며 쉽게 흡수되고 주로 소변을 통하여 배설된다.

3. 기능

1) 항산화작용

글루타티온 과산화효소(glutathione peroxidase)의 구성분으로 세포의 손상을 방지하고 비타민 E와 서로 의존하여 항산화작용에 기여한다.

2) 기타

수은이나 카드뮴과 같은 중금속에 대한 방어작용을 한다. 또한, 노화를 촉진하고 발암성이 있는 과산화물의 생성을 억제한다. 셀레늄 보충은 남성 불임, 바이러스 감염, 면역 체계와 같은 질병의 예방과 치료에 효과가 있는 것으로 보고되고 있다.

4. 영양 문제

1) 결핍증

셀레늄이 결핍되면 근육이 소실되고 성장 저하, 근육통, 심근증 등이 발생한다. 케샨병(Keshan disease)은 1935년 중국 헤이룽장성 케샨 마을에서 처음 보고 되었으며, 심장근육이 손상되어 심장이 퇴화하는 현상으로 주로 어린이와 가임기 여성에게 나타났다. 셀레늄이 결핍되면 심장에서 지방산 과산화물이 축적되고 이는 혈액을 응고시키는 물질의 형성을 유도한다.

2) 과잉증

토양 중에 셀레늄 함량이 높은 지역에서 재배한 식품을 섭취하거나 보충제를 과잉 섭취하는 경우 구토, 설사, 신경계 손상 등을 보인다.

5. 영양섭취기준

한국인의 셀레늄 영양소 섭취기준은 [표 7-7]과 같다. 성인 남녀의 1일 권장섭취량은 60㎍이며 상한섭취량은 400㎍/일 수준이다.

▌표 7-7 셀레늄 영양소 섭취기준 (2020)

성별	연령	셀레늄(μg/일)			
		평균필요량	권장섭취량	충분섭취량	상한섭취량
영아	0-5(개월)			9	40
	6-11			12	65
유아	1-2(세)	19	23		70
	3-5	22	25		100
남자	6-8(세)	30	35		150
	9-11	40	45		200
	12-14	50	60		300
	15-18	55	65		300
	19-29	50	60		400
	30-49	50	60		400
	50-64	50	60		400
	65-74	50	60		400
	75 이상	50	60		400
여자	6-8(세)	30	35		150
	9-11	40	45		200
	12-14	50	60		300
	15-18	55	65		300
	19-29	50	60		400
	30-49	50	60		400
	50-64	50	60		400
	65-74	50	60		400
	75 이상	50	60		400
임신부		+3	+4		400
수유부		+9	+10		400

6. 급원 식품

육류, 동물의 내장, 어패류, 종실류, 견과류에 풍부하며 해당 지역 토양의 셀레늄 포함 정도에 따라 곡식의 셀레늄 함량이 달라진다.

표 7-8 셀레늄이 풍부한 식품들

식품	셀레늄 함량(μg)
브라질 너트(약 30g)	839
참치캔(약 90g)	69
가자미(약 90g)	50
새우(약 90g)	29
칠면조고기(약 90g)	27
닭고기(약 90g)	23
쌀밥(1컵)	19
달걀(큰 것)	15
저지방 우유(1컵)	5

(출처: 미국 버클리대)

7-6 불소(fluorine, F)

1. 체내 분포

불소는 칼슘과 친화력이 매우 높다. 인체 내 불소의 99%가 골격과 치아 등 석회화 조직에 존재하며 나머지는 혈장이나 세포에 분포한다.

2. 흡수 및 대사

불소는 위에서 확산에 의하여 쉽게 흡수된다. 식품 중의 불소 흡수율은 약

50~70%이며 음료수를 통한 흡수율은 거의 100% 수준이다.

흡수된 불소의 약 80%는 신장을 통하여 소변으로 배설되며 연령이 증가하면서 소변 중 불소의 배설량도 증가한다. 식사 중 마그네슘은 불소의 흡수를 방해하고 생체 내 이용률을 저하시킨다.

3. 기능

불소는 칼슘에 대한 친화력이 높아 충치를 예방한다. 즉 세균에 의하여 형성되는 산이 치아를 부식시키지 못하게 한다. 또한, 불소는 골격에서 탈 무기질화를 방지하여 골다공증 발생도 낮춘다.

▌그림 7-12 치아에 작용하는 불소

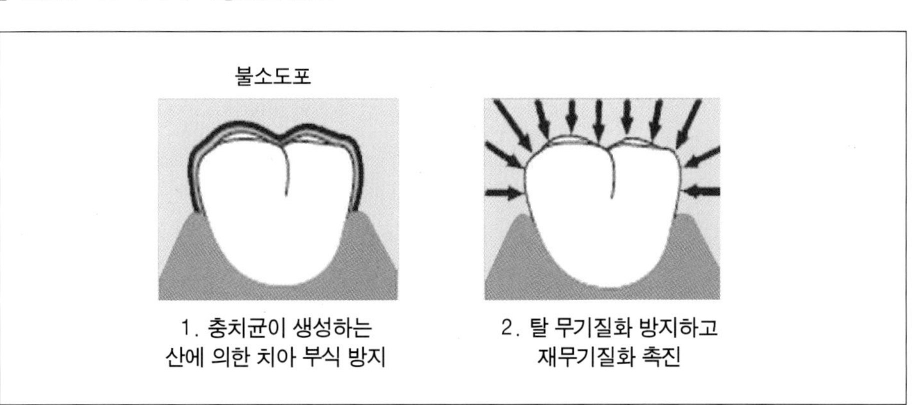

4. 영양 문제

1) 결핍증

불소의 결핍은 충치 발생을 높인다. 이를 방지하기 위해 지역에 따라 공급하는 식수에 불소를 포함시키는 경우가 많다. 불소 농도가 낮은 지역에 사는 사람은 불소 농도가 적당한 지역에 사는 사람에 비하여 충치 발생률이 높은데 실제로 불소 함량이 0.5ppm 이하로 낮은 상수도를 음용하는 지역의 거주자에게 충치 발생 빈도가 높게 나타났다[그림 7-13].

▌그림 7-13 **불소의 적정 첨가 수준이 치아 건강에 미치는 효과**

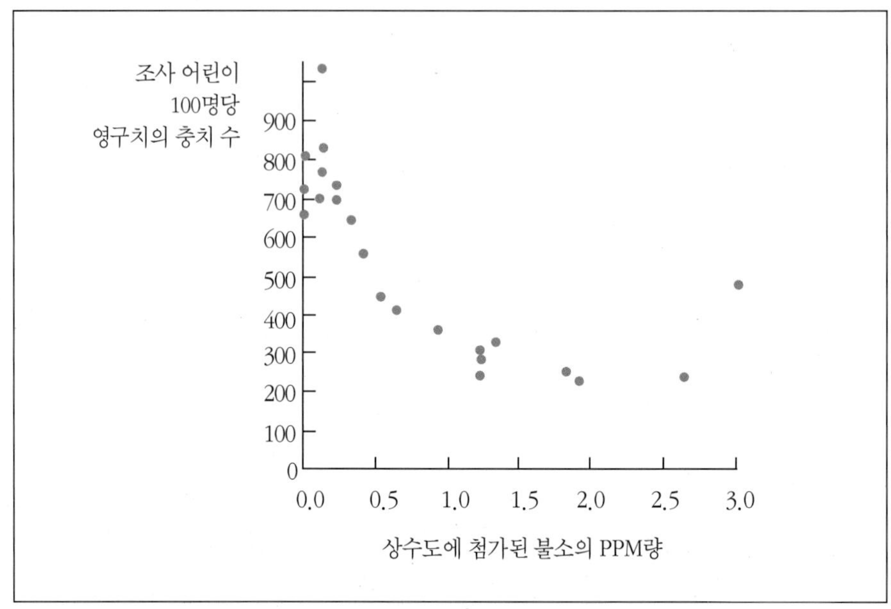

2) 과잉증

불소의 과잉 섭취는 독성을 유발한다. 장기간 만성적으로 불소를 과잉 섭취하면 치아에 가로로 미세한 줄이 나타나거나 치아가 광택이 없어지고 에나멜층이 손상되며 색이 변하는 반점치(mottled enamel)가 된다[그림 7-14]. 불소 함량이 8ppm 이상으로 높은 상수도를 과잉 섭취하면 반점치를 유발한다.

▌그림 7-14 **반점치와 치료된 후의 모습**

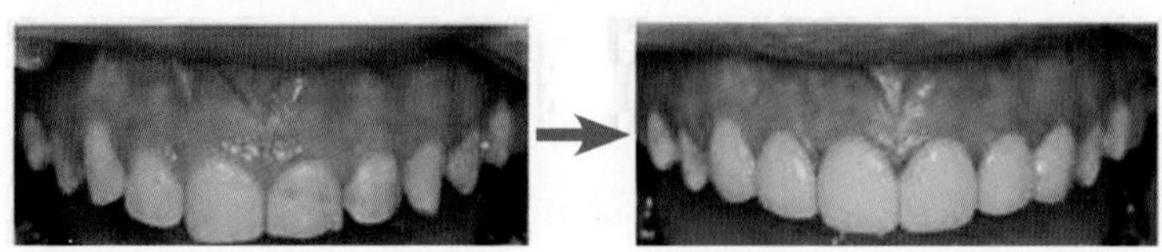

5. 영양섭취기준

한국인의 불소 영양소 섭취기준은 [표 7-9]와 같다. 19~29세 성인 남자의 충분섭취량은 3.4mg/일, 성인 여자는 2.8mg/일이며, 상한섭취량은 3배 수준인 10mg/일이다.

▌표 7-9 불소의 영양소 섭취기준 (2020)

성별	연령	불소(mg/일)			
		평균필요량	권장섭취량	충분섭취량	상한섭취량
영아	0-5(개월)			0.01	0.6
	6-11			0.4	0.8
유아	1-2(세)			0.6	1.2
	3-5			0.9	1.8
남자	6-8(세)			1.3	2.6
	9-11			1.9	10.0
	12-14			2.6	10.0
	15-18			3.2	10.0
	19-29			3.4	10.0
	30-49			3.4	10.0
	50-64			3.2	10.0
	65-74			3.1	10.0
	75 이상			3.0	10.0
여자	6-8(세)			1.3	2.5
	9-11			1.8	10.0
	12-14			2.4	10.0
	15-18			2.7	10.0
	19-29			2.8	10.0
	30-49			2.7	10.0
	50-64			2.6	10.0
	65-74			2.5	10.0
	75 이상			2.3	10.0
임신부				+0	10.0
수유부				+0	10.0

6. 급원 식품

불소는 식수 외에도 차, 뼈째 먹는 생선 등에 함유되어 있다. 충치 예방을 위하여 상수도에 불소를 첨가하거나 불소 함유 치약의 사용과 치과에서 불소 보조제와 불소액 양치 및 불소 도포 등을 이용하고 있다[그림 7-15].

▌그림 7-15 **불소 도포제의 종류**

7-7 망간(manganese, Mn)

1. 체내 분포

망간은 성인의 체내에 약 20mg 정도 함유되어 있으며 이 중 25~40%가 골격에 있고 그 외에 간, 췌장, 신장, 뇌하수체, 근육 및 피부에 분포되어 있다.

2. 흡수 및 대사

소장점막세포에서 확산에 의해 주로 흡수되며 섭취한 망간은 극히 일부인 1~5%만이 흡수된다. 알코올은 망간의 흡수율을 증가시키고 소화관에 칼슘, 인 및 철의 농도가 높으면 흡수율이 낮아진다. 망간은 운반 단백질인 트랜스망가민(transmangamin)과 결합되어 이동되며 주로 담즙을 통하여 대변으로 배설된다. 체내 망간의 항상성은 주로 담즙을 통한 배설에 의하여 조절된다.

3. 기능

망간은 체조직 내에서 여러 화학 반응을 촉매하는 망간금속효소를 활성화시킨다. 피루브산 카르복실라제, 항산화효소(Mn-SOD) 등의 성분이 되며 인산화효소, 탈탄산효소 등의 비특이적 활성화에 기여한다. 이들 효소들의 활성을 통해 망간은 탄수화물, 지방, 단백질, 핵산대사 등에 폭넓게 반응한다. 포도당신생, 요소회로, 신경전달물질의 합성 대사. 골격의 당단백 합성 등이 망간을 필요로 하는 주요 생체 대사 들이다.

4. 영양 문제

1) 결핍증

망간의 결핍 증세는 드물지만 신생아기에는 성장 지연, 비정상적 골격 형성, 혈액응고 지연 등을 유발할 수 있다. 성인에게는 HDL-콜레스테롤의 감소, 신경망 결손, 운동실조 등이 보고되었다.

2) 과잉증

망간의 흡수율은 매우 낮아서 과잉 섭취의 위험은 드문 편이며, 간혹 광부에게서 근육과 중추신경계 장애 및 생식기능과 면역기능 저하로 나타날 수 있다. 망간은 폐로 흡입 시 폐렴 유발의 원인이 되며 영아기 망간 과잉 공급은 신경발달 장애를 불러올 수 있다.

5. 영양소 섭취기준

망간의 섭취기준은 [표 7-10]과 같다. 성인 남녀의 충분섭취량은 각각 4.0mg/일 및 3.5mg/일이며 상한섭취량은 남녀 모두 11mg/일 수준이다.

▌표 7-10 망간의 영양소 섭취기준 (2020)

성별	연령	망간(mg/일)			
		평균필요량	권장섭취량	충분섭취량	상한섭취량
영아	0-5(개월)			0.01	
	6-11			0.8	
유아	1-2(세)			1.5	2.0
	3-5			2.0	3.0
남자	6-8(세)			2.5	4.0
	9-11			3.0	6.0
	12-14			4.0	8.0
	15-18			4.0	10.0
	19-29			4.0	11.0
	30-49			4.0	11.0
	50-64			4.0	11.0
	65-74			4.0	11.0
	75 이상			4.0	11.0
여자	6-8(세)			2.5	4.0
	9-11			3.0	6.0
	12-14			3.5	8.0
	15-18			3.5	10.0
	19-29			3.5	11.0
	30-49			3.5	11.0
	50-64			3.5	11.0
	65-74			3.5	11.0
	75 이상			3.5	11.0
임신부				+0	11.0
수유부				+0	11.0

6. 급원 식품

망간의 주요 급원은 곡류, 두류, 차, 커피 등의 식물성 식품이며 동물성 식품에는 망간의 함량이 낮다. 망간은 칼슘과 상호작용을 하며 다량의 칼슘을 섭취하면 망간의 배설이 증가한다.

7-8 몰리브덴(molybdenum, Mo)

몰리브덴은 잔틴 산화효소(xanthine oxidase), 알데히드 산화효소(aldehyde oxidase), 아황산 산화효소(sulfite oxidase) 등의 보조 인자로 필요하다. 잔틴 산화효소는 퓨린 염기를 요산으로 전환시키는 대사에 관여하고, 알데히드 산화효소는 헤테로 고리화합물 대사, 아황산 산화효소는 함황아미노산의 대사에 관여한다.

몰리브덴의 1일 권장섭취량은 영아를 제외한 1세 이상 전 연령층을 대상으로 설정되어 있으며 19~64세 성인 남자는 30㎍/일, 성인 여자는 25㎍/일로 설정하였다. 생식 및 태아 발달에 미치는 몰리브덴의 독성을 고려하여 상한섭취량은 19~49세 성인 남자 600㎍/일, 성인 여자 500㎍/일으로 설정하였다. 곡류, 두류, 견과류 등에 다량 함유되어 있으며 결핍증은 거의 없다.

표 7-11 몰리브덴의 영양소 섭취기준 (2020)

성별	연령	몰리브덴(μg/일)			
		평균필요량	권장섭취량	충분섭취량	상한섭취량
영아	0-5(개월)				
	6-11				
유아	1-2(세)	8	10		100
	3-5	10	12		150
남자	6-8(세)	15	18		200
	9-11	15	18		300
	12-14	25	30		450
	15-18	25	30		550
	19-29	25	30		600
	30-49	25	30		600
	50-64	25	30		550
	65-74	23	28		550
	75 이상	23	28		550
여자	6-8(세)	15	18		200
	9-11	15	18		300
	12-14	20	25		400
	15-18	20	25		500
	19-29	20	25		500
	30-49	20	25		500
	50-64	20	25		450
	65-74	18	22		450
	75 이상	18	22		450
임신부		+0	+0		500
수유부		+3	+3		500

7-9 코발트(cobalt, Co)

코발트는 [그림 7-16]과 같이 비타민 B_{12}의 구성 원소이며 적혈구 내에 1㎍/dl 함유되어 있다. 성인의 체내에 1mg 수준으로 존재하며 주로 간에 저장되어 있다. 코발트는 식사를 통하여 장에서 20~90%가 흡수된다. 코발트의 필요량은 극소량으로 동물의 간, 신장, 굴 및 녹색 채소에 함유되어 있다. 반추동물의 장에 기생하는 박테리아는 코발트로부터 비타민 B_{12}를 합성할 수 있으나 인간의 장에서는 합성하지 못한다. 2020 한국인의 영양소 섭취기준에서 코발트의 섭취기준은 설정하지 않았다.

▌그림 7-16 **코발라민(비타민 B_{12})의 구조**

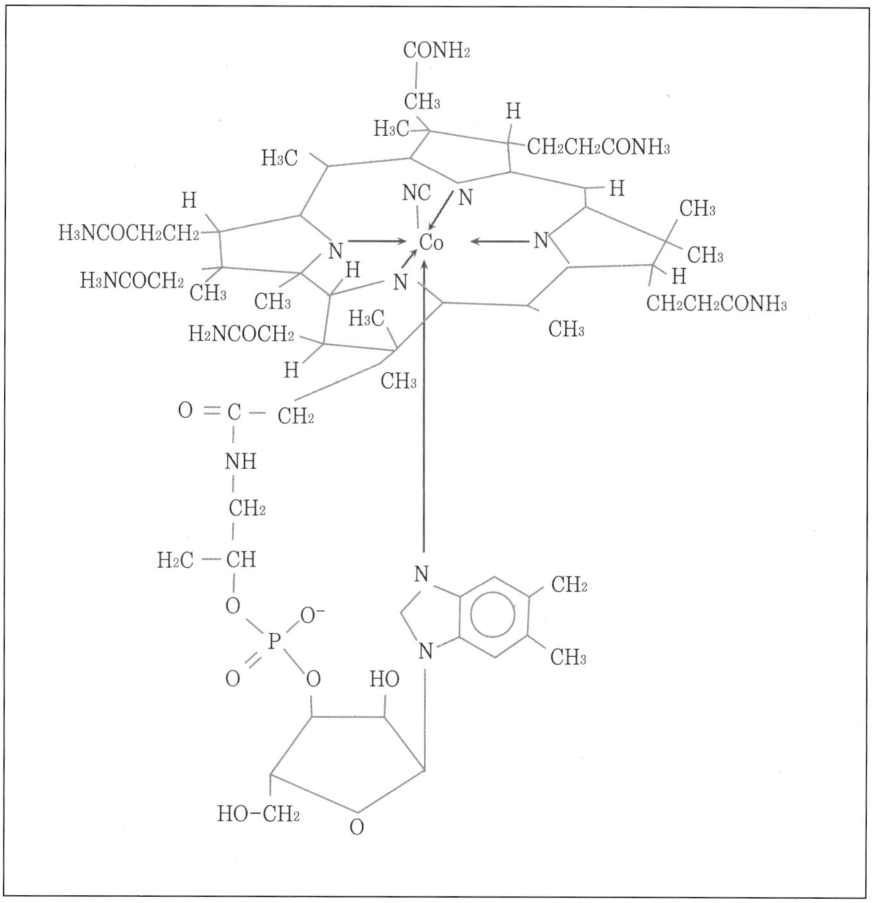

7-10 크롬(chromium, Cr)

성인의 체내에 6mg 정도 존재하며 주로 뇌, 부신, 근육과 피부에 많다. 건강한 성인의 혈액 중에는 0.26~0.28ng/m l 함유되어 있다. 식사 중의 크롬은 소장에서 흡수되고 주로 신장을 통하여 소변으로 배설된다.

[그림 7-17]과 같이 크롬은 내당능 인자로 인슐린의 작용을 돕고 포도당대사를 정상적으로 돕는다. 즉 인슐린의 작용을 도와 세포에 포도당이 유입되도록 유지시켜주는 역할을 한다. 또한, 크롬 섭취로 혈중 HDL-콜레스테롤 농도가 증가하고 LDL-콜레스테롤 농도는 감소한다. 따라서 크롬 결핍인 경우 포도당 내성이 손상되고 혈청 콜레스테롤과 중성지방이 증가되며 당뇨병의 위험이 증가한다.

정상적인 식사를 통하여 하루에 필요한 크롬을 공급받을 수 있으며 육류, 간, 효모, 도정 안 된 곡류, 버섯, 브로콜리, 견과류 등에 많이 함유되어 있다. 토양 중 존재하는 크롬 함량에 따라 식품 중 함량이 영향을 받는다.

우리나라에서 당뇨병 유병 인구가 증가하는 현황을 반영하여 2015 한국인 영양소 섭취기준에서 크롬 섭취기준이 처음 설정되었으며 2020 한국인 영양소 섭취기준에서 크롬의 1일 충분섭취량은 19~64세 성인 남자 30㎍/일, 성인 여자 20㎍/일로 설정하고 상한섭취량은 설정하지 않았다[표 7-12].

그림 7-17 내당능 인자로 작용하는 크롬

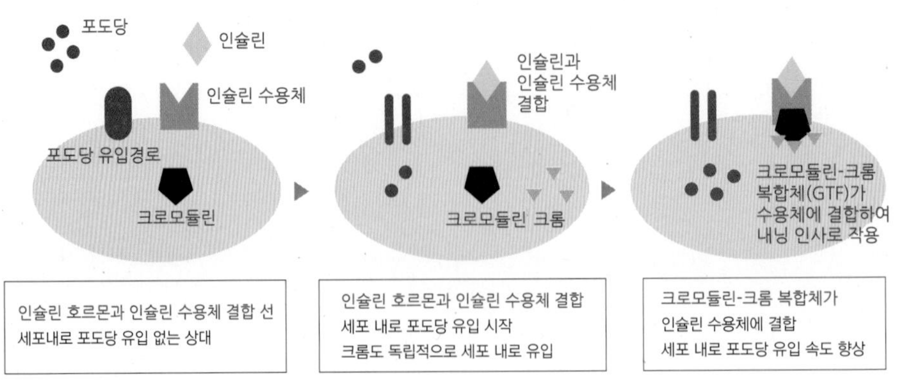

표 7-12 크롬 섭취기준 (2020)

성별	연령	크롬 (μg/일)
		충분섭취량
영아	0-5(개월)	0.2
	6-11	4.0
유아	1-2(세)	10
	3-5	10
남자	6-8(세)	15
	9-11	20
	12-14	30
	15-18	35
	19-29	30
	30-49	30
	50-64	30
	65-74	25
	75 이상	25
여자	6-8(세)	15
	9-11	20
	12-14	20
	15-18	20
	19-29	20
	30-49	20
	50-64	20
	65-74	20
	75 이상	20
임신부		+5
수유부		+20

▌표 7-13 미량 무기질의 요약

요오드	체내 함량 (g/70kg)	기능	결핍증	과잉증	섭취기준 (19~29세 성인)	급원 식품
철	3~5g	헤모글로빈의 구성분 산소운반 호흡효소의 구성분 육색소의 구성분	빈혈	철중독증 간손상 심부전	권장섭취량 남 10mg 여 14mg	간, 내장, 육류, 가금류, 굴, 달걀
아연	2~3g	금속효소의 구성분 면역기능에 관여 인슐린 합성에 관여	성장장애 성기능부전 미각 감퇴	구리 흡수 저하, 적혈구 활성저하, 면역반응 손상	권장섭취량 남 10mg 여 8mg	동물의 내장, 간, 가금류, 굴, 새우, 생선
구리	80~ 100mg	조혈을 촉진 콜라겐의 합성 면역작용	저색소성빈혈 백혈구 감소	간세포 손상 소화기능장애	권장섭취량 남 850 ㎍ 여 650 ㎍	동물의 내장, 어패류, 달걀, 전곡, 두류
요오드		갑상샘호르몬의 구성분 기초대사의 조절	갑상샘종 점액수질 크레틴병	갑상샘 종양	권장섭취량 남녀 150㎍	해산물, 해수어, 요오드 강화염
셀레늄		항산화작용 지방대사에 관여	케샨병 기형 유발	탈모, 경련 신경기능장애	권장섭취량 남녀 60㎍	동물의 내장육, 살코기, 해산물
불소		충치의 예방 골격과 치아의 기능 유지	충치	반상치	충분섭취량 남 3.4mg 여 2.8mg	식수, 차, 해조류
망간		당질, 단백질, 지질대사에 관여 요의 형성	골다공증에 취약	기분의 변화	충분섭취량 남 4.0mg 여 3.5mg	견과류, 전곡, 두류
몰리브텐		효소의 구성분 충치의 예방			권장섭취량 남 30㎍ 여 25㎍	곡류, 우유
코발트		비타민 B_{12}의 구성분				
크롬		포도당 대사에 관여	당내성 저하		충분섭취량 남 30㎍ 여 20㎍	

[용어 해설]

- 고이트로겐(goitrogen): 갑상샘종 유발 물질로 갑상샘호르몬의 합성이나 활성을 저해함.
- 메탈로티오네인(metalothionein): 세포질 내에 아연, 구리, 금 등의 금속이온의 존재로 합성이 유도되는 단백질이며 중금속의 해독과 중화에 관여
- 반점치(mottled enamel): 불소의 과잉 섭취로 치아 에나멜 형성에 이상이 생겨 치아 표면에 불투명한 반점이나 줄무늬 모양이 나타남.
- 세룰로플라스민(ceruloplasmin): 장점막에 존재하는 단백질로 구리와 결합하여 구리의 이동과 흡수에 관여
- 에리스로포이에틴(erythropoietin): 적혈구 세포 분화를 촉진하는 호르몬
- 크레틴병(cretinism): 요오드의 결핍증으로 지적장애, 운동기능 장애, 왜소 현상이 나타남.
- 트랜스페린(transferrin): 혈액 중의 철분을 운반하는 당단백질
- 페리틴(ferritin): 철의 저장 형태로 간, 비장, 골수에 존재
- 헤모글로빈(hemoglobin): 산소와 결합하여 각 조직에 산소를 운반하는 혈액의 색소 단백질

CHAPTER

08

지용성 비타민

지용성 비타민

비타민의 일반 개요

비타민은 동물에게 반드시 필요한 소량의 유기물질로 모든 동물세포의 정상적인 대사작용에 요구되는 필수영양소를 말한다. 대부분의 비타민은 조효소로서의 역할을 하여 동물의 정상적인 성장, 신체 유지, 생식에 절대로 필요하며, 극미량이 필요하나 비타민 자체가 에너지를 발생하거나 세포의 구성 물질은 아니다.

비타민은 식품 속에 적은 양이 함유되어 있고, 신체 내에서는 합성되지 않으므로 반드시 외부로부터 공급받아야 한다.

현재 사용되는 비타민(vitamin)이란 용어는 1911년 Casimir Funk에 의해 가장 먼저 사용되었다. 그는 항각기성 물질을 연구하면서 각기병을 방지하는 물질을 쌀겨에서 추출 분리하는 데 성공하였다. 이 항각기성 물질의 구조에 아민(−NH_2)기가 있는 것에 착안하고 이 물질이 생명 현상에 절대적으로 필요하므로 vital(생명력이라는 의미)과 아민을 결합하여 생명력 있는 아민(vital−amine)이라는 뜻으로 'vitamine'이라고 명명하였다. Funk가 명명한 'vitamine'은 모든 미지의 물질의 일반명이었고, 단지 항각기성 물질인 thiamine만이 amine기를 소유하므로 전 비타민류에 적용하기에는 부당하다고 하여 1919년 Drummond의 제의에 의해 vitamine의 어미에서 'e'를 제거함으로써 'vitamin'이라고 쓰게 되었다.

1915년 McCollum은 정상적인 성장을 도모하는 물질은 두 가지의 종류가 있는데, 물이나 지방에 용해되는 성질에 따라 비타민을 수용성 비타민과 지용성 비타민으로 분류하게 되었다. 이로부터 새로운 비타민이 계속 발견되고 있으며 이들의 과학적, 생리적, 임상적인 면에서 연구가 계속되고 있다.

현재는 암, 순환기계 질환, 당뇨병 등의 생활습관병 등에 대한 비타민의 작용기전이 주목되고 있으며, 노령자에서의 비타민대사 연구와 가령이나 노화기전에 대한 비타민 작용 등의 연구가 진행되고 있다.

▌표 8-1 비타민의 발견과 종류

분 류	종 류	화 학 명	발견(연대)
지용성 비타민류	비타민 A	retinol	1913
	provitamin A	carotenoids	
	비타민D	calciferol	1919
	provitamin D	ergosterol	
		7-dehydrocholesterol	
	비타민 E	tocopherol	1922
	비타민 K	phylloquinone	1935
		menaquinone	
수용성 비타민류	비타민 B_1	thiamin	1911
	비타민 B_2	riboflavin	1933
	niacin	nicotinic acid	1937
	비타민 B_6	pyridoxine	1938
	판토텐산	pantothenic acid	1938
	비오틴	biotin	1935
	엽산	folacin	1942
	비타민 B_{12}	cobalamin	1948
	choline	choline	
	비타민 C	ascorbic acid	1928

[표 8-1]에서 보는 바와 같이 현재까지 알려져 있는 비타민은 지용성이 4개, 수용성이 11개로 모두 합하여 15종류의 비타민이 있다. 이 비타민류는 각각 고유의 화학 구조를 가지고 있고, 신체 내 여러 대사 과정에 관여한다. 각 비타민은 독자적인 기능을 소유하고 있으며, 용해도에 따라 분류된 지용성 비타민과 수용성 비타민의 일반적인 성질은 다음 [표 8-2]와 같다.

표 8-2 지용성과 수용성 비타민의 일반적인 성질

성질	지 용 성	수 용 성
용해도	지방과 유기용매에 용해되고, 물에는 불용이다.	물에 용해되고, 지방에는 불용이다.
흡수와 이송	지방과 함께 흡수되며 림프계를 통하여 이송된다.	당질과 아미노산과 함께 소화되고 흡수된다. 문맥순환으로 들어간다(간).
방출	담즙을 통하여 체외로 매우 서서히 방출(좀처럼 방출되지 않음)된다.	소변을 통하여 빠르게 방출된다.
저장	과잉 섭취 시 간이나 지방조직에 저장된다.	신체는 스펀지같이 일정한 양을 흡수하면 초과량은 배설하고 저장하지 않는다.
공급	필요량을 매일 공급할 필요성은 없다.	필요량을 매일 공급하여야 한다.
조리 동안 손실	산화를 통하여 약간 손실이 일어나나 조리하는 물 안에 용해되지 않는다.	조리하는 물에 용해된다.
결핍증	천천히 나타난다.	신속히 나타난다.

한편, 자연계에는 비타민류와 화학 구조가 유사하고, 영양적으로 대단히 중요한

두 그룹의 물질이 존재하는데 한 그룹은 비타민 전구체(provitamins)라 하고, 또 한 그룹은 항(抗)비타민(antivitamins, antagonists)이라 한다. 비타민 전구체는 체내에 흡수되어야 비로소 활성화되는 비타민으로 그 종류에는 비타민 A의 전구체인 카로티노이드류와 비타민 D의 전구체인 7-dehydrocholesterol이 있다. 카로틴은 소장벽에서 흡수되면서 비타민 A로 전환되며, 7-dehydrocholesterol은 자외선에 의해 피부에서 비타민 D로 전환되어 혈액을 통하여 간과 신장에서 활성화된다.

항비타민은 1940년에 Woods와 Fildes가 세균류의 발육에 관하여 연구하던 도중 para-aminobenzoic acid와 sulfanilamide제와의 길항작용이 있다는 것에서 생긴 개념으로 비타민 기능을 저해하는 물질로써 화학 구조와 성질이 비타민과 매우 유사하므로 신체는 비타민과 구별하지 못하고 받아들이게 된다. 그러나 항비타민은 비타민의 작용을 길항하는 물질이기 때문에 항비타민의 체내 흡수는 비타민 결핍을 초래하게 된다. 비타민 자체와 결합하여 이것을 무효로 하는 것과 비타민을 파괴함으로써 그 작용을 상실시키는 성질을 가진 것도 항비타민 물질로 취급한다[표 8-3].

표 8-3 항비타민 물질

비 타 민	항비타민 물질	비 타 민	항비타민 물질
비타민 A (carotene에 대하여)	지방질 산화효소 (lipoxidase)	folic acid	pteroyl aspartic acid
비타민 B_1	pyrithiamine n-butylthiamine aneurinase (thiaminase)	pantothenic acid	pantoyl taurine
		비타민 C	glucoascorbic acid
비타민 B_2 비타민 B_6	galactoflavin deoxypyridoxine	biotin	desthiobiotin avidin (생난백)
para- aminobenzoic acid	sulfanilamide	니코틴산	3-acetyl pyridine pyridine sulfonic acid

비타민의 기능

1) 조효소 기능

수용성 비타민과 그 유도체는 효소의 작용을 도와 체내에서 다양한 반응을 조절하는 조효소로 작용한다. 효소는 반응이 경과함에 따라 파괴되어 사라지기도 하고, 효소와 함께 조효소도 신체의 다양한 대사 과정에서 형성되고 사라지기 때문에 효소의 활성을 유지하여 반응을 지속시키기 위해서는 수용성 비타민이 지속적으로 필요하다.

2) 항산화 기능

신체의 대사 과정에서 발생하는 유리 라디칼(radical)은 체조직 안에서 매우 반응성이 높아서 세포막 불포화지방산의 산화를 촉진하고 결국 세포막의 손상을 유발하는 주요 원인이다. 또한, 세포의 DNA를 손상시켜서 암을 촉발하게 되고 다양한 염증성 질환인 심혈관계질환과 퇴행성 신경질환을 유발하기도 한다.

그러나 체내에서 생성된 유리 라디칼은 체내에서 생성되는 항산화 효소에 의해 중화되고 세포 손상을 막는다. 비타민 C와 E 그리고 베타 카로틴은 대표적인 항산화 기능을 갖는 물질로 유리 라디칼을 제거하여 신체를 보호하는 역할을 하게 된다.

3) 호르몬 기능

비타민 D는 간과 신장을 통해 활성형 비타민 D로 전환되어 혈류를 통해 순환하면서 칼슘대사에 영향을 주는 호르몬과 같은 작용을 하는 비타민이다. 또한, 비타민 C는 부신수질 호르몬인 epinephrine 형성에 작용하기도 한다.

4) 에너지대사에 기여

수용성 비타민은 다양한 반응의 조효소로서 작용하여 체내의 에너지대사에 기여하는 필수영양소이다. 그러나 비타민 자체는 에너지를 생산하지는 않는다.

지용성 비타민에는 비타민 A, D, E, K가 있으며, 이들 지용성 비타민은 소화, 흡수, 운반, 저장 등 모든 과정이 지질에 의존하여 이루어지며 장에서 흡수되어 간에 저장된다. 또한, 수용성 비타민과 달리 체내에 지방과 함께 저장되기 때문에 과량 섭취 시 독성을 유발하는 특성이 있기 때문에 상한섭취량이 제시되어있다.

8-1 비타민 A(retinol)

최근 피부질환, 피부 노화 방지나 특정 암의 치료에 효능이 있다는 보고가 있어 비타민 A에 대한 관심이 높아졌다. 식품 중에는 비타민 A와 비타민 A 전구체(provitanin A)로 존재한다. 동물성 식품에서 얻어지는 비타민 A는 retinoids라고 하고 식물성 식품에서 얻어지는 것은 carotenoids라고 한다. 체내에서 이용될 수 있는 활성형은 레티놀(retinol)이며, 다른 형태인 레티날(retinal), 레티노산(retinoic acid)으로 전환되어 다양한 생리기능을 하게 된다.

1. 구조와 성질

대부분 식물성 물질에 존재하는 카로티노이드(carotenoids)는 비타민 A와 구조적으로 유사점을 지니고 있다. 이들 중 약 50가지는 체내에서 레티놀로 전환될 수 있고 레티놀로 전환되어야 비타민 A의 기능을 할 수 있다. 이러한 비타민 A의 전구체들 중에 가장 중요한 것은 'β – carotene'이다. 인체에서 여러 가지 식품원으로부터 이 provitamin A이 흡수되는 정도는 섭취량의 1/3 정도이다. 비타민 A와 그의 전구체 구조식은 다음 [그림 8-1]과 같다.

▌그림 8-1 **비타민 A와 카로틴**

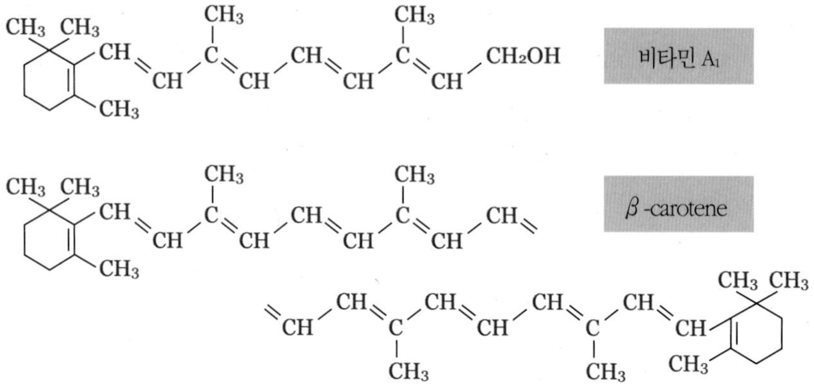

비타민 A_1

β-carotene

레티놀과 레티닐 에스테르는 주로 동물성 식품에 존재하며 카로티노이드는 식물성 식품에 존재하는데, 식물성 식품에 존재하는 카로티노이드 600여 종 중 몇 가지만이 체내에서 레티놀로 전환된다.

비타민 A와 전구체들은 지방과 유기용매에 녹고, 열, 산·알칼리에 안정하나, 공기나 광선(특히, 자외선)에서는 불안정하여 쉽게 분해된다. 특히 산화에는 약하므로 건조나 탈수 시에 상당량 파괴되나, 일상의 조리 온도에는 안정하므로 음식을 조리할 때는 거의 손실이 없다. 저온에서 장시간 가열하는 것이 고온에서 단시간 가열보다 비타민 A가 더 많이 파괴된다. 그러나 통조림과 냉동을 할 때에 비타민 A의 손실은 적다.

2. 흡수 및 대사

비타민 A와 프로비타민 A(카로틴)는 소장에서 흡수되는데, 이때 지방과 담즙에 의해 흡수가 촉진된다. 비타민 A가 카로틴보다 빨리 흡수된다. 특히 카로틴 흡수에는 지방과 담즙이 반드시 필요하다. 그러나 광물성 기름은 이들의 흡수를 방해한다. 흡수된 비타민 A는 림프관을 통해 혈액으로 들어간다. 혈액 중의 비타민 A는 대부분 유리형이고, 간에는 대부분 에스테르형으로 존재하므로 비타민 A의 에스테르화는 장관이나 상피조직하에서 일어난다고 알려져 있다. 체내에 저장된 비타민 A의 거의 대부분은 간(약 90%)으로 들어가 저장되며 나머지는 신장, 폐, 부신, 지방조직에 저장된다. 혈액 중의 비타민 A는 레티놀 결합 단백질(RBP: retinol-binding protin)과 결합되어 각 조직에 운반되며, 주로 각막, 피부, 점막 등 상피조직의 단백질과 결합되어 조직을 건전하게 유지한다. 또한, 성장 촉진, 생명 유지, 당단백질과 당지질 생합성, 세포 증식, 분화 억제, 면역기구 유지 등에 영향을 준다.

카로틴은 지방조직에 저장되므로 일시에 다량의 카로틴을 섭취하게 되면 피부가 황색으로 변하는 베타-카로틴혈증(β - carotenemia)이 일어난다. 이때 카로틴의 섭취를 줄이면 황색은 없어진다.

비타민 A의 체내 저장량은 출생 시에 가장 적고 연령이 증가함에 따라 점차 증가된다. 간의 저장량은 섭취량과 흡수량에 달려 있다. 보통 건강인의 간에 함유되어 있는 비타민 A 함량은 간 1g당 200~400IU 정도이고, 정상인의 간에는 60만IU의 비타민 A를 저장할 수 있는 능력이 있으며, 이 양은 4개월 동안의 필요량으로 공급할 수 있다. 비타민 A는 장을 통하여 대변으로 주로 배설되며 일부는 신장에 의해 배설되기도 한다.

3. 기능

1) 시각작용

비타민 A의 주요 생리적 기능은 시각에 대한 역할로 망막의 간상세포에서 어두운 곳에 반응하는 시각작용을 한다. 눈의 망막(retina)에는 명암을 감지하는 간상세포와 색을 구분하는 원추세포가 있다. 비타민 A는 망막의 간상세포에서 단백질 부분인 옵신(opsin)과 결합하여 로돕신(rhodopsin)을 형성하고 광학적으로 빛을 민감하게 느끼게 된다. 빛이 쪼여지면 로돕신의 retinal(retinene)은 옵신과 분리되는 탈색 반응을 일으키고 시각의 신경 자극이 생성되어 약한 빛에서도 명암 시각을 제공한다. 따라서 비타민 A의 섭취가 부족하게 되면 밝고 어두움에 따라 보게 되는 시각의 적응 속도가 정상인보다 매우 느려지는데, 이 현상은 특히 밝은 곳에서 어두운 곳으로 되었을 때 심하게 나타나며 일시적으로 보지 못하므로 이를 야맹증이라 한다. 야맹증은 단지 레티놀이나 카로티노이드를 충분히 섭취하면 회복할 수 있고 예방할 수 있다. [그림 8-2]는 비타민 A와 로돕신의 관계를 표시하였다.

▌그림 8-2 **비타민 A와 로돕신**

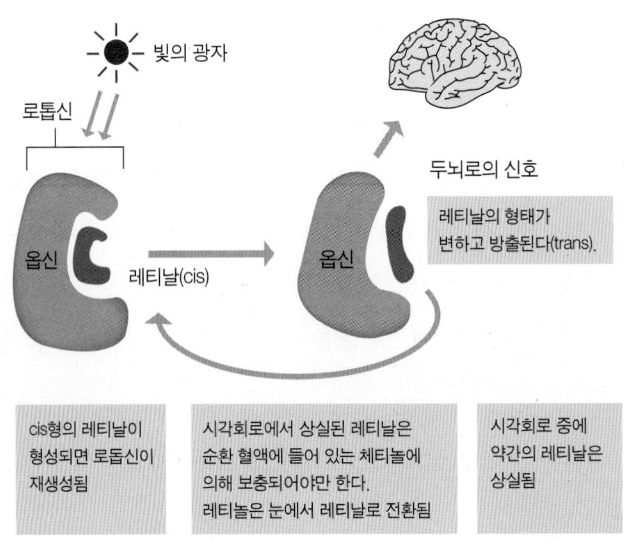

2) 상피조직의 보호작용

비타민 A는 세포 분화에 관여하며, 세포핵에 직접적으로 작용하고, 유전자 표현에 영향을 미치는데 이는 세포에서 DNA와 최종적으로 단백질 합성의 형태와 양에 영향을 미친다. 이것은 연골, 뼈, 체표면, 상피조직의 성장과 건강에 영향을 미치게 된다. 세포 분화는 점액분비세포와 뮤코다당류의 합성에 필요하다. 따라서 비타민 A가 부족하면 점액 분비 저하로 각막의 상피세포, 피부 장점막 등에 각질화가 생긴다.

상피조직은 눈의 각막과 점막을 포함하고 후각기관, 소화기관, 요(尿)생식계, 피부의 내막을 포함하는 것이다.

체내의 비타민 A가 결핍되면 점액분비 저하로 각막연화증(keratinization)이 일어나 상피조직이 비정상적으로 거칠거칠하게 된다. 피부도 건조하고 거칠게 되며, 점막은 갈라지고 출혈을 일으킨다. 비타민 A가 심하게 오랫동안 결핍되면 이러한 각막연화증으로 인해 시력을 잃게 되는 결과를 초래한다. 이와 같이 눈에 나타나는 비타민 A의 심한 결핍 증상을 안구건조증(xerophthalmia)이라고 한다. [그림 8-3]은 비타민 A 결핍으로 인한 각막 변화이다.

▌그림 8-3 **비타민 A 결핍으로 인한 각막의 변화**

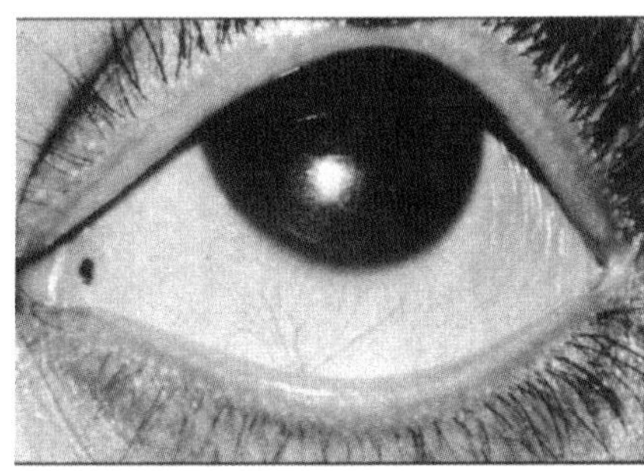

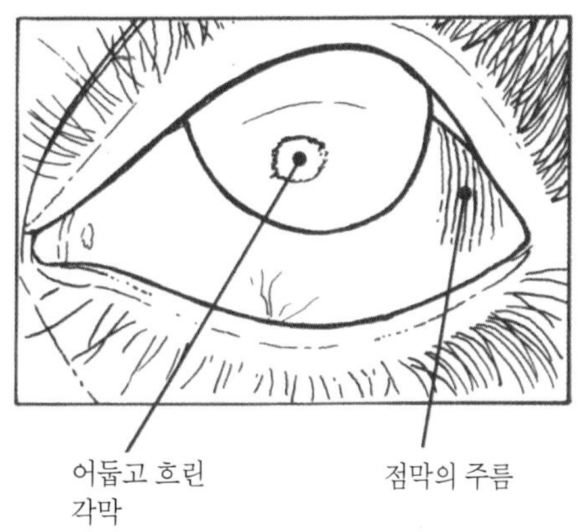

3) 항암작용

카로티노이드의 다량 섭취는 암, 특히 폐암에 걸릴 위험률을 보다 낮추는 것과 관련된다. 이러한 기전은 불확실하지만 아마도 카로티노이드가 레티놀로 전환되지 않고 항산화제로서의 역할을 하는 것과 관련이 있다고 보인다. 레티놀의 상피세포 보호작용과 항산화작용이 암에 걸릴 위험률을 감소시킨다는 것은 통계적으로도 유의한 상관관계가 나타나고 있다. 카로티노이드를 함유한 식품의 다른 요소(식이섬유 등)들 또한 암의 진행을 방해하는 효과를 나타내는 것 같다.

4) 면역기능

비타민 A는 상피세포를 보호하여 인체를 질병으로부터 예방하는 면역계를 돕는다. 또한, 항체와 면역세포를 만드는 데에도 작용하여 박테리아나 바이러스의 감염으로부터 인체를 보호한다. 비타민 A 결핍 어린이에게 설사나 호흡기질환 같은 감염성 질환이 증가하는 것은 이러한 이유 때문이다.

5) 성장과의 관계

동물이 정상적으로 성장하는 데는 비타민 A가 필요하다. 비타민 A가 결핍된 식사를 하였을 때 저장된 비타민 A가 모두 소모되어 동물의 성장이 정지된다. 레티놀과 레티노 산(retinoic acid)은 조골세포와 파골세포의 균형을 맞추어 뼈의 생성과 분해 등 대사 과정에 필요한 것으로 보인다. 비타민 A가 결핍되면 먼저 골격의 성장에 지연이 오며 이어서 연조직도 장애를 일으킨다.

6) 생식기능과의 관계

비타민 A가 동물의 생식기능을 증진시키는 기능이 있다는 것은 오래전부터 밝혀졌다. 레티놀과 레틴알데히드는 쥐의 정상적인 생식기능 조절을 위해 필요한 요소이다. 그러나 이 기전에 대해서도 아직 밝혀지지 않았다.

4. 영양소 섭취기준

미국, 캐나다 영양소 섭취기준[Institute of Medicine(IOM), 2001]에서 비타민 A의 단위를 레티놀 활성당량(Retinol Activity Equivalents, RAE)으로 발표한 이래 많은 나라에서 이를 채택하였다. 우리나라에서는 그동안 RE(retinol equivalents)를 비타민 A의 기본 단위로 사용하여 왔으나, 2015 한국인 영양소 섭취기준에서부터 국제적인 추세에 따라 RAE(retinol activity equivalents)를 비타민 A의 기본 단위로 채택하였다. 이와 같이 단위를 RE에서 RAE로 변경하면 식품 중 카로티노이드의 비타민 A 전환율은 1/2로 줄어들게 된다.

▌표 8-4 한국인의 1일 비타민 A 영양섭취기준

성별	연령	비타민 A(㎍ RAE/일)			
		평균필요량	권장섭취량	충분섭취량	상한섭취량
영아	0~5(개월)			350	600
	6~11			450	600
유아	1~2(세)	190	250		600
	3~5	230	300		750
남자	6~8(세)	310	450		1,100
	9~11	410	600		1,600
	12~14	530	750		2,300
	15~18	620	850		2,800
	19~29	570	800		3,000
	30~49	560	800		3,000
	50~64	530	750		3,000
	65~74	510	700		3,000
	75 이상	500	700		3,000
여자	6~8세	290	400		1,100
	9~11	390	550		1,600
	12~14	480	650		2,300
	15~18	450	650		2,800
	19~29	460	650		3,000
	30~49	450	650		3,000
	50~64	430	600		3,000
	65~74	410	600		3,000
	75 이상	410	600		3,000
임신부		+50	+70		3,000
수유부		+350	+490		3,000

(출처: 한국영양학회, 한국인 영양섭취기준 2020)

성인과 노인의 경우, 비타민 A의 평균필요량은 영양 상태가 양호한 사람들의 체내 비타민 A 풀(pool) 유지에 필요한 식이 중의 비타민 A 양을 기초로 산출하였고, 임신·수유부의 평균 필요량은 각 연령에 해당하는 평균필요량에 추가적으로 필요한 비타민 A 양을 고려하여 설정하였다. 유아, 아동 및 청소년의 평균필요량은 대사 체중을 적용하여 19~29세 성인의 평균필요량에 F값을 곱한 후 외삽한 값으로 설정하였다.

비타민 A의 상한섭취량은 과잉 섭취 시 발생되는 세포막의 안정성 저해, 간 조직 손상, 지방간, 기형아 출산, 골격 약화 등의 주요 유해작용을 고려하여 설정하였다.

2020년 한국인 영양 섭취기준에 제시되고 있는 비타민 A의 권장섭취량은 19~29세의 남자 800㎍ RAE, 여자 650㎍ RAE이며, 상한섭취량은 3000㎍ RAE이다. 임신부의 경우는 70㎍ RAE을 더 추가 섭취할 것을 권장하고, 수유부는 1일 분비되는 모유의 양을 고려하여 490㎍ RAE을 더 섭취할 것을 권장하고 있다.

5. 급원 식품

- 비타민 A는 동물성 식품에 널리 분포되어 있으며 식물이나 미생물에는 없다.

특히 버터, 간유, 동물의 간, 난황, 우유, 기름진 생선, 치즈 등에 많으며 비타민 A의 전구체인 카로티노이드는 식물성 식품이 주요 급원으로 녹황색이 짙은 식물인 시금치, 당근, 호박, 풋고추, 무청, 감, 토마토, 복숭아, 살구 및 김 등에 많이 함유되어 있다.

6. 결핍증

비타민 A는 체내 저장이 가능하므로 장기간 섭취 부족이 계속될 때만 결핍증이 나타날 수 있다. 비타민 A 결핍증의 초기 증상으로는 식욕 감퇴, 성장 정지, 그리고 모든 조직의 감염에 대한 저항력 저하 등이 나타난다. 비타민 A가 약간 부족할 때에는 모낭의 각화증과 야맹증이 나타나며, 결핍이 오랫동안 계속되어 심하게 되면 피부가 마르고, 눈의 망막에 파열 현상이 일어나는 비톳반점(Bitot's spots)과 함께 안구건조증(xerophthalmia), 각막연화증(keratomalacia)에 걸리며, 마침내는 실명하기에 이른다. 이러한 현상은 영양 상태가 나쁜 개발국가의 어린이에서 흔히 볼 수 있다.

▌그림 8-4 모낭의 각화증

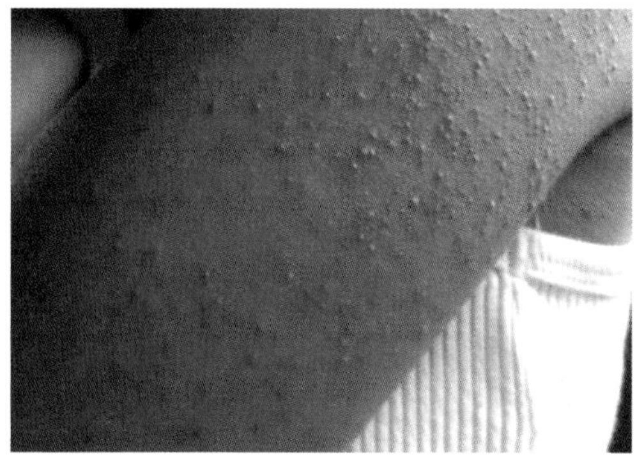

▌그림 8-5 비타민 A의 결핍증

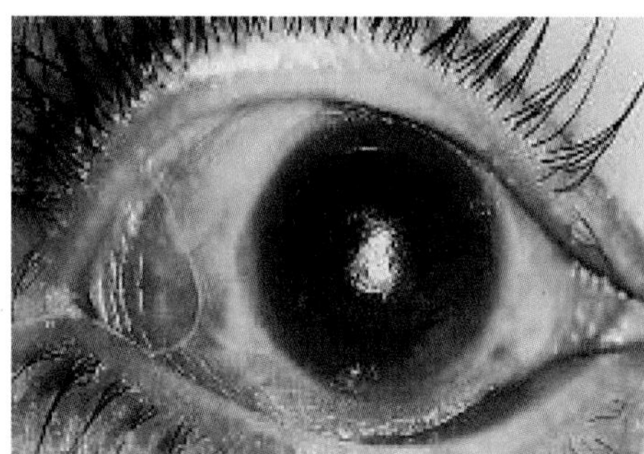

A. 안구 건조증 (심해지면 실명된다.)

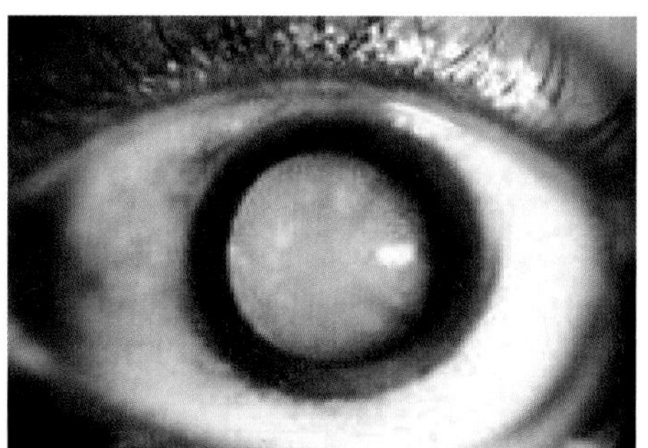

B. 실명 단계

7. 과잉증

매일 식사에서 녹황색 채소를 과량 섭취하면 피부가 노랗게 변한다. 이러한 증상은 카로틴이 풍부한 식품을 적게 먹음으로써 회복될 수 있으며 과량의 카로틴 섭취로 인한 유해한 결과로는 알려진 것이 없다. 한편, 비타민 A를 레티놀로써 과량 섭취하면(1일 5만IU 이상) 독성 증상이 나타나는데, 피부의 병변(가려움증과 두드러기)이 일어나고 머리카락이 빠지며, 결국은 간과 뼈에 손상이 온다. 어떤 환자들은 자기도 모르게 비타민 A 보충제를 과다 섭취하여 뇌 주위의 액압이 상승하는 증상으로 발전하게 되는데 그렇게 되면 의사들은 확실한 진상을 알기 전에 뇌종양인 것으로 의심하게 된다. 이와 유사한 현상은 1주일에 몇 번씩 간을 먹는 환자들에게서 볼 수 있다. 임신 중에 비타민 A를 다량 복용하게 되면 중추신경계 이상, 뇌수종 등 기형아 출산율이 높게 된다.

8-2 비타민 D(calciferol)

비타민 D는 체내에서 생성될 수 있는 비타민이며 영양적으로 가장 중요한 D_2와 D_3가 있다. 비타민 D_2는 맥각(ergot)과 효모(yeast) 등 식물성 식품 등에서 발견되며 자외선 조사에 의해 ergocalciferol이 형성된다. 동물성 식품에 들어 있는 형태인 cholecalciferol(비타민 D_3)은 피부에 있는 7-dehydrocholesterol이 자외선 조사에 의해 인체에서 합성되는 형태이며, 이것은 간과 신장에서 활성화된다(그림 8-6, 8-7).

비타민 D는 1922년 구루병 치료에 효과적인 항구루병 인자로 발견되었으며, 다른 비타민과 달리 자외선 조사에 의해 체내에서 합성되고 활성화되어 호르몬과 유사한 작용을 한다. 체내 비타민 D의 농도는 식품의 섭취에 의해서도 영향을 받지만, 자외선 조사에 의해 합성되기 때문에 인종, 피부색, 기후 조건, 지리적 조건 등에 의해서도 영향을 받는다. 피부색이 검은 인종과 위도가 높은 지역에 거주하는 사람은 체내에서 비타민 D의 합성이 낮으며, 자외선 차단제를 바르거나 노화에 의해서도 비타민 D의 합성은 감소한다.

1. 구조와 성질

비타민 D는 무색 침상의 결정이며 열에 안정하나 알칼리에서는 불안정하여 쉽게 분해되며 산성에서는 서서히 분해된다.

▌그림 8-6 **비타민 D 구조**

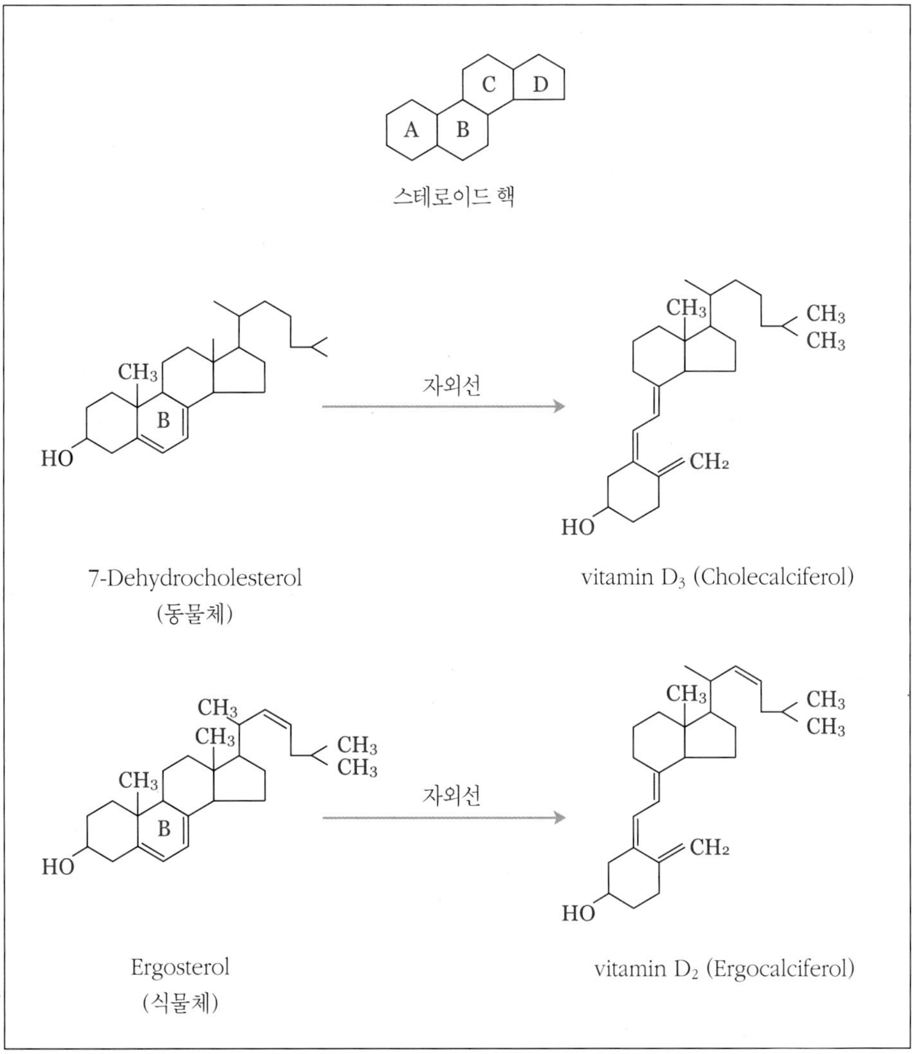

A B C D

스테로이드 핵

CH_3 B HO

자외선

CH_3 CH_3 CH_3 CH_2 HO

7-Dehydrocholesterol
(동물체)

vitamin D_3 (Cholecalciferol)

CH_3 CH_3 CH_3 CH_3 CH_3 B HO

자외선

CH_3 CH_3 CH_3 CH_2 HO

Ergosterol
(식물체)

vitamin D_2 (Ergocalciferol)

2. 흡수 및 대사

비타민 D는 식품 섭취와 피부에서 7-dehydrocholesterol을 활성화함으로써 얻을 수 있다. 섭취된 비타민 D는 소장에서 흡수되며 지방과 담즙의 도움을 받는다. 흡수된 비타민 D는 림프관을 통해 혈중으로 들어가고 주로 간에 저장되며 피부, 뇌, 비장 및 뼈에도 소량 저장된다. 비타민 D는 간에서 25-(OH)D_3로 전환되고 다시 혈액을 통해 신장으로 운반된 다음 활성형 비타민 D인 1,25-$(OH)_2D_3$로 전환된다. 이렇게 전환된 활성형 비타민 D는 세포 내에 있는 수용체와 결합하여 세포핵에서 특정 단백질을 합성하는 유전자의 자극을 유도한다. 이렇게 비타민 D는 호르몬과 유사하게 작용하여 Ca과 P의 대사와 기타 다양한 세포에서 세포의 분화와 증식 조절에 관여한다.

비타민 D의 배설은 장을 통하여 배설되고 젖이 분비될 때 비타민 D가 젖으로 옮겨지며 그 양은 식이 비타민과 햇빛 조사량에 따라 달라진다. 따라서 햇빛이 풍부한 여름 우유가 겨울 우유보다 비타민 D 함량이 많다.

▌그림 8-7 비타민 D의 활성화 과정

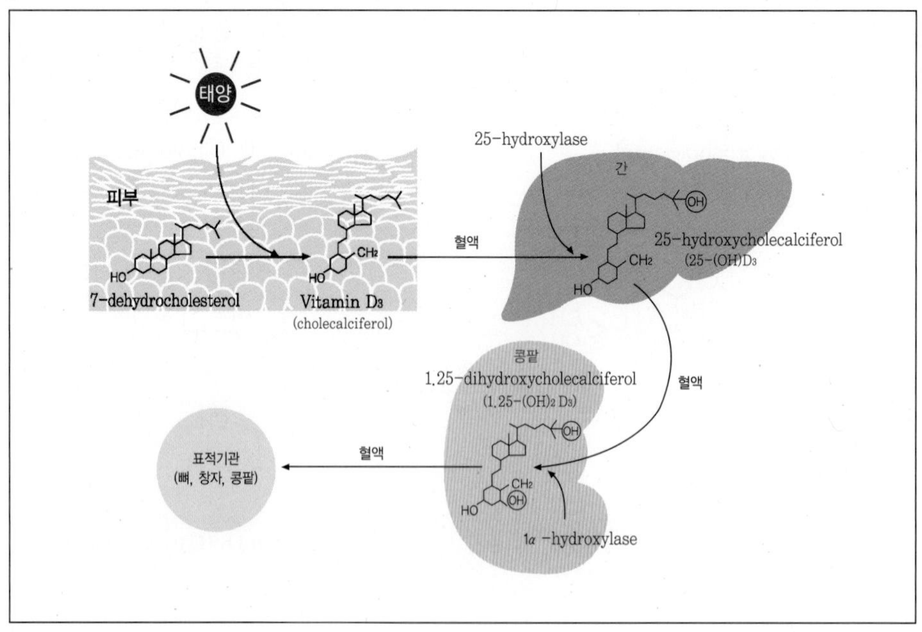

3. 기능

1) 칼슘대사

비타민 D는 간과 신장에서 활성화된 후에 체내에서 호르몬으로서 역할을 한다. 그 첫 번째 역할은 체내에서 Ca의 항상성 조절작용을 한다.

비타민 D는 혈청 Ca량을 상승시키기 위하여 골격의 분해를 증진시키는데 신장에서 생성되는 1,25-dihydroxy cholecalciferol[1,25-$(OH)_2D_3$]이 작용한다. 혈청 Ca량이 저하되면 부갑상선을 자극하여 부갑상선호르몬(PTH)의 분비를 촉진한다. 이 호르몬은 신장을 자극하여 1,25-$(OH)_2D_3$를 생산하도록 하며, 이것이 공급되면 소장에서의 Ca 흡수가 상승되거나 뼈에서 Ca이 용출되고, 신장의 세뇨관에서 Ca의 재흡수가 촉진되어 결국 혈액 Ca 농도가 상승한다. 일단 혈청 Ca량이 정상치로 도달하면 PTH의 생산이 중지되며, 동시에 신장에서 활성 비타민 D의 형성도 이루어지지 않는다. 이와 같이 1,25-$(OH)_2D_3$의 형성은 직접적으로 PTH에 의해 조절되고 간접적으로는 혈청 Ca량에 의해 조절된다. 혈청 P도 1,25-$(OH)_2D_3$의 생산을 조절한다. 혈청 P량이 낮을 때는 직접 1,25-$(OH)_2D_3$의 합성을 촉진시킨다. 1,25-$(OH)_2D_3$는 장에서 P의 흡수를 증가시키고 PTH가 없을 때는 신세뇨관으로부터 P의 재흡수를 증가시킨다. 또 혈청 P량이 높을 때나 요독증과 같은 장해가 있을 때에는 1,25-$(OH)_2D_3$의 생성이 저해되어 결국은 장에서의 Ca 흡수도 낮아진다.

이러한 작용들은 혈액 내 Ca과 P의 양을 일정 수준으로 유지시켜 정상적인 신경과 근육의 활동성을 위해 필요하다.

▌그림 8-8 비타민 D와 Ca 대사 과정

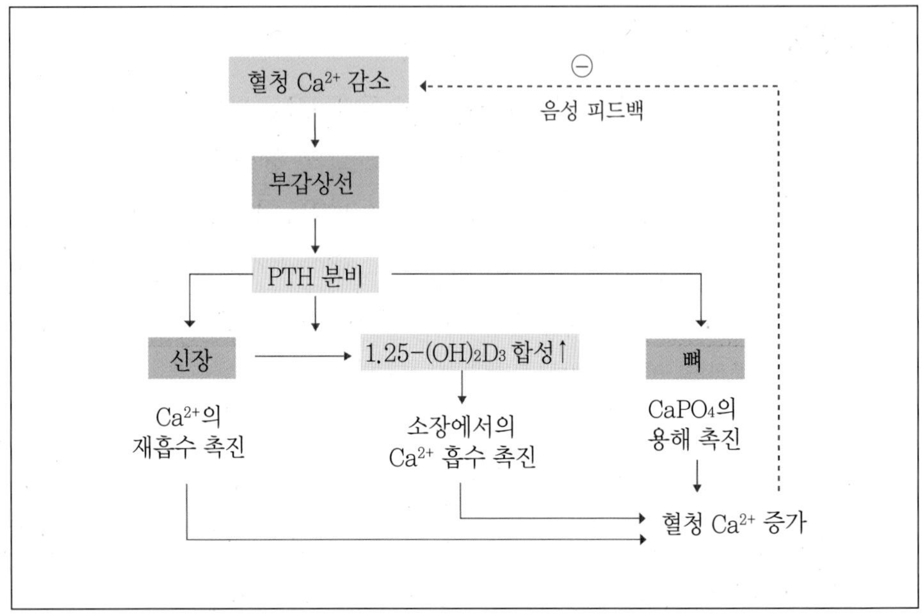

2) 기타 기능

비타민 D는 체내 Ca 대사에 관여하는 기능 이외에도 세포의 분화와 증식에도 작용한다. 특히 면역세포 조절에도 작용하여 비타민 D가 결핍되면 자가면역질환인 제1형 당뇨병과 류머티스성 질환의 발병률이 증가한다고 보고되고 있다. 또한, 상피세포와 악성 종양세포 등의 세포 증식 및 근육 발달에도 관련되어 있다. 최근 비타민 D 섭취와 유방암, 대장암, 전립선암과의 관련성에 관한 연구가 보고되고 있으며, 췌장에서의 인슐린 분비에도 중요한 역할을 한다고 보고되고 있다.

4. 영양섭취기준

비타민 D는 자외선 노출로 피부에서 생합성되는 특수성이 있고, 우리나라에서는 아직까지 비타민 D의 필요량을 추정할 수 있는 과학적 근거가 부족하므로 충분섭취량을 설정하였다. 충분섭취량은 혈중 25-하이드록시비타민 D(25-Hydroxyvitamin D, 25-(OH)D가 적정 수준을 이루는 섭취량을 근거로 하여 설정하였다. 우리나라는 뚜렷한 사계절을 가지고 있어 특정 계절에는 햇빛으로부터 비타민 D를 충분히 합성하기 어려우며, 생활 패턴의 변화로 자외선을 통한 비타민 D 합성을 기대하기가 어려운 실정이다. 이에 비타민 D 부족 문제를 개선하기 위해 2015년부터 성인의 비타민 D 충분섭취량을 5㎍에서 10㎍으로 상향 조정하였다. 청소년 역시 실외 활동량 부족으로 자외선으로부터 비타민 D를 충분하게 합성하기 어려우므로, 성인에서와 같이 하루 10㎍으로 상향 조정하였다. 상향 조정된 성인의 충분섭취량을 기준으로 65세 이상 노인의 경우, 하루 15㎍로 상향 조정하였다. 임신·수유부의 경우는 성인의 충분섭취량이 상향 조정됨에 따라 부가량을 제시하지 않았다. 영아는 모유섭취량을 기준으로 충분섭취량을 5㎍/일로 하였고, 유아와 아동은 성인의 섭취량을 기준으로 하여 5㎍/일로 설정하였다.

비타민 D의 과잉 섭취로 인해 고칼슘혈증이 발생하는 섭취량을 근거로 성인의 상한섭취량을 100㎍/일로 설정하였다. 노인과 임신·수유부도 성인과 동일하게 100㎍/일로 설정하였다.

5. 급원 식품

비타민 D는 식품에서 쉽게 얻어질 수 없으므로 우유 등에 비타민 D를 강화하여 성장기 어린이들에게 보급함이 필요하다.

다른 주요한 급원으로는 비타민 D가 강화된 마가린, 버터, 달걀노른자, 강화된 우유로 만들어진 제품, 버섯과 주로 기름기가 많은 정어리, 연어와 같은 생선 등이 있다. 대구 간유는 비타민 D의 매우 유력한 급원이나 비타민 D의 과량 섭취는 독성을 나타내기 때문에 섭취량을 주의 깊게 조절해야 한다. 비타민 D는 보통 조리법이나 가열 처리, 저장에 안정하다.

6. 결핍증

체내에 일정 기간 이상 비타민 D가 부족하게 되면, 뼈의 석회화가 충분히 일어나지 않기 때문에 뼈가 연해지고 변형되기 쉽다. 이러한 현상이 어린이에게 일어나면 구루병(rickets)이라 하는데, 이 특징은 골단 비대가 생기고 골격의 비정상적인 발달로 다리가 휘어져서 안짱다리 또는 밭장다리가 된다. 늑골에서는 골연골의 접합점이 굵어져서 구슬 같은 뼈돌기가 튀어나와 심하면 흉곽의 모양이 변해서 새가슴, 비둘기 가슴이 된다[그림 8-9]. 어린이에게는 치아에도 영향을 미쳐 빠진 치아가 다시 나오는데 상당한 기간이 지연된다.

▌그림 8-9 **비타민 D의 결핍증**

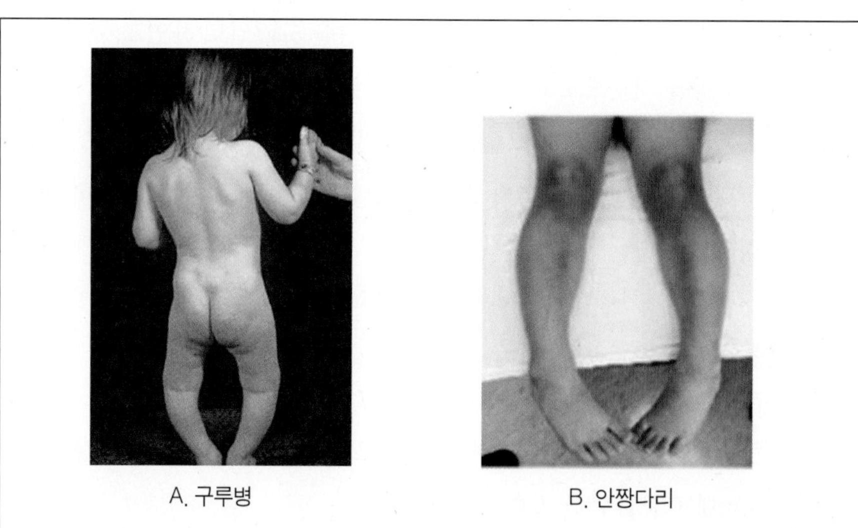

A. 구루병　　B. 안짱다리

성인에게 비타민 D 결핍증은 골연화증(osteomalacia)과 골다공증(osteoporosis)이 있다. 골연화증은 성인의 구루병으로 이미 형성된 뼈의 탈무기질화가 일어나서 뼈가 연해지며 골절되기 쉽다. 골다공증은 폐경 이후의 부인에게 나타나는 뼈질환으로 뼈가 비정상적으로 다공성이 되며 구멍이 확대되고 간격이 비정상적으로 되며 쉽게 골절이 된다.

7. 과잉증

비타민 D는 모든 비타민들 중에 가장 큰 독성을 가지고 있다. 유아에게는 하루에 2,000IU만큼의 적은 양의 비타민 D라 할지라도 일주일 안에 독성이 나타난다. 성인에게는 7만 5,000IU 이상 복용하면 독성이 나타나는데, 증상은 식욕이 없어지며 갈증과 피로가 오며 오심, 구토, 설사가 따르며 혈청 Ca 수준을 높이고 연조직에 Ca을 침착시키고 간과 심장혈관에 회복될 수 없는 손상을 가져온다. 특히 신장조직은 쉽게 Ca화되는 경향이 있어 사구체 여과와 배설기능에 영향이 미쳐 결국에는 치명적이 된다.

8-3 비타민 E (tocopherol)

비타민 E를 토코페롤(tocopherol)이라고 한다. 그 어원은 'tocos'가 그리스어로 자녀 출산, 'pheros'은 동사로 힘을 부여한다는 의미이다.

우리가 섭취하는 식물성 식품에 함유된 비타민 E는 서로 다른 생물학적 활성을 갖는 4개의 토코페롤(α, β, γ, δ)과 4개의 토코트리에놀(tocotrienols)(α, β, γ, δ)을 포함한 8개의 천연 화합물로 구성되어 있다. 이 중 생물학적 활성이 가장 높은 것은 α-토코페롤이다.

1. 구조와 성질

비타민 E는 담황색의 점도가 있는 유상 물질로 물에는 불용이지만 기름에 용해된다. 산에 가장 안정하고 산소가 없을 때 열에 안정하다. 자외선, 알칼리, 그리고 산소에 의해 즉시 분해된다. 토코페릴 아세트산(α – tocopheryl acetate)은 가열과 산화에 안정한 형으로 α – 토코페롤을 가진 아세트산 축합 반응에 의해 생성된다. 안정성을 가진 천연 α – 토코페롤을 동물 사료, 식품, 비타민제와 여러 가지 의약품에 첨가하기도 한다.

2. 흡수 및 대사

비타민 E는 다른 지용성 비타민과 같이 지방과 담즙의 도움을 받아 소장에서 흡수된다. 일반적으로 섭취량의 20~30%가 흡수된다. 정상인의 총 혈청 토코페롤 농도는 0.5~1.2mg/100ml로써 83%는 α – tocopherol이다.

흡수된 비타민 E는 소량 저장되는데 주로 지방조직에 저장되며 비타민 E의 배설 퀴논으로 산화되어 주로 담즙을 통해 배설되고 적은 양이 소변으로 배설된다.

▌그림 8-10 **비타민 E의 구조**

α−tocopherol

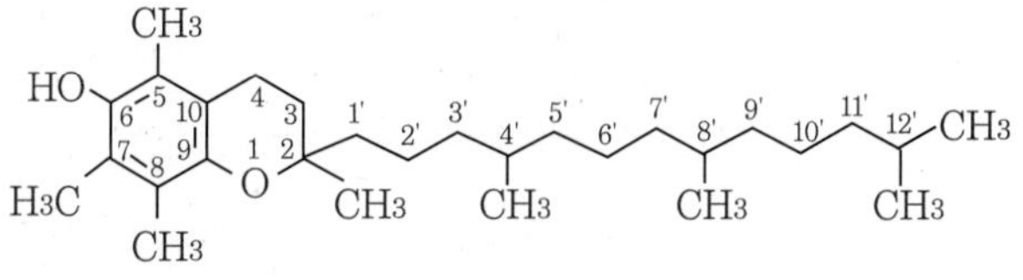

α−tocotrierol

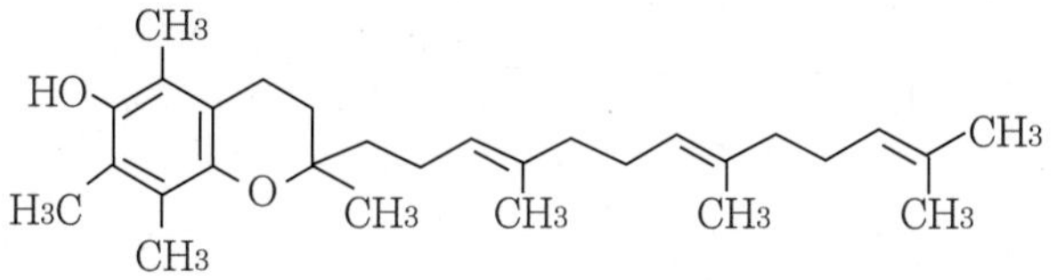

3. 기능

비타민 E는 항산화제로서 작용하고, 체내 대사를 정상으로 유지하는 데 큰 기능을 하는 것으로 알려져 있다.

비타민 E는 다른 물질들이 산소와 결합되고 손상되는 것을 방지한다. 그 예로 비타민 E와 함께 존재하는 비타민 A는 산화로부터 보호된다. 또한, 비타민 E의 항산화 기능은 다른 항산화 영양소인 비타민 C와 셀레늄이 있을 때에 더 강화된다. 비타민 E는 다가불포화지방산(PUFA)을 산화로부터 보호하기도 한다. 따라서 다가불포화지방산의 섭취가 증가하면 비타민 E의 필요량도 함께 증가된다. 이러한 항산화제로서의 작용은 식품에서 뿐만 아니라 체내의 세포막에 PUFA가 있는 부분에서도 일어난다. 예를 들면 적혈구 세포막이 유리 라디칼(free radical)에 의해 손상되면 적혈구가 파괴되어 용혈 현상이 발생한다. 이렇게 비타민 E는 적혈구 세포막을 산화로부터 보호하게 된다. 한편, 비타민 E는 전자 운반계에서 coenzyme Q를 안정화시키고, coenzyme Q로 전자를 운반함으로써 세포 내 호흡에 관여하고 있다. 또한, 비타민 E는 heme 합성에 관여하는 효소인 δ – aminolevulinic acid synthetase(ALA synthetase)와 ALA dehydratase의 활성을 상승시켜 heme 합성을 촉진시킨다. 따라서 비타민 E가 결핍되면 빈혈이 생긴다.

4. 비타민 E와 다른 영양소와의 관계

1) 비타민 A

야맹증 치료와 어린이의 안구건조증 예방을 위한 비타민 A와 비타민 E의 혼합물이 비타민 A만으로 치료하는 것보다 단축되었다. 이 작용은 확실치 않으나 장(腸) 안에서의 항산화제 작용으로 인한 것으로 생각된다.

2) 셀레늄

세포막에 산화작용의 손상을 예방하는 데 있어서 비타민 E와 셀레늄의 역할은 중요하다. 비타민 E는 세포막에서 지질로부터 과산화물 형성을 저지하며, 셀레늄은 글루타치온 과산화물 분해효소(glutathione peroxidase)의 구성 성분으로서 과산화 물질을 다른 물질(alcohol 등)로 전환시키므로 세포의 파괴를 저지시켜 준다.

5. 영양소 섭취기준

비타민 E는 다양한 활성형이 있어 권장량은 TE(tocopherol equivalent)로 정하고 있다. 1TE는 1mg의 천연 알파-토코페롤이 갖는 활성으로 천연식품의 다른 토코페롤들의 비타민 E의 활성 정도를 계산할 때에는 베타-토코페롤은 0.5를 곱하고, 감마-토코페롤은 0.1, 그리고 알파-토코페롤(mg)의 경우에는 0.3을 곱하면 된다. 합성 토코페롤이 식품에 첨가된 경우에는 0.74를 곱하여 준다.

한국인의 비타민 E에 대한 연구 자료는 충분치 않아 비타민 E의 섭취기준은 충분섭취량으로 설정하였고, 혈중 α-토코페롤 농도를 일반적 기능 지표로 이용하였다. 특히 비타민 E 섭취기준 설정에서는 성별 비타민 E 필요량을 다르게 설정할 과학적 근거가 부족한 관계로 성별과 관계없이 동일하게 19세 이상의 성인은 12mg α-TE/일로 제정하였다. 한국인 노년층은 비타민 E의 노화 방지 기능 등을 고려하여 성인과 동일한 기준을 적용하였다. 임신부의 경우 비임신기 충분섭취량을 섭취하였을 때의 문제가 보고된바 없으므로 비임신 여성과 동일하게 책정하였고, 수유부의 경우 모유로 분비되는 비타민 E의 양이 1일 평균 3.0mg으로 보고되어 있으므로 1일 비타민 E 충분섭취량은 비수유 여성의 충분섭취량에 3.0mg을 가산하였다. 19세 이상 성인의 1일 비타민 E 상한섭취량은 540mg α-TE이다.

6. 급원 식품

비타민 E는 주로 식물성 식품에서 얻어진다. 가장 풍부한 급원으로는 배아유나 면실유 같은 식물성 기름으로 이것을 원료로 하여 만든 마요네즈, 그 밖의 샐러드 드레싱, 여러 가지 마가린과 유지들은 좋은 공급원이 된다. 이러한 다가불포화지방산을 많이 함유하고 있는 식물성 식품은 일반적으로 비타민 E 또한 많이 함유하고 있으므로 식물성 지방을 섭취하면 필요로 하는 것보다 많은 비타민 E가 자동적으로 섭취된다. 이외에도 푸른 잎의 채소와 전곡도 좋은 식품이다. 동물성 식품으로는 비록 적은 양의 비타민 E를 함유하고 있으나 간, 심장, 신장, 우유, 달걀 등은 좋은 급원이다.

7. 결핍증 및 과잉증

비타민 E의 결핍 증상은 비타민 E의 결핍 식이를 주었을 때 동물의 종류에 따라서 크게 다르다. 쥐 실험에서는 불임증, guinea pig, 토끼 등에서는 근위축증, 닭의 경우에는 중추신경장애, 원숭이는 거대적혈구성 빈혈 등의 증상이 나타난다. 사람에게 나타나는 결핍 증상은 혈청 비타민 E 농도 저하, 적혈구와 산화 수소 용혈 항진, 빈혈, 적혈구 수명 단축, 혈소판 증가, 부종, 습진 등이 있다. 비타민 E가 유리 radical로부터 세포막의 손상을 막아 세포의 돌연변이를 예방할 수 있기 때문에 비타민 E의 결핍은 암의 유발에 관여하기도 한다. 또한, 비타민 E는 동맥경화와 순환계질환의 원인이 되는 LDL-콜레스테롤의 산화를 막아 주어 비타민 E 결핍은 순환계질환의 발생을 유발한다. 비타민 E의 과다한 섭취는 비타민 K 결핍으로 인해 생긴 혈액응고 지연을 더욱 악화시킨다. 과거에 체중 미달 신생아에게 비타민 E 조제액을 정맥주사한 결과 사망률이 증가되었음이 알려졌었다.

8-4 비타민 K (phylloquinone, menaquinone)

비타민 K는 혈액응고에 필수적인 비타민이다. 비타민 K는 '응고'의 덴마크 철자인 koagulation의 'K'이며 이 비타민은 혈액응고에 필수적이다. 비타민 K가 결핍이 되면 혈액이 응고되는 시간이 길어지고 심하면 전혀 응고되지 않아 출혈이 멈추지 않게 된다. 비타민 K의 형태는 녹색 식물계에서 합성된 필로퀴논(phylloquinone; 비타민 K_1)라 하는 것과 박테리아에 의해 합성된 메나퀴논(menaquinone; 비타민 K_2)라는 것이 자연계에 존재한다. 인공적으로 합성한 수용성 메나디온(menadione; 비타민 K_3)은 현재 상업적으로 이용되고 있다.

1. 구조와 성질

화학적으로 비타민 K는 퀴논(quinones)의 계열로 천연물로부터 분리된 비타민

그림 8-11 비타민 K의 구조

비타민 K_1 (phylloquinnone)
(녹색 채소)

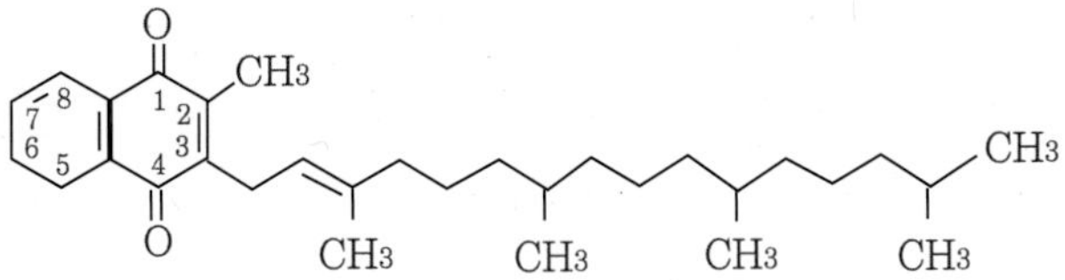

비타민 K_2 (menaquinone)
(세균, 동물성)

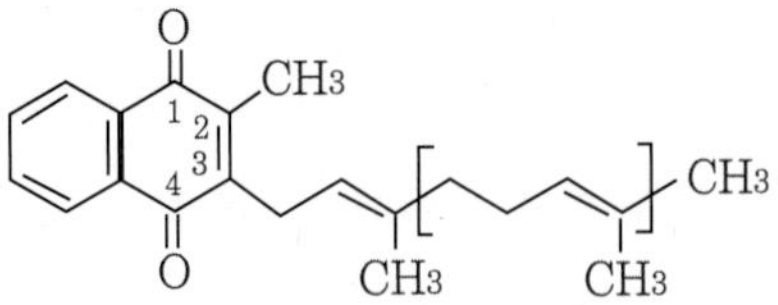

비타민 K_3 (menadione)
(합성품)

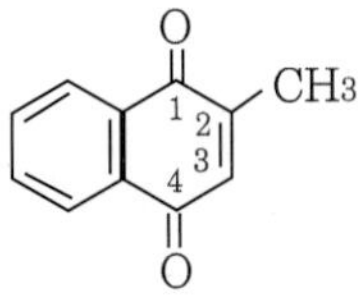

K_1은 4개의 이소프렌 단위로 되어 있고 비타민 K_2는 이소프렌 단위로 된 곁가지를 갖고 있으나 합성 비타민 K_3는 곁가지가 없다[그림 8-11].

비타민 K는 황색의 비타민으로 지용성이고 열에 안정하며 알칼리, 강산, 산화와 빛에는 불안정하다. 메나디온은 수용성으로 황색을 띠며 열에 안정하나 알칼리, 산화에 불안정하다.

2. 흡수와 대사

비타민 K는 지용성이므로 최적 흡수를 위해서 장에서 담즙 또는 담즙산이 필요하다. 반면 수용성 메나디온은 쉽게 흡수된다. 흡수는 림프관을 통해 소장 상부에서 이루어진다. 체내 비타민 K는 식품으로 흡수되는 것 이외에도 대장 내 박테리아에 의해서도 일부 합성되어 대장의 상피세포에서 혈액으로 흡수되기도 한다.

3. 기능

비타민 K는 혈액응고에 필요하다. 신체가 상처를 입었을 때 비타민 K가 근본적으로 상처를 막고 심한 출혈을 방지해 준다. 가장 중요한 기능은 혈액응고의 형성으로 혈액응고가 되는 동안의 여러 가지 반응을 간략하게 요약하면 [그림 8-12]와 같다. 비타민 K는 카르복실화 효소의 조효소로 작용하여 간에서 혈액응고 인자인 프로트롬빈(prothrombin)의 합성에 관여한다. 혈액응고가 일어나기 위해서는 적어도 13개 인자가 필요하다[표 8-5]. 사람들에게 비타민 K가 매우 결핍되었을 때 출혈이 일어나며 혈액이 응고되기까지 정상인보다 오래 걸리게 된다. 임상 증상으로는 피부 아래 창상 또는 좌상으로부터 출혈이 된다.

비타민 K는 골격과 치아의 형성에 필요한 단백질인 오스테오칼신(osteocalcin)의 카르복실화도 촉매하여 칼슘과 결합할 수 있게 하여 뼈의 강도에도 영향을 준다. 혈액 내 비타민 K의 농도가 낮으면 골밀도가 저하되어 골절의 위험이 증가하게 된다.

4. 항비타민 K

혈액응고를 저해하는 항응고제를 항비타민 K(비타민 K 길항제)라고 한다. 이것들은 혈액응고 인자의 형성화에 있어서 비타민 K의 작용을 방해하는데 작용한다. 즉 프로트롬빈 합성을 방해하는 항응고제로 작용한다. 쥐약인 와파린(warfarin)은 비타민 K의 대사 길항작용에 의해 혈액응고를 저해한다. 디큐마롤(dicumarol)과 하이드로큐마롤(hydrocoumarol)도 비타민 K의 길항제로 수술 후의 혈전증(thrombosis)과 관상동맥 심장병의 예방과 치료에 사용된다.

5. 영양섭취기준

비타민 K는 일반 식사로부터 장내세균에 의해 합성되므로 성인에게는 결핍증이 거의 없다. 태어났을 때 유아는 체내에 매우 적은 양의 비타민 K를 가지고 있다. 그러한 유아가 상처를 입게 되면, 그 혈액은 성인들처럼 빨리 응고되지 않아서 과도한 출혈이 될 듯하다. 이의 보호책으로서 유아가 태어난 후 바로 비타민 K를 주사하거나 짧은 기간 동안 매일 비타민 K 보충제를 먹게 할 것을 권장하고 있다.

비타민 K 영양섭취기준은 충분섭취량만 설정하였는데 성인 남자 75㎍, 성인 여자 65㎍이다.

▌그림 8-12 **혈액응고 기전**

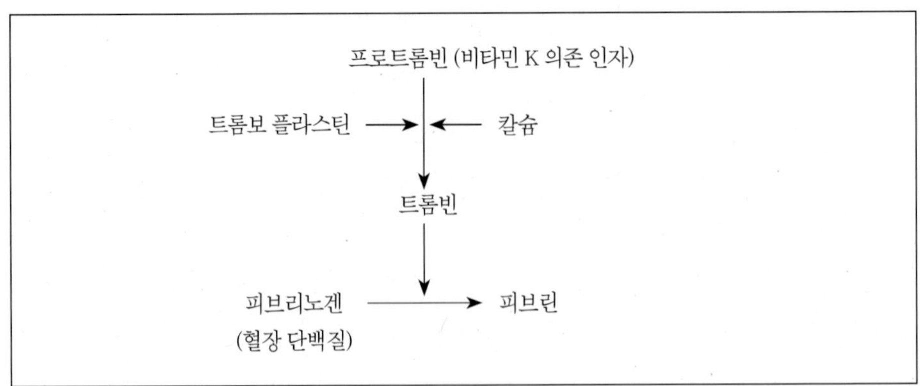

▌표 8-5 혈액응고 인자의 이름

인 자	이 름	혈장 내 유무	비타민 K 의존성
Ⅰ	fibrinogen		
*Ⅱ	prothrombin		+
Ⅲ	tissue factor	+	
Ⅳ	calcium		
Ⅴ	proaccelerin	+	
*Ⅵ			
Ⅶ	proconvertin		+
Ⅷ	antihemophilic factor	+	
*Ⅸ	plasma thromboplastin component(PTC)	+	+
*Ⅹ	stuart factory		+
Ⅺ	plasma thromboplastin antecedent	+	+
Ⅻ	hageman factor	+	
XIII	fibrin-stabilizing factor		

※주: 인자 VI에는 이들 물질이 관여하지 않는다.
T: 비타민 K가 관여하는 혈액응고 인자

6. 급원 식품

식품으로 공급되는 비타민 K는 식물성 식품에서 필로퀴논의 형태로 제공되며, 주요 급원은 녹색 채소(양배추, 시금치, 대두 등)와 차이다. 동물성 식품으로부터는 메나퀴논 형태로 제공되며 동물의 간이 주요 급원이다. 양은 적은 편이지만 과일, 곡류, 우유, 달걀, 고기 등도 비타민 K의 공급원으로 이용될 수 있다. 장내세균으로부터 합성된 메나퀴논도 주요 공급원이다.

7. 결핍증

비타민 K의 결핍증 중 문제가 되는 것은 신생아(일차성) 출혈증, 유아 비타민 K 결핍성 출혈증, 완전경정맥 영양하에 있는 환자의 비타민 K 결핍증, 항생 물질을 투여받고 있는 환자의 비타민 K 결핍증, 담즙 분비 부전이 있는 환자이다. 특히 신생아는 출생 시에 있어서 비타민 K 비축이 적을 경우 장내세균 층도 미숙하기 때문에 장내세균이 합성하는 K_2의 공급도 낮다.

비타민 K의 과잉증은 자연식품의 섭취에서는 거의 나타나지 않지만, 합성 비타민 K인 메나디온은 과잉 섭취하였을 때 영아에게서 황달과 출혈성 빈혈과 같은 증상이 나타날 수 있다.

표 8-6 지용성 비타민의 요약

비타민 (화학명)	급 원	기능	결핍증	과잉증	영양섭취기준	안정성
비타민 A (retinol) provitamin A (carotene)	간, 난황, 버터, 강화마가린, 녹황색 채소, 과일(토마토, 당근, 시금치)	rhodopsin 생성, 상피조직의 형성과 유지, 항산화제로서 작용	각막건조증, 야맹증, 상피조직의 각질화, 불완전한 치아 형성, 성장 저해	두통, 탈모, 창백	권장섭취량 19~29세 성인남자: 800㎍ RAE 19~49세 성인여자: 650㎍ RAE 임신부: 720㎍ RAE 수유부: 1,140㎍ RAE	큰 문제 없다.
비타민 D (calciferol)	생선기름, 강화우유, 대구간유, 버터, 달걀(식품이 중요한 것이 아니고 햇볕에 쏘임이 중요)	Ca과 P의 흡수 촉진, 골격의 석회화	어린이: 구루병, 골격성장 부진 성인: 골연화증	구토, 피로, 신장 결손	충분섭취량 성인(남여): 10㎍ 임신부, 수유부: 10㎍	없다.
비타민 E (tocopherol)	식물성 기름과 그 제품들, 푸른 채소	세포막 손상을 저해하는 항산화제로서 비타민 A, 불포화지방산의 항산화제 Se과의 관련, 동물의 생식 능력	적혈구의 용혈작용: 빈혈, 신경학상의 영향, 불임증(쥐)		충분섭취량 성인(남여): 12mg α-TE 임신부: 12mg α-TE 수유부: 15mg α-TE	산화와 175℃ 이상 가열로 파괴
비타민 K1 (phylloquinone)	녹황색 채소 차, 치즈, 난황, 간, 해초, 토마토	혈액응고작용: prothrombin 합성에 수적, 인산화 과정에 보조효소로 작용, 단백질 형성에 도움	신생아의 출혈, 혈액응고 결여로 심한 출혈		충분섭취량 성인 남자: 75㎍ 성인 여자: 65㎍	대부분 조리에 안정

CHAPTER

09

수용성 비타민

수용성 비타민

비타민은 세포의 정상적인 대사작용에 관여하는 유기화합물로 성장이나 생명 유지를 위해 필요한 영양소이다. 인체의 요구량은 극소량이나 체내에서 합성되지 않거나, 또는 필요한 양만큼 충분히 합성되지 않으므로 반드시 식품을 통해 섭취해야 한다. 대부분의 수용성 비타민은 체내에서 탄수화물이나 지질 및 단백질 등의 열량 영양소 대사를 돕는 조효소의 구성 성분[그림 9-1]으로 작용하며, 그 이외에 다양한 생리기능에도 관여한다.

수용성 비타민에는 크게 비타민 B 복합체와 비타민 C로 나누며, 비타민 B 복합체에는 티아민(비타민 B_1), 리보플라빈(비타민 B_2), 니아신, 비타민 B_6, 판토텐산, 비오틴, 엽산, 비타민 B_{12} 등이 포함된다.

▌그림 9-1 **조효소 기능**

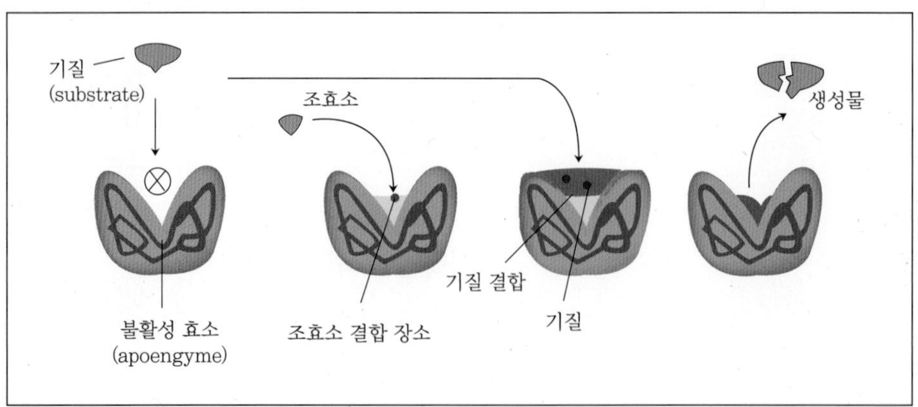

9-1 비타민 B 복합체

1. 티아민

티아민(thiamin)은 각기병(beriberi)에 대한 연구로 시작하였다. 1885년 일본 해군 장교인 카네히로 타카키(Kanehiro Takaki)가 백미 위주의 식사로 각기병에 노출된 군인에게 고기, 우유 등을 보충함으로써 각기병이 개선될 수 있음을 보고하였다. 처음에는 안티-뉴리틱(anti-neuritic) 비타민이라 하여 아뉴린(aneurin)으로 불렸으며, 이후에 황을 의미하는 티오(thio)와 질소를 의미하는 아민(amine)을 함유한 화합물이라는 뜻에서 티아민이라고 명명하였다.

1) 구조와 성질

티아민은 황(thio)을 함유하고 있으며, 피리미딘과 티아졸의 각각의 고리가 메틸렌 다리에 의해 연결된 구조이다. 물에 녹는 성질을 가지고 있으며 열에 불안정하기 때문에 100℃ 이상 가열하면 파괴되고, 산성 용액에는 비교적 안정하나 중성이나 알칼리 용액에서는 불안정하다[그림 9-2].

그림 9-2 **티아민과 티아민피로인산 구조**

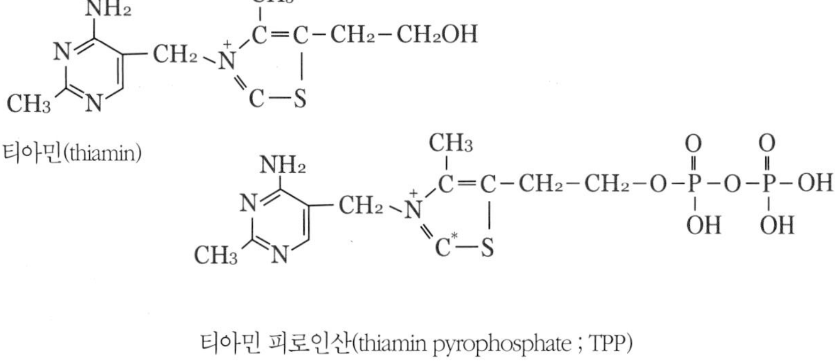

티아민(thiamin)

티아민 피로인산(thiamin pyrophosphate ; TPP)

2) 흡수 및 대사

음식물로 섭취한 티아민은 주로 소장 상부 공장에서 대부분 신속하게 흡수되어 간으로 이동하여 인산화되고 조효소 형태인 TPP(thiamin pyrophosphate)를 형성한다. 체내 총 티아민의 80%가 티아민 피로인산(TPP)의 형태로 존재하며, 티아민 및 대사물은 주로 소변으로 빠르게 배설된다. 따라서 티아민을 과량 섭취하더라도 체내 저장량은 매우 적어 성인의 경우 약 25~30mg 정도로, 티아민 결핍이 1~2주일 지속되면 티아민 수준이 고갈되어 결핍증이 유발된다. 그러므로 티아민의 결핍을 예방하기 위해서는 지속적인 섭취가 필요하다.

3) 기능

티아민은 thiamin pyrophosphate(TPP)의 형태로 알파케토산(α - keto acid)과 α - keto 당질대사의 보조 효소로서의 기능을 한다. 티아민은 피루브산의 산화적 탈탄산 반응(CO_2 제거)으로 아세틸 CoA 생성에 관여하며, 5탄당 인산회로(pentose phosphate 또는 hexose monophosphate, HMP)에서 트랜스케톨라아제(transketolase)를 활성화하는데 작용한다.

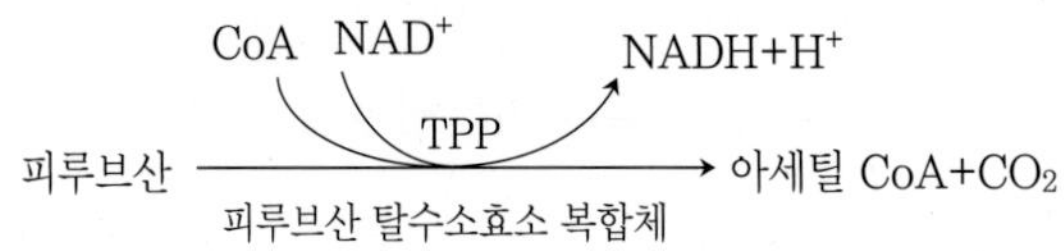

CoA NAD$^+$ NADH+H$^+$

TPP

α-케토글루타르산 → 숙시닐 CoA+CO_2

α-케토글루타르산 탈수소효소 복합체

4) 영양 문제

티아민 결핍증은 음식으로의 섭취 부족, 체내 이용률 증가(임신, 수유), 소화 흡수 장애, 그리고 알코올 과다 섭취 등에 의해 유발된다. 티아민 부족증은 초기에 뚜렷한 증상이 없으면서 진행될 수 있기 때문에 무시하기 쉽다.

티아민의 결핍이 장기화되면 임상적인 증상으로 소화기계, 신경계, 심장계에 나타나서 각기병, 다발성 신경염, 부종, 심장기능의 이상 등을 초래한다. 가벼운 결핍 증세로는 식욕 감퇴, 허약, 권태, 부종, 혈압 저하, 체온 저하 등이며 심한 결핍 증세로서는 복부 팽창, 복통, 구토, 식욕 감퇴 등이 있다. 만성 결핍증은 알코올 중독, 흡수 불량으로 일어난다.

각기병에는 건성 각기와 습성 각기가 있는데[그림 9-3], 건성은 다리의 근육이 위축되고 근조직이 약해져 통증을 유발하며, 습성은 심장이 확대되고 심장고동이 고르지 않게 되어 정맥 혈압이 높아지고 그 결과 부종이 발생한다.

▌그림 9-3 **각기병 환자**

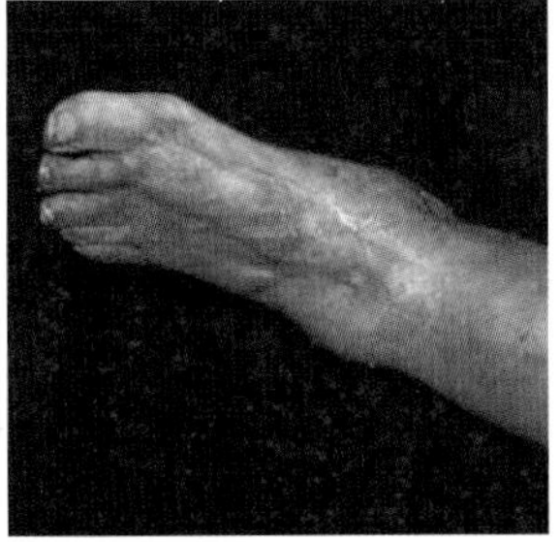

그 밖에 각기병에 걸리면 소변 중의 티아민 배설량이 적어지고, 적혈구 세포의 트렌스케톨라아제 활성이 감소되며, 혈액 내 피루브산량이 증가된다.

또한, 알코올 섭취에 의한 영양 결핍 시 기억력장애나 정신착란 등의 증상을 보이는 베르니케-코르사코프 증후군(Wernike-Korsakoff syndrome)이 발생하기도 한다.

5) 영양소 섭취기준

티아민의 섭취기준으로 12개월 미만의 영아는 충분섭취량을, 1세 이상의 모든 연령층에는 평균필요량과 권장섭취량을 설정하였다. 성인의 1일 티아민 권장섭취량은 남자 1.2mg, 여자 1.1mg이다(2020 한국인 영양섭취기준).

6) 급원 식품

티아민은 대부분의 식품에 소량이 함유되어 있다. 주요 급원 식품으로 돼지고기, 맥주 효모, 강화 곡류, 콩류, 감자류 등이며, 녹색 채소, 생선, 육류, 과일 그리고 우유 등에도 적당량 들어 있다. 급원 식품은 다음 [표 9-1]과 같다.

표 9-1 티아민 급원 식품

식품명	1인 1회 분량(g)		1회 분량당 함량(mg)	100g당 함량(mg)
돼지고기	1 접시	60	0.4	0.61
햄	1 접시	60	0.1	0.16
현미	1 공기	90	0.2	0.23
부추	1 접시	70	0.3	0.41
해바라기씨	1큰 술	10	0.2	2.10
땅콩	1큰 술	10	0.1	0.51
밤	큰 것 3 개	100	0.3	0.25
감자	중 1 개	130	0.1	0.06
백미	1 공기	90	0.1	0.14
귤	중 1개	100	0.1	0.09
식빵	3 조각	100	0.1	0.13
시리얼	콘플레이크	40	0.4	1.09
파김치	1 접시	40	0.1	0.14

2. 리보플라빈

리보플라빈(riboflavin)은 1913년에 발견되었으며 쥐의 성장을 촉진시키는 수용성 물질로서 우유에 들어 있는 성분이다. 리보플라빈의 플라빈(flavin)은 라틴어로 노란색이라는 의미이며 리보플라빈은 전자를 쉽게 얻거나 잃을 수 있어 산화형이나 환원형으로 존재한다.

1) 구조 및 성질

리보플라빈은 이소알록사진(isoalloxazine)핵에 리비톨(ribose의 알코올)이 결합된 것으로 수용액에서는 독특한 녹황색 형광을 띤다[그림 9-4]. 또한, 수용액에서는 자외선 및 적외선에 극히 예민하여 곧 파괴된다. 식품에 들어 있는 리보플라빈은 조리하는 과정에서는 잘 파괴되지 않으나, 투명한 병에 들어 있는 우유를 햇볕에 2시간 정도 노출시키면 리보플라빈 함량의 반 이상이 파괴된다.

2) 흡수 및 대사

리보플라빈이 들어 있는 식품은 FMN과 FAD 형태로 단백질과 결합한 상태로 존재한다[그림 9-4]. 이들 식품을 섭취하면 위에서 산성화되고 장에서 단백질이 분해되면서 리보플라빈이 유리되어 소장 상부에서 흡수된다. 흡수된 리보플라빈은 알부민이나 글로불린과 결합하여 간으로 운반된다.

흡수된 리보플라빈은 장점막에서 FMN으로 인산화된 후 문맥을 거쳐 간이나 신장, 심장 등에서 FAD로 전환된다. 유리 리보플라빈은 적게 들어 있으며, 간과 신장에 소량의 리보플라빈이 저장되어 있다. 리보플라빈은 주로 소변을 통해 배설되며 소량은 대변으로 배설된다.

▌그림 9-4 리보플라빈과 FMN, FAD의 구조

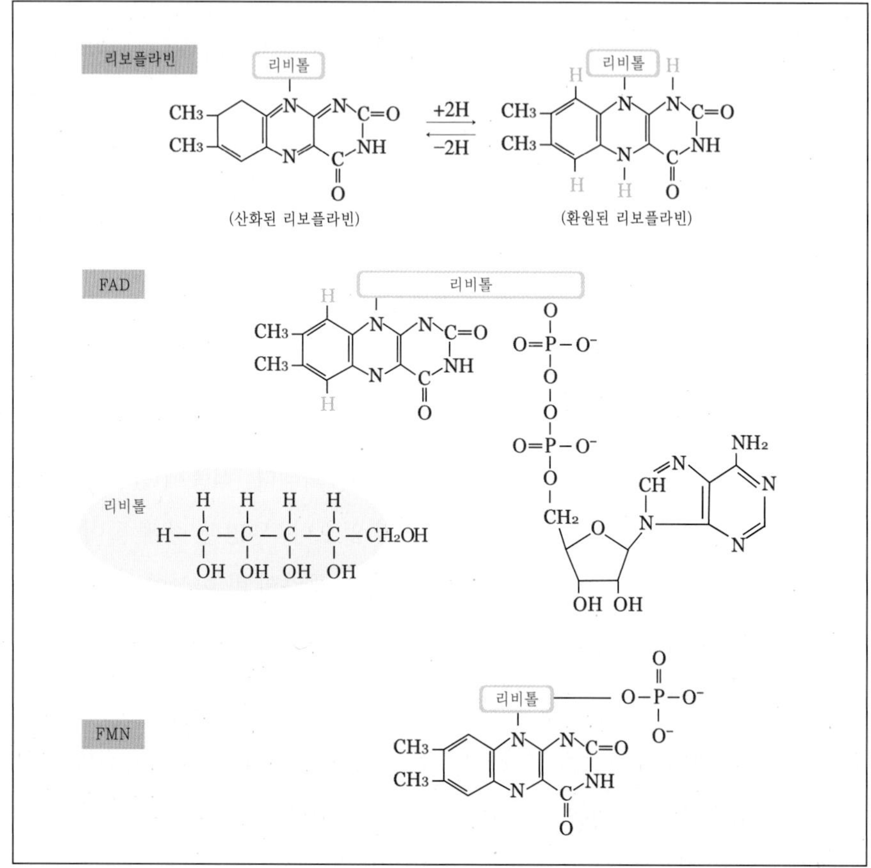

3) 기능

리보플라빈은 체내에서 일어나는 에너지대사의 산화환원 반응에 관여하는 효소의 조효소인 FMN(flavin mononucleotide)과 FAD(flavin adenine dinucleotide)를 형성한다. 이들 효소에는 생체 내의 전자 이동에 관여하며, 탈수소효소(dehydrogenase)와 산화효소(oxidase)에 작용하는데 이들은 미토콘드리아 내에 들어 있어 산화환원 반응에 관여하는 촉매 역할을 하며 수소 원자를 운반함으로 ATP를 생성하여 호흡 반응에 중요한 역할을 한다.

4) 영양 문제

리보플라빈이 결핍되면 흰쥐는 성장이 정지되고 탈모, 피부염, 결막염 등이 생긴다. 사람에게 나타나는 리보플라빈 결핍증은 주로 입안에서 나타나는 구각염(cheilosis)과 구순염이며, 설염(glossitis)으로 혀가 자홍색으로 붉어지고 붓고 반들반들해진다. 또한, 시력이 흐려지고, 눈이 타는 것 같이 쓰리고 아프며, 각막의 모세혈관이 팽창하여 충혈되고, 햇빛을 쬐이면 눈이 부시는 광선 공포증이 생긴다[그림 9-5].

리보플라빈은 용해도가 낮고 소장에서 흡수 능력이 제한되며 소변으로 빠르게 배설되기 때문에 많은 양을 섭취하더라도 독성이 나타나지 않는다고 보고하였다.

▌그림 9-5 **리보플라빈 결핍증**

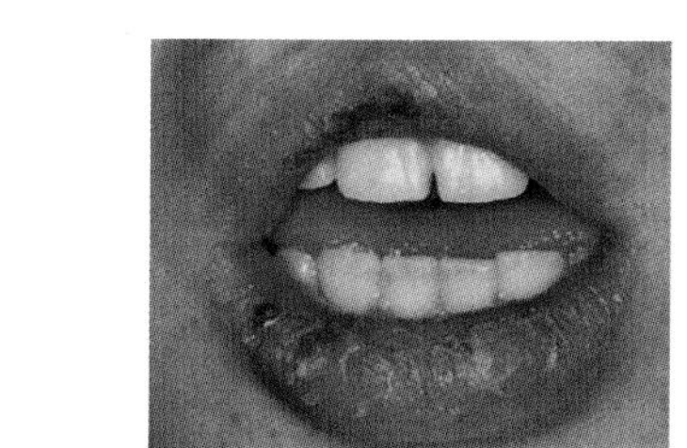

A. 구각염

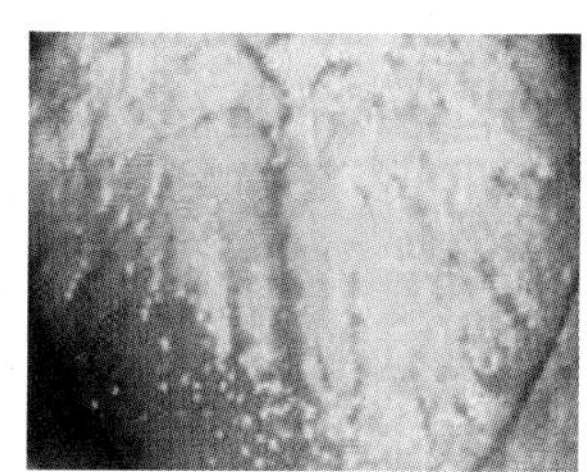

B. 설염

5) 영양소 섭취기준

리보플라빈의 섭취기준은 12개월 미만의 영아는 충분섭취량을, 1세 이상 모든 연령층에서 평균필요량, 권장섭취량을 설정하였다.

성인의 1일 리보플라빈 권장섭취량은 남자 1.5mg, 여자 1.2mg 이다(2020 한국인 영양섭취기준).

6) 급원 식품

리보플라빈은 동·식물성 식품에 널리 분포되어 있으며, 특히 간 및 효모에 많이 함유되어 있고 우유, 달걀, 육류, 곡류, 채소에 비교적 많이 들어 있다. 우유는 리보플라빈 함량이 많은 대표적 식품이며, 달걀, 육류 및 녹황색 채소(시금치, 브로콜리, 아스파라거스), 버섯 등도 좋은 급원 식품이다[표 9-2].

▌표 9-2 리보플라빈 급원 식품

식품명	1인 1회 분량(g)		1회 분량당 함량(mg)	100g당 함량(mg)
쇠간	1 그릇	60	2.5	4.10
돼지간	1 접시	60	1.3	2.20
탈지분유		50	0.9	1.75
파래	1 접시	30	0.5	1.82
표고버섯	1 접시	30	0.5	1.56
시리얼	콘플레이크	40	0.4	1.10
우유	1컵	200	0.3	0.14
시금치	1접시	70	0.2	0.34
달걀	1개	60	0.2	0.26
치즈	1장	20	0.1	0.45
완두		20	0.1	0.44
김	1장	2	0.1	3.20

3. 니아신

펠라그라는 수백 년 전부터 알려진 질병으로 1900년 초 남아메리카에서 홍반병(pellagra)이 발생하여 이 병에 관한 연구를 시작하게 되었다.

1867년 nicotine을 산화시켜 니코틴산을 얻었고, 1911년 Funk는 니코틴산(nicotinic acid)이라고 명명하였다. 1937년 니코틴산을 이용하여 펠라그라 걸린 개를 치료하였다.

1) 구조 및 성질

니아신은 니코틴산과 니코틴아마이드(nicotinamide)를 포함한 명칭이다[그림 9-6]. 니아신은 열, 조리, 장기간 보존에 비교적 안정하다. 비타민 B 복합체 중에서 니아신이 가장 안정한 비타민이다.

▌그림 9-6 니아신과 NAD, NADP의 구조

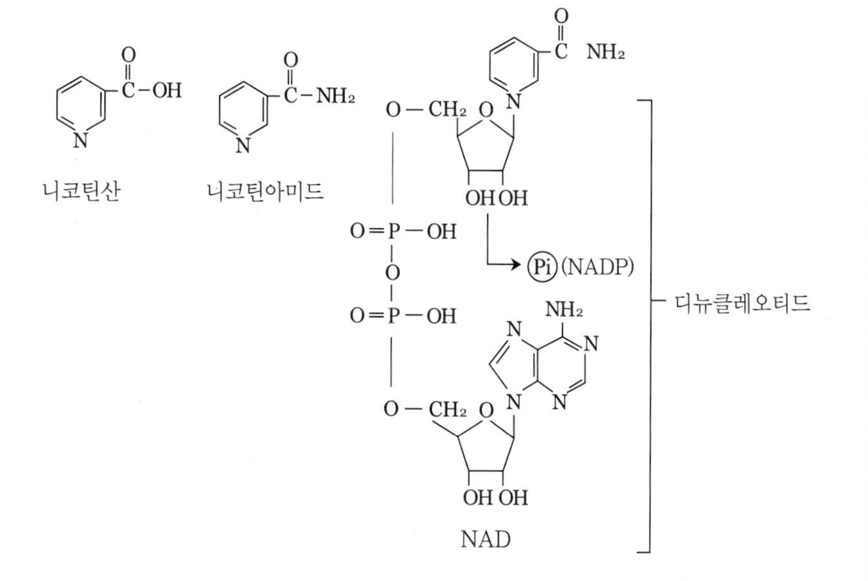

2) 흡수 및 대사

식품에는 주로 니아신 조효소 형태인 NAD(nicotinamide adenine dinucleotide)와 NADP(nicotinamide adenine dinucleotide phosphate)로 존재하며 체내에서 가수분해효소에 의하여 가수분해된 후 흡수된다. 니아신은 소장의 윗부분에서 흡수된다. 니코틴산이나 니코틴아미드는 체내 흡수가 잘 되어 이들의 흡수 과정이 매우 빠르고 효율적으로 진행된다.

혈장에는 니코틴산과 니코틴아마이드 두 형태로 존재하지만 혈구와 신장, 뇌, 간 등에는 조효소 형태인 NAD, NADP로 들어 있으며, 여분의 니아신은 소변으로 배설되는데, 이때 니아신은 니코틴아미드가 메칠화되어 N-메틸니코틴 아미드와 N-메틸피리딘으로 전환되어 소변으로 배설된다.

니아신은 간과 신장(콩팥)에서 트립토판으로부터 전환된다. 체내에서 트립토판이 니아신으로 전환되려면 티아민, 리보플라빈, 비타민 B_6 등이 필요하며 전환율이 60 : 1이다. 체내에서 이용되는 니아신의 50% 이상은 트립토판에서 전환된다.

3) 기능

생체 내에서 대부분 니코틴아미드 형태로 존재하며 인산과 결합하여 탈수소효소(dehydrogenase)의 조효소인 NAD와 NADP를 형성한다.

NAD와 NADP는 당질, 지질, 단백질대사 과정에 중요한 역할을 한다. NAD는 여러 탈수소효소의 조효소로, NADP는 HMP(6탄당 인산; hexose monophosphate) shunt에서 수소를 받아 NADPH를 형성하여 지방산 합성 및 스테로이드 합성에 필요하다. 또한, 콜레스테롤 합성 및 흡수에 영향을 준다.

4) 영양 문제

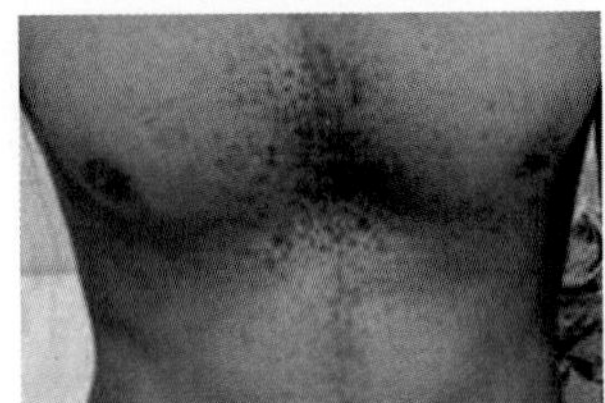
그림 9-7 **펠라그라 결핍증**

니아신 결핍증은 펠라그라(피부 중 햇빛에 노출된 부위에 대칭으로 생기는 염증)로 트립토판과 니아신대사 장애로 발병하며, 니아신 결핍만으로는 거의 발생되지 않는다. 펠라그라는 피부염(dermatitis), 설사(diarrhea), 우울증(depression) 등의 증세가 나타나는데 피부염은 주로 얼굴, 목, 사지 등에 햇볕을 받는 부위에 나타나고 버짐, 탈피(脫皮) 현상이 생기며, 심하면 사망(death)에 이르기 때문에 3D's 또는 4D's disease라고도 한다[그림 9-7]. 또한, 소화기관 점막에서 점액 분비가 저하되어 설사를 유발하게 되며 위 분비선의 퇴화로 위액 분비량이 감소되어 빈혈증을 유발한다.

5) 영양소 섭취기준

니아신 섭취기준은 1세 이상 전 연령층에서 평균필요량, 권장섭취량과 상한섭취량을 결정하였으며, 1세 미만의 영아는 충분섭취량만 설정하였다. 성인의 1일 니아신 권장섭취량은 남자 16mg NE, 여자 14mg NE이며, 상한섭취량은 남녀 모두 1,000mg NE이다(2020 한국인영양섭취기준).

6) 급원 식품

트립토판은 니아신의 전구체로 단백질 함량이 많은 동물성 식품에 풍부하게 들어 있다. 니아신의 급원 식품으로 땅콩, 표고버섯, 다랑어류, 간, 신장, 효모, 육류, 가금류, 김, 파래, 두류를 들 수 있으며, 우유에는 니아신 함량은 적으나 트립토판 함량이 높아 니아신 당량이 높아진다. 그리고 채소나 과일에는 니아신 양이 적고 땅콩에는 니아신 함량이 높다. 우리나라 사람의 주요 니아신 급원 식품은 백미, 돼지고기, 배추김치, 쇠고기, 닭고기, 고등어, 삼겹살 등이다[표 9-3].

▌표 9-3 니아신 급원 식품

식품명	1인 1회 분량(g)		1회 분량 당 함량(mg)	100g 당 함량(mg)
참치(다랑어)	1 토막	60	6.7	11.2
참치통조림	1 토막	60	6.6	11.0
삼치	1 토막	60	5.3	8.90
고등어	1 토막	60	4.9	8.20
미꾸라지	1 접시	60	4.7	7.90
돼지고기	1 토막	60	4.4	7.40
시리얼	콘푸레이크	40	5.9	14.8
햄	1 토막	60	4.2	7.00
꽁치	1 토막	60	3.8	6.40
굴비	1 토막	30	4.0	13.20
쇠고기(등심)	1 토막	60	3.2	5.40
땅콩	15알	10	1.8	18.10
표고버섯(생)		30	1.2	4.0

4. 판토텐산

1933년 Roger William은 간, 효모 등에 함유되어 있는 닭의 항피부염 인자와 성장 촉진제를 발견하여 판토텐산으로 명명하였다. 그리스어로 판토텐산은 'panthos(everywhere)'라는 뜻에서 유래되었다. 판토텐산은 코엔자임 A와 Coengyme A 지방산 합성효소의 일부인 아실기 운반단백질(acyl carrier protein: ACP)의 구성 성분으로 열량대사에 중요한 역할을 한다.

1) 구조 및 성질

판토텐산(pantothenic acid)은 β-알라닌과 판토산(pantoic acid)의 축합물로서

친수성 액상의 산이며 중성에서 열에 대하여 안정하다[그림 9-8].

▌그림 9-8 판토텐산과 CoA의 구조

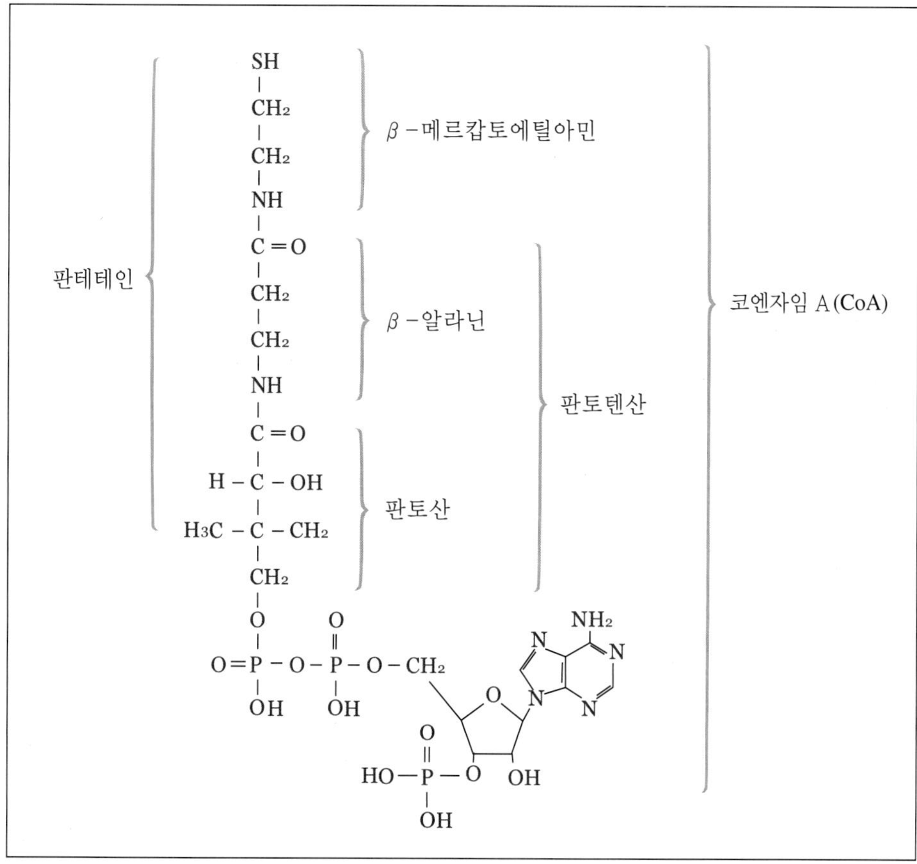

2) 흡수 및 대사

판토텐산은 식품 중에 CoA와 포스포판테테인 형태로 들어 있으며 소장에서 가수분해효소에 의해 유리된 후 쉽게 흡수되어 ATP에 의하여 가인산화되어 여러 단계를 거쳐 코엔자임 A를 합성한다. 판토테산은 체내 모든 조직에 있으며 주로 간과 신장에 많다.

3) 기능

판토텐산은 체내에서 코엔자임 A(CoA)와 acyl carrier protein(ACP)의 일부분으로 지방산대사, 탄수화물대사에 중요한 역할을 한다.

(1) 지방산의 합성

지방산의 합성에 있어 아세틸기 전이작용을 한다(아세틸 CoA 형성).

(2) 지방산의 분해

코엔자임 A는 지질대사에 중요한 역할을 한다. 지방산이 산화되는 첫 단계에서 지방산과 결합하여 아실 CoA가 된 후 여러 단계의 화학 반응을 거쳐 아실 CoA(acyl CoA)를 형성한다.

(3) TCA회로

피루브산의 산화적 탈탄산 반응에서 코엔자임 A는 아세틸 CoA로 되어 옥살로아세트산(oxaloacetate)과 결합하여 시트르산(citrate)을 형성하여 TCA 회로를 순환하며 에너지대사 작용에 관여한다.

콜린을 아세틸화하여 아세틸콜린을 형성하여 신경자극 전달에 판토텐산이 필요하다. 그 외에도 콜레스테롤과 헴(heme) 합성, 아미노산 분해 등에 작용한다.

4) 영양 문제

판토텐산은 음식물에 널리 분포되어 있으며 장내세균에 의하여 합성되므로 사람에게는 결핍증이 거의 발생되지 않는다. 사람에게 임상실험으로 판토텐산 항비타민제를 복용시켜 결핍 증세를 유발시키면 식욕부진, 소화불량, 복부통증, 우울증, 불면증 등이 나타났으나 판토텐산을 투여하면 증상이 치료되었다.

5) 영양소 섭취기준

판토텐산은 충분섭취량만 설정되어 있으며, 성인의 판토텐산 1일 충분섭취량은 남녀 모두 5mg이다(2020 한국인 영양섭취기준).

6) 급원 식품

판토텐산은 동·식물성 식품에 널리 분포되어 있으나 아직까지 식품의 판토텐산 함량 자료는 매우 적다. 주로 동물성 식품(특히 간), 난황, 두류와 곡류에 많이 함유되어 있으며 과일, 채소 및 유즙에는 적게 들어 있다.

5. 비오틴

비오틴은 동물이나 효모 및 세균의 성장과 정상적인 기능에 필요한 비타민이다. 1901년에 발견한 비타민으로 효모에 biose라는 성장 촉진물이 있다고 알려졌으며 '생난백 상해를 방지하는 인자'라고 하였다. 체내에서 비오틴의 작용을 방해하는 물질은 아비딘(avidin)이라는 당단백질로 생난백에 존재하는데, 장내에서 비오틴과 결합하여 비오틴의 흡수를 방해한다. 그러나 난백을 익혀서 먹으며 아비딘이 불활성화되어 비오틴 흡수를 방해하지 않는다.

1) 구조 및 성질

비오틴은 단순한 환상 구조를 갖는 황화합물로 열, 광선, 산에는 안정하다[그림 9-9]. 조효소 형태는 비오시틴이다.

▌그림 9-9 **비오틴의 구조**

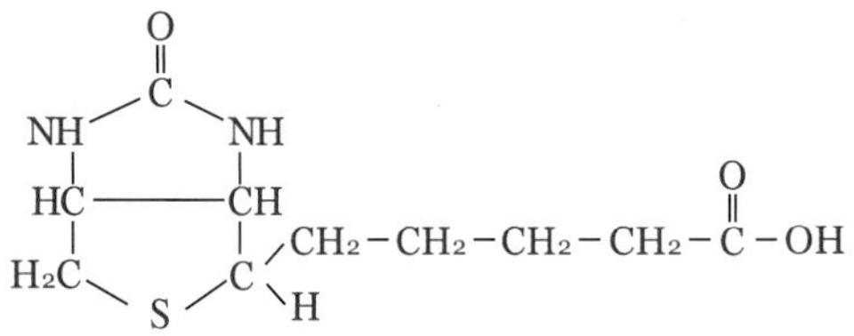

O
C
NH NH
HC CH O
H₂C C CH₂-CH₂-CH₂-CH₂-C-OH
S H

2) 흡수 및 대사

비오틴은 식품 내에 유리형이나 단백질과 결합한 형태로 있으며 소장에서 가수분해효소에 의해 비오틴으로 유리되어 소장 상부에서 흡수되고 효소 합성에 재사용하거나 배설된다. 사람은 장내 미생물에 의하여 비오틴을 장에서 합성한다.

3) 기능

비오틴은 여러 개 카르복실화 효소(carboxylase)의 구성 성분으로 포도당, 지방산, 아미노산대사에서 중요한 조효소로서 작용한다. 체세포 내에서 이산화탄소 고정작용에 관여하고, 특히 카르복실기 첨가 반응인 acetyl-CoA를 malonyl-CoA로 전환시켜 지방산 합성에 관여하며, pyruvate에서 oxaloacetate로 전환시켜 포도당 신생합성 과정을 조절한다.

또한, 핵산과 단백질 형성에 필수적인 퓨린을 합성하는데, 췌장 아밀라제 합성과정, 요소합성의 주요 반응인 오르니틴에서 시트룰린으로 전환하는데 비오틴이 작용한다.

4) 영양 문제

정상적인 식사를 하는 사람에게는 비오틴 결핍증은 일반적으로 잘 발생되지 않는다. 비오틴이 식품 내에 함유되어 있을 뿐 아니라 장내 미생물에 의하여 체내에서 합성되고 재활용된다. 쥐의 경우, 피부에 지방이 축적되어 탈모 현상이 일어나는데 눈 가장자리의 털이 빠져 안경을 쓴 눈 같은 형태가 발생된다. 이와 같은 증세를 난백상해(egg white injury)라고 한다. 사람의 경우, 생 난백을 장기간 과량 먹으면 비오틴 결핍이 발병되어 탈피, 권태, 근육통, 식욕감퇴, 구토 등의 증상이 나타나며 비오틴을 섭취하면 이 증상은 사라진다.

5) 영양소 섭취기준

비오틴 섭취기준은 평균섭취량을 산출할 자료가 없기 때문에 충분섭취량을 설정하였으며 상한섭취량도 설정하지 않았다. 성인의 1일 비오틴 충분섭취량은 남녀 모두 30㎍이다(2020 한국인 영양섭취기준).

6) 급원 식품

비오틴은 동식물성 식품에 널리 함유되어 있다. 특히 동물의 간이나 신장에 풍부하게 들어 있으며, 닭고기, 우유, 난황, 대두, 밀, 견과류, 버섯 등에도 함유되어 있다. 채소류나 과일류에는 적게 들어 있다.

6. 비타민 B_6

비타민 B_6는 1926년 쥐에게 걸리는 펠라그라를 방지하는 인자라고 알려진 물질로 피리독살과 피리독사민 및 이들의 유도체의 형태가 있으며 피리독신이 인산염과 결합한 형태로 체내의 조효소 역할을 한다.

1) 구조 및 성질

비타민 B_6는 피리독신(pyridoxine), 피리독살(pyridoxal), 피리독사민(pyridoxamine) 및 각각의 인산화 형태로 자연계에 유리 형태나 결합형으로 존재하며, 이들은 서로 생물학적으로 쉽게 상호 전환할 수 있다. 이들 조효소의 활성형은 pyridoxal phosphate(PLP)이다[그림 9-10].

식품에 존재하는 비타민 B_6는 단백질 복합체와 결합된 인산화 형태와 식물성 식품은 당과 결합한 형태이다. 피리독신은 산성 용액에 안정하나 열이나 광선에 약하다.

▌그림 9-10 비타민 B_6와 조효소의 구조

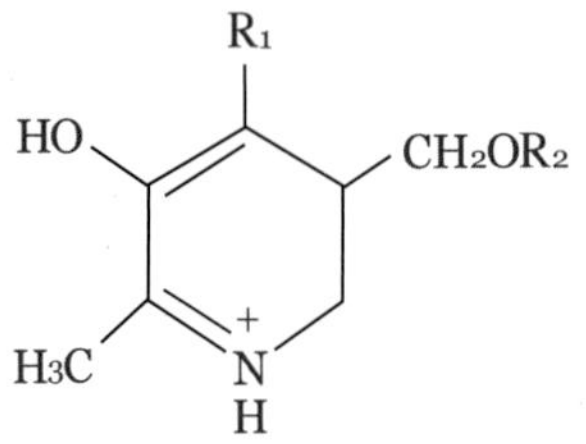

피리독신 PN: $R_1 = CH_2OH$ PNP: $R_2 = PO_4$
피리독사민 PM: $R_1 = CH_2NH_2$ PMP: $R_2 = PO_4$ — 인산결합체
피리독살 PL: $R_1 = CHO$ PLP: $R_2 = PO_4$

2) 흡수 및 대사

비타민 B_6는 장내에서 세 형태가 모두 안정하며 소장의 상부에서 잘 흡수된다. 흡수된 비타민 B_6의 대부분은 간으로 운반되어 PLP로 전환되며 체조직 내에 있으며, 특히 간에 높은 농도로 존재한다. 체조직 내에 함유되어 있는 피리독신의 반 정도는 글리코겐 포스포릴라제(glycogen phosphorylase)와 같이 존재하며 주된 대사물은 4-피리독산(4-pyridoxic acid)으로 대사되어 소변으로 배설된다.

3) 기능

비타민 B_6는 조효소 형태인 피리독살 포스페이트(pyridoxal phosphate: PLP)로 탄수화물, 지질, 특히 단백질대사에 중요한 생리기능을 갖는다.

(1) 단백질 대사

아미노산 대사에 관여하는 효소의 조효소로 작용한다.

① 아미노산의 아미노 전이(transamination): 체내에서 비필수아미노산을 생합성할 때 한 아미노산에 있는 아미노기를 탈아미노화하여 α-케토산에 전달

해 새 아미노산을 합성하는 대사에 관여하는 아미노 전이효소(transaminase)를 활성화시킨다.

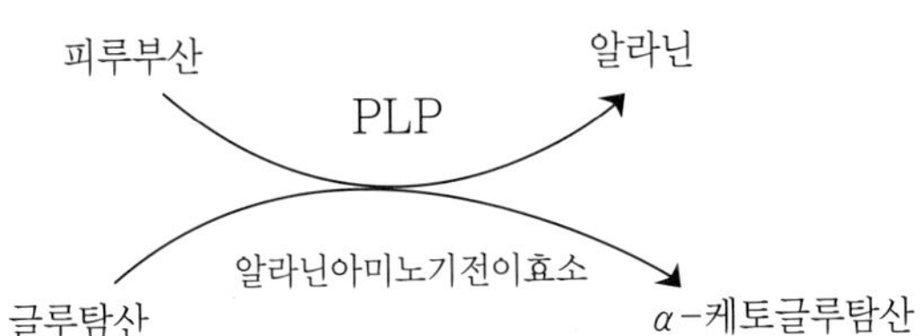

② 아미노산의 탈카르복실 반응(decarboxylation): 아미노산으로부터 카르복실기를 이탈시키는 탈수소효소의 조효소로 피리독살 포스페이트(pyridoxal phosphate)가 필요하다. 트립토판, 티로신, 글루탐산을 탈카르복실 반응하여 세로토닌(serotonin), 노르에피네프린(norepinephrine), 감마-아미노부티르산(γ - aminobutyric acid) 등을 합성한다.

③ 아미노산의 황전이 반응(transulfuration): 황함아미노산인 메티오닌(methionine)에서 시스테인(cysteine)으로 전환하는데 작용한다.

④ 기타 반응: 트립토판에서 니아신으로, 또한 헤모글로빈(포르피린 전구체)의 합성에 관여한다.

(2) 탄수화물과 지방대사

① 글리코겐 분해: 피리독살 포스페이트(pyridoxal phosphate)는 글리코겐이 glucose-1-phosphate로 전환하는데 관여하는 glycogen phosphorylase의 조효소로 작용한다.

② 지방산대사: 필수지방산인 리놀레산으로부터 아라키돈산으로 전환되는데 필요하다.

4) 영양 문제

비타민 B_6 섭취 부족으로 생기는 결핍증은 매우 드물지만 잠재적 결핍증은 흔하게 볼 수 있다. 사람에게 나타나는 결핍증은 다른 수용성 비타민 결핍과 관련 있으며, 리보플라빈 결핍 시 악화된다. 결핍증은 성인보다는 유아에게 현저히 나타나는데 성장 부진, 경련, 빈혈, 항체 합성 감소, 피부질환 등의 다양한 증세를 동반한다.

5) 영양소 섭취기준

비타민 B_6 섭취기준은 1세 이상 모든 연령층에서 평균필요량, 권장섭취량, 상한섭취량을 설정하였으며 영아의 경우에만 충분섭취량을 설정하였다. 성인의 1일 비타민 B_6 권장섭취량은 남자 1.5mg, 여자 1.4mg이며, 상한섭취량은 남녀 모두 100mg이다.

6) 급원 식품

비타민 B_6는 효모, 배아, 돼지고기, 간, 전곡류, 콩류, 감자, 바나나, 오트밀 등에 많이 들어 있으며 우유, 달걀, 채소나 과일에는 적게 함유되어 있다. 우리나라 성인의 주요 급원 식품으로는 돼지고기, 쌀, 감자, 양파, 마늘, 고등어, 달걀 등이며, 미국인의 급원 식품은 시리얼이다[표 9-4].

▌표 9-4 비타민 B_6 급원 식품

식품명	1인 1회 분량(g)		1회 분량당 함량(mg)	100g당 함량(mg)
쇠간	1 그릇	60	0.6	0.91
현미	1 공기	90	0.4	0.45
고구마	중 1개	130	0.4	0.33
통밀		90	0.4	0.44
감자	중 1개	130	0.4	0.27
돼지고기	1 접시	60	0.3	0.57
바나나	중 1개	100	0.3	0.32
닭고기	1 조각	60	0.2	0.39
당근	1 접시	70	0.2	0.25
대두		20	0.1	0.54

7. 엽산

1931년 인도의 L. Willis가 거대적아구성 빈혈에 걸린 임신부에게 효모 농축 물질을 먹여 치료하였다. Mitchell(1941년)이 젖산균의 증식에 유효한 것이 식물의 잎(folium)에 들어 있다는 뜻에서 엽산이라고 불렀다. 1945년 실험실에서 사육하는 동물의 거대적아구성 빈혈증을 엽산으로 치료하였으며, 폴라신(folacin)이라고도 불린다.

1) 구조 및 성질

엽산(folic acid, folacin)은 자연계에서 엽산의 효력을 가진 물질이 여러 가지 구조가 있는데, 이들을 프테로일글루탐산(pteroylglutamic acid)이라고 부른다. 엽산의 구조는 프테리딘(pteridine), 파라 아미노벤조산(para-aminobenzoic acid)과 글루탐산이며 글루탐산은 1~7개 분자가 결합되었다[그림 9-11].

엽산은 물에 쉽게 녹고 산에 불안정하며 열에 비교적 안정하며 광선에 쉽게 파

그림 9-11 엽산과 조효소

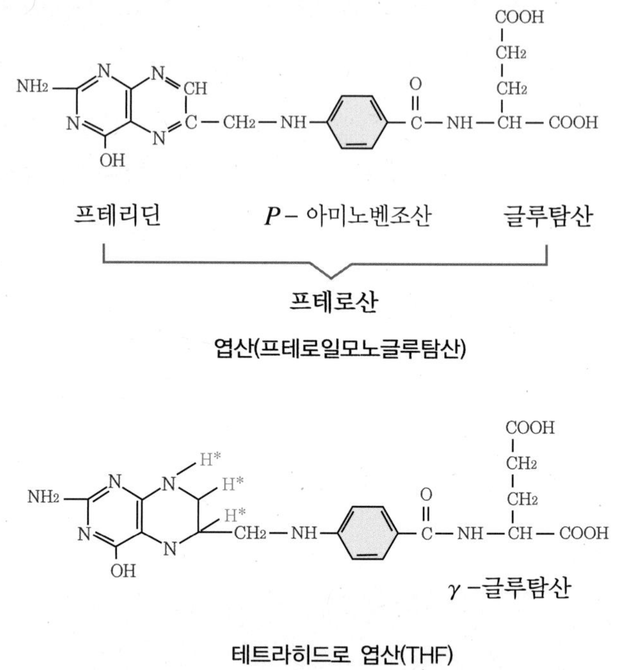

프테리딘 P- 아미노벤조산 글루탐산

프테로산

엽산(프테로일모노글루탐산)

γ-글루탐산

테트라하이드로 엽산(THF)

괴된다. 식품에 함유된 엽산은 고열로 조리하면 약 65% 파괴된다. 신선한 채소를 실온에서 3일간 보관하면 엽산의 활성도의 약 60%가 손실된다. 그러나 엽산 보충제나 엽산 강화 식품은 비교적 안전한 형태이다.

2) 흡수 및 대사

엽산의 흡수는 주로 능동적 운반에 의하여 이루어지며, 식품에 함유된 엽산은 폴리글루탐산(polyglutamate) 형태로 존재하며, 혈청에서는 모노글루탐산(momoglutamate)만 발견된다. 식품 속에 들어 있는 folate를 섭취하면 여분의 글루탐산은 소장 내의 엽산 접합효소(folate conjugase)에 의하여 분해된 후 공장과 회장에서 흡수되고, 흡수율은 약 50%이며 정상인의 체내 저장량은 5~10mg이며 이들의 절반 정도는 간에 저장된다. 저장된 엽산은 대부분 폴리글루탐산으로 존재하며, 엽산이 세포벽을 통과하기 위해서는 모노글루탐산으로 가수분해되어 운반된다. 엽산은 담즙과 소변을 통해서 체외로 배설되며, 알코올은 엽산 흡수를 방해하고 배설을 촉진한다.

3) 기능

엽산(folic acid)은 단일 탄소기를 이동하는데 필요한 조효소 역할을 하는 비타민으로 DNA 합성에 필요하다. 엽산의 활성 형태는 테트라하이드로엽산(THF: tetrahydrofolic acid)이며 포르밀기, 메틸렌기, 메틸기 등과 같은 단일 탄소(single carbon unit)의 운반체 역할을 한다. 엽산의 주요 기능은 다음과 같다.

① 퓨린과 피리미딘의 형성: 핵산인 DNA와 RNA의 합성에 필요
② 헴의 형성: 헤모글로빈 합성
③ 세린과 글리신의 상호 전환
④ 페닐알라닌에서 티로신, 히스티딘에서 글루탐산을 생성
⑤ 호모시스테인에서 메티오닌을 생성
⑥ 에탄올아민에서 콜린 합성

이와 같은 대사 과정 중에 엽산 조효소의 활성을 위해서는 비타민 C, 비타민 B_{12}, 비타민 B_6 등이 필요하다.

4) 영양 문제

엽산은 새로운 세포 합성에 꼭 필요한 영양소로 세포 분열이 많이 일어나는 유아기, 성장기, 임신 수유기에 필요량이 많아져서 엽산 부족하기 쉽다. 엽산 섭취량이 부족하게 되면 혈청 엽산 농도가 감소하고 점차 적혈구 엽산 농도도 떨어지며 혈장 호모시스테인 농도는 증가한다. 엽산 결핍은 주로 골수와 세포 분열이 빨리 일어나는 세포에 DNA 대사 이상이 생기므로 적혈구, 백혈구, 위, 장관, 자궁 등 주로 대사가 빠른 세포의 형태학적인 변화가 초래된다. 증상으로 혀가 붓고, 붉어지며(설염), 소화불량이 되고(위장관 질환), 설사를 하게 되며, 거대적

아구성 빈혈이라는 혈액장애를 유발한다. 적혈구는 처음 생겼을 때 크기가 크나 성숙되면서 핵이 빠져나와 크기가 작아지는데 만약 체내에 엽산이 부족하게 되면 적혈구의 수가 적은 동시에 미숙하여 작아지지 않고 큰 적혈구가 많아지고 헤모글로빈 양도 줄어들어 커다란 적혈구가 혈류에 나타나는 거대적아구성 빈혈이 발생한다[그림 9-12].

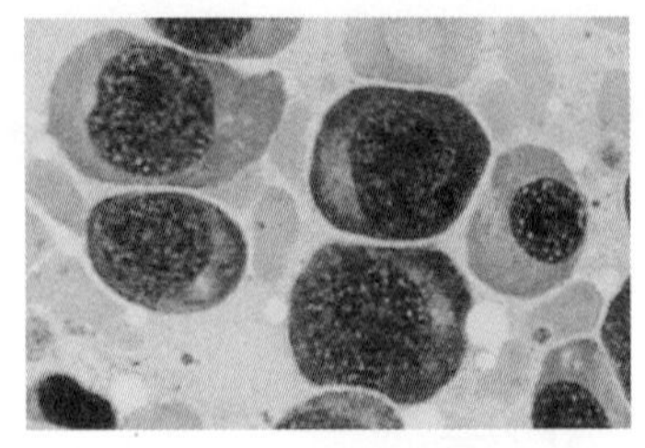

▌그림 9-12 **거대적혈구성 빈혈**
(엽산, 비타민 B_{12} 결핍)

또한, 골수에서 새로 생성된 적혈구는 엽산이 부족하면 성숙되지 못하지만 엽산을 경구 또는 주사하면 적혈구가 많이 조성되고 미숙한 적혈구도 단시일 내에 숙성된다. 엽산 결핍은 엽산 부족 식사를 하거나 알코올 과량 섭취, 열대성 아구창 등으로 생긴다.

임신 초기에 엽산이 부족하면 태아 신경관 형성에 장애가 생겨 신경관이 손상된 기형아를 출산할 확률이 높아진다.

5) 영양소 섭취기준

엽산의 섭취기준은 1세 이상 모든 연령층에서 평균필요량, 권장섭취량, 상한섭취량을 설정하였으며 영아는 충분섭취량만 설정하였다. 성인의 1일 엽산 권장섭취량은 남녀 모두 400㎍ DFE이며, 상한섭취량은 1,000㎍ DFE이다.

6) 급원 식품

엽산은 동·식물계에 널리 분포되어 있으며, 푸른 잎 채소, 곡류, 콩, 콩과식물의 종실, 간, 효모 등에 많이 함유되어 있다. 한국인이 자주 섭취하는 김치와 밥이 엽산의 좋은 급원 식품이며, 달걀, 김, 시금치, 콩나물 등에도 엽산이 들어 있다[표 9-5]. 과일 중에는 딸기, 참외, 오렌지, 키위 등도 엽산이 함유되어 있다. 식품 중의 엽산 체내 흡수율은 50% 정도이다.

▌표 9-5 엽산 급원 식품

식품명	1인 1회 분량(g)		1회 분량당 함량(㎍)	100g당 함량(㎍)
쇠간	1 접시	60	130.2	217.0
시금치	1 접시	70	102.1	145.8
호박	1 접시	70	33.4	47.9
상추	1 접시	70	62.1	88.8
배추	1접시	70	32.3	46.1
오렌지	반 개	100	30.3	30.3
토마토주스	반 컵	100	24.1	24.1
대두		20	25.4	127.0
해바라기씨		10	23.7	237.4

8. 비타민 B_{12}

1849년 영국의 Addison이 악성빈혈에 대하여 보고하였고, 1926년 미국의 Minot와 Murphy는 악성빈혈증에 걸린 환자에게 다량의 간(110~120g/day)을 먹여 빈혈을 치료하였다. 1948년 Rickes 등은 간 농축물에서 붉은 결정체를 추출하여 이를 비타민 B_{12}라고 명명하였다.

1) 구조 및 성질

비타민 B_{12}(cobalamin)는 사람에게 필수영양소로 비타민 중에서 가장 복잡한 구조이다. 뉴클레오타이드와 코린 고리 구조이며 헤모글로빈과 클로로필 구조와 비슷하나 철이나 마그네슘 대신 코발트(Co)가 결합한 상태이다[그림 9-13]. 비타민 B_{12}는 체내에서 미생물에 의해서만 합성되고 근육이나 내장에 축적된다. 암적색의 침상 결정형 물질이며 중금속, 강산화제, 환원제 등에 의하여 파괴되며 물에 약간 녹으며, 용액 상태에서 안정하다.

▌그림 9-13 **비타민 B_{12} 구조**

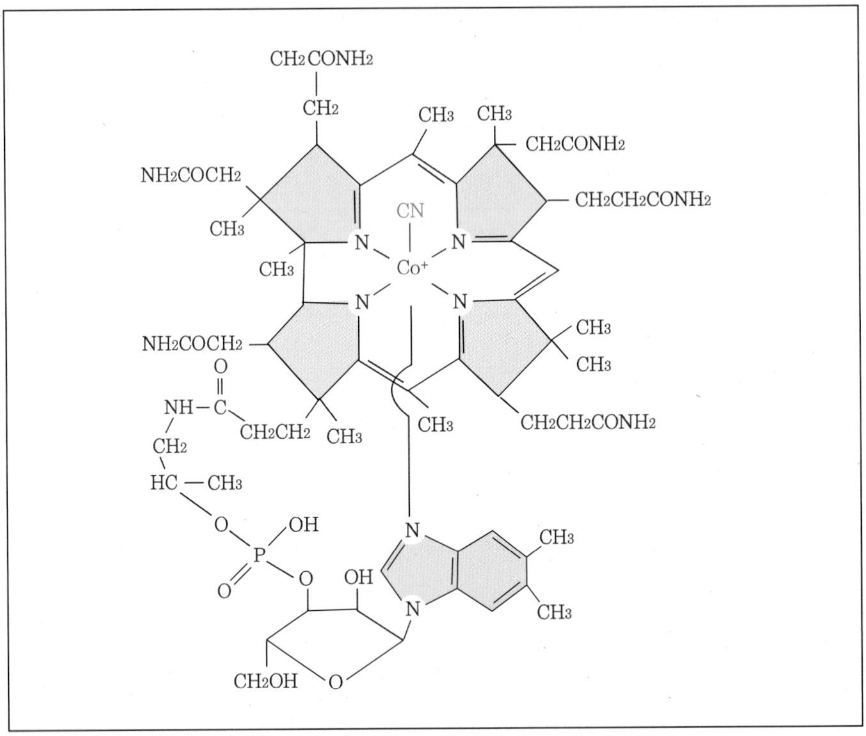

2) 흡수 및 대사

비타민 B_{12}의 흡수는 위 점막세포에서 분비되는 내적 인자(intrinsic factor, IF)에 의하여 이루어지는데, 내적 인자는 위점막의 염산이 분비되는 벽세포에서 분비되는 당단백질로 비타민 B_{12}가 음식에서 섞여 위로 들어오면 내적 인자-B_{12} 복합체를 형성하여 소장의 하부로 이동한다. 회장의 융모에 수용체가 있어 이 부분에 내적 인자-B_{12} 복합체가 부가되어 회장에서 흡수되는데 이때 칼슘(Ca)과 결합하여 복합체를 형성하여 비타민 B_{12}가 소장세포 내로 흡수된다. 흡수된 비타민 B_{12}는 세포 내에서 메틸코발아민 또는 5'-데옥시아데노실코발아민으로 전환한 후 조효소로 작용한다. 흡수된 비타민 B_{12}는 헵토코린이라는 단백질에 의하여 운반되고 즉시 사용하지 않은 비타민 B_{12}는 간에 약 50% 저장된다.

3) 기능

비타민 B_{12}는 체내에서 세포 분열과 단일 탄소 전이 과정 등에서 필수적인 역할을 한다. 동물 체내에서 비타민 B_{12}는 코엔자임 B_{12}(간)와 메틸 B_{12}(혈장)의 조효소 형태로 전환된다.

비타민 B_{12}가 조효소로 전환되기 위해서는 리보플라빈, 니아신, mg 등이 필요하며 조효소는 다음과 같은 기능을 한다.

① 적혈구의 생성 및 악성빈혈증 조절: 골수에서 혈액 생성
② 신경조직의 유지: 신경조직의 수초 합성
③ 지질대사: methylmalonate가 succinate로 전환
④ 단백질 대사: 메티오닌이나 단백질 합성에 관여
⑤ DNA 합성

4) 영양 문제

비타민 B_{12} 결핍 요인은 내적 인자 부족, 흡수 불량, 식이 섭취 부족 및 위장질환으로 생기는데 주요인은 흡수 불량에서 온다. 흡수 불량이 생기는 경우는 내적 인자 결핍이 생기는 위질환, 위절제 수술 환자, 또는 유전적으로 생긴다. 정상적으로 식사를 하는 경우 비타민 B_{12} 섭취 부족은 매우 드물다.

대장 내 미생물이 비타민 B_{12}를 합성할 수 있지만 대장에서 흡수되지 않으므로 사람은 식품으로 비타민 B_{12}를 섭취해야 한다.

악성빈혈은 비타민 B_{12}가 결핍될 때 나타나며, 특징은 정상적인 위액 분비의 저하로 거대적혈구, 적혈구 수의 저하로 인한 헤모글로빈양 감소로 창백함, 피로, 기력 부진, 체중 감소, 설염, 신경장애, 운동 능력 감소 등이 나타난다. 빈혈과 관련 있는 비타민은 엽산, 비타민 B_{12}와 비타민 C 등이 있다.

▌표 9-6 비타민 B_{12} 급원 식품

식품명	1인 1회 분량(g)		1회 분량당 함량(㎍)	100g당 함량(㎍)
쇠간	1 접시	60	67.1	111.8
조개살	1 접시	80	74.6	93.3
닭간	1 접시	60	11.7	19.5
고등어	1 토막	70	10.8	15.4
우유	1 컵	200	1.8	0.9
달걀	1 개	60	1.0	1.6
쇠고기	1 접시	60	1.2	2.0

5) 영양소 섭취기준

비타민 B_{12}의 섭취기준은 1세 이상 모든 연령층에서 평균필요량과 권장섭취량을 설정하였으며, 1세 미만은 충분섭취량만을 설정하였다. 성인의 1일 비타민 B_{12}의 권장섭취량은 남녀 모두 2.4㎍이다.

6) 급원 식품

비타민 B_{12}는 곡류, 채소 및 과일과 같은 식물성 식품에는 거의 없으며 동물성 단백질 식품에 함유되어 있다. 특히 간과 내장기관에 많으며 살코기, 생선, 달걀, 조개류, 우유 등도 좋은 급원이다[표 9-6]. 육류를 적정량 섭취하면 권장섭취량을 충족시킬 수 있지만, 동물성 식품을 전혀 먹지 않는 채식주의자는 영양 보충제, 영양 강화 두유, 특수 이스트 등을 통해 비타민 B_{12}를 공급받아야 한다.

9-2 비타민 C

기원전 1550년경 이집트 문헌에 있는 괴혈병(scurvy)은 비타민 C의 결핍증으로 출혈성 잇몸 때문에 치아를 잃고 다리에 통증이 심한 증세로 기술되었다. 특히 유럽 십자군도 괴혈병에 시달렸고, 15~16세기경에는 장기간 항해하는 선원들에게 많이 발병하였다. 프랑스 항해사 Cartier는 아메리카에 상륙한 선원들이 괴혈병을 앓자 인디언의 민간요법인 spruce(소나무의 일종) 잎을 삶은 물을 먹여 괴혈병을 치료하였으며, 영국인 Lind(1753년)가 괴혈병 환자에게 오렌지와 레몬을 먹여서 치료했다고 보고하였다. 기니피그나 원숭이, 사람, 큰 박쥐 등의 몇몇 종을 제외한 대부분의 동물과 식물은 체내에서 포도당을 이용하여 비타민 C를 합성할 수 있다.

그림 9-14 비타민 C 구조

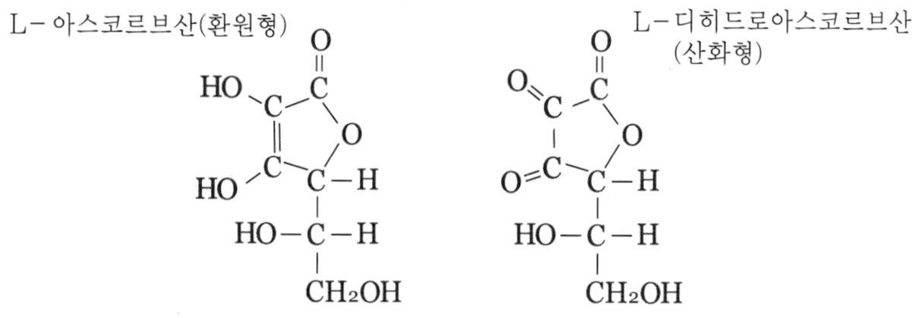

L-아스코르브산(환원형)

L-디히드로아스코르브산
(산화형)

1. 구조 및 성질

비타민 C(ascorbic acid)의 구조는 포도당과 비슷하며 물에 쉽게 녹는다. 형태는 환원형인 아스코르브산(ascorbic acid)과 산화형인 디하이드로아스코르브산(dehydroascorbic acid)이 있다[그림 9-14].

비타민 C의 화학적 성질은 산에는 안정하여 과일에 함유된 유기산과 생체 내의 위산은 비타민 C의 파괴를 보호하나, 그 외 알칼리, 열, 산소, Fe, Cu 등에 의하여 쉽게 파괴된다. 특히 비타민 C는 열에 의해 쉽게 파괴되는데 가열 시간과 온도에 따라 파괴율이 다르고 고온에서 장시간 가열 시 파괴율은 매우 높아진다.

2. 흡수 및 대사

식품에 함유되어 있는 비타민 C는 70~80%가 환원형인 아스코르브산이며 나머지는 디하이드로아스코르브산의 형태이다. 비타민 C는 능동수송에 의해 주로 소장의 상부에서 모세혈관을 통하여 흡수되고 소량은 단순 확산으로 흡수된다. 체내 흡수율은 70~80% 정도이며, 섭취량이 과량이면 흡수율은 감소하고 배설량은 증가한다. 흡수된 비타민 C는 간을 거쳐 혈액과 신체 다른 조직으로 운반된다.

사람에게 있어서 비타민 C는 체내 모든 조직에 저장될 수 있으나 가장 많은 조직은 뇌하수체와 부신이며 그 외 백혈구, 뇌, 안구 등이다. 비타민 C의 배설을 주로 소변을 통하여 이루어지지만, 소량은 대변, 땀, 호흡 등을 통하여 배설된다.

3. 기능

비타민 C는 세포 내에서 다양한 기능을 하는데, 특히 전자를 내어 주는 특성을 가지고 있어 산화-환원 반응 과정에서 효과적인 항산화제로 작용한다. 즉 비타민 C는 전자를 주고 자신은 산화되는 형태로 금속효소의 조효소로 작용한다. 예를 들면 효소가 활성화되면서 환원철(Fe^{2+})이 산화철(Fe^{3+})로 산화되는데, 이때 아르코르빈산이 산화철에 전자를 공여하여 환원철의 상태를 유지하게 한다.

1) 콜라겐 생합성

콜라겐(collagen)은 피부, 건, 골격, 지지세포를 형성하는 중요한 단백질이며 세포와 세포 사이를 결합시키는 시멘트와 같은 역할을 한다. 콜라겐의 아미노산 조성은 주로 글리신, 알라닌, 프롤린, 하이드록시프롤린 등으로 이루어지며 그중 하이드록시프롤린이 콜라겐의 구조를 안정하게 만드는 결정적인 영향을 미친다. 콜라겐 합성 시 프롤린이 하이드록시프롤린으로 전환되는 수산화 반응(hydroxylation)에 비타민 C가 작용한다.

2) 방향족 아미노산대사

티로신, 페닐알라닌의 정상적인 대사 과정에 비타민 C가 절대적으로 필요하다. 티로신대사에서 비타민 C는 도파민을 거쳐 노르에피네프린과 에피네프린으로 전환하는 과정과 트립토판의 수산화 반응에 의해 세로토닌 합성 과정에 관여한다.

3) 항산화제

비타민 C는 전자 전달계에서 물을 합성하도록 수소를 내어 주기 때문에 산소류의 산화 능력을 비활성화시켜 다른 물질의 산화를 방지한다. 따라서 비타민 E와 필수지방산의 산화를 방지해 주는 항산화제 역할을 한다.

4. 영양 문제

비타민 C의 결핍증은 괴혈병으로 콜라겐 형성이 저하되면서 외상에서의 회복이 지연된다. 콜라겐 형성이 저하되면 세포벽의 신축성이 약화되고 연약해진 세포벽으로 인하여 외부의 자극에 쉽게 피하 내출혈을 일으키게 되며, 잇몸에 발생하는 출혈이 초기 증세이다[그림 9-15]. 또한, 지주뼈의 세포간질도 콜라겐에 의해 형성되므로 골격 형성에 지장을 초래할 수 있다.

최근에 비타민 C가 항산화 영양소로서 암을 예방하고 혈중 콜레스테롤이나 중성지방을 감소시킨다는 연구 보고가 있어 성인병을 예방하는 인자로 부각되면서 과량의 비타민 C를 섭취하는 경우가 많아졌다. 그러나 과량 섭취하면 구토, 설사, 복통증상이 생기며, 소변의 산도 감소, 통풍, 신장의 수산결석 등이 발병할 수 있다.

5. 영양소 섭취기준

비타민 C 섭취기준은 1세 이상 모든 연령층에서 평균필요량, 권장섭취량, 상한섭취량을 설정하였으며 영아는 충분섭취량만 설정하였다. 성인의 1일 비타민 C 권장섭취량은 남녀 모두 100mg이며, 상한섭취량은 2,000mg이다(2020 한국인 영양섭취기준).

▌그림 9-15 **비타민 C 결핍증**

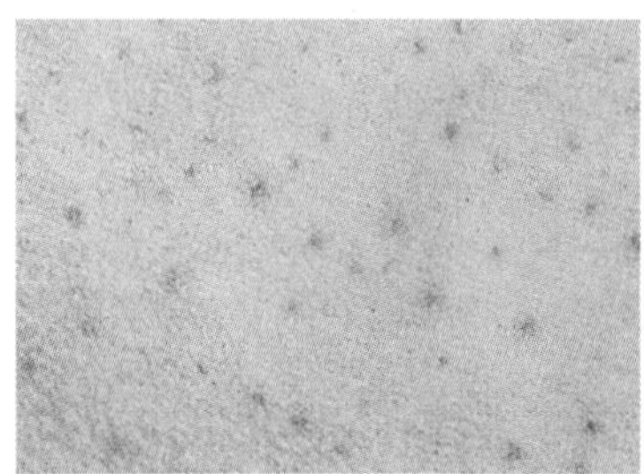

A. 피하 내출혈

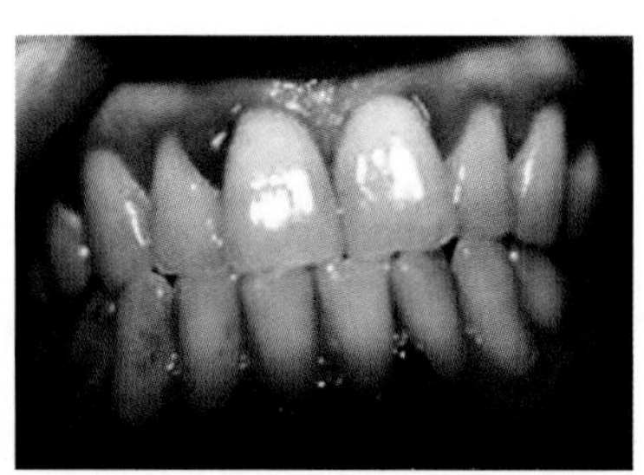

B. 잇몸의 변화(괴혈병)

6. 급원 식품

비타민 C는 신선한 녹색 채소와 감귤류에 많이 함유되어 있다. 특히 귤, 오렌지, 레몬, 자몽 등의 감귤류와 딸기, 키위, 토마토 등에 많이 함유되어 있다[표 9-7]. 채소류에는 배추, 양배추, 고춧잎, 무청, 시금치, 콩나물, 고추, 피망, 브로콜리 등이 좋은 급원 식품이며, 그 외에 감자, 배추, 양배추, 시금치 등도 비타민 C 함유 식품으로 신선한 채소와 과일에 그 함유량이 높으며 저장 기간이 길어지면 비타민 C 함량이 감소한다.

비타민 C는 수용성이며 산화되기 쉽고 열에 약하기 때문에 조리 시간을 가능한 짧게, 사용하는 물은 소량으로 하고 채소는 썰지 않고 통째로 조리하는 것이 비타민 C 보유량을 최대로 유지하는 방법이다. 식품을 구매할 때 신선한 채소나 과일을 선택하고 냉장고에 즉시 저온 저장하는 것이 비타민 C 손실을 줄이는 방법이다.

▌표 9-7 비타민 C 급원 식품

식품명	1인 1회 분량(g)		1회 분량당 함량(mg)	100g당 함량(mg)
무청	1 접시	70	52.5	75.0
귤	중 1개	100	48.0	48.0
감자	중 1개	130	46.8	36.0
오렌지	반 개	100	43.0	43.0
오렌지주스	반 컵	100	40.0	40.0
시금치	1 접시	70	42.0	60.0
참외		200	42.0	21.0
딸기		200	40.0	20.0
풋고추	1 접시	70	32.9	47.0
고구마	중 1개	130	32.5	25.0
부추	1 접시	70	28.7	41.0
키위	1개	100	27.0	27.0
쑥	1 접시	70	23.1	33.0
시리얼	콘푸레이크	40	20.2	50.5
머위	1 접시	40	19.2	48.0
열무김치	1 접시	40	11.2	28.0
배추김치	1 접시	40	5.6	14.0
사과	반 개	100	4.0	4.0
김	1 장	2	1.9	93.0

표 9-8 한국인 수용성 비타민 영양섭취기준(2020년)

성별	연령	비타민 C(mg/일)				티아민(mg/일)			
		평균 필요량	권장 섭취량	충분 섭취량	상한 섭취량	평균 필요량	권장 섭취량	충분 섭취량	상한 섭취량
영아	0-5(개월)			40				0.2	
	6-11			55				0.3	
유아	1-2(세)	30	40		340	0.4	0.4		
	3-5	35	45		510	0.4	0.5		
남자	6-8(세)	40	50		750	0.5	0.7		
	9-11	55	70		1,100	0.7	0.9		
	12-14	70	90		1,400	0.9	1.1		
	15-18	80	100		1,600	1.1	1.3		
	19-29	75	100		2,000	1.0	1.2		
	30-49	75	100		2,000	1.0	1.2		
	50-64	75	100		2,000	1.0	1.2		
	65-74	75	100		2,000	0.9	1.1		
	75 이상	75	100		2,000	0.9	1.1		
여자	6-8(세)	40	50		750	0.6	0.7		
	9-11	55	70		1,100	0.8	0.9		
	12-14	70	90		1,400	0.9	1.1		
	15-18	80	100		1,600	0.9	1.1		
	19-29	75	100		2,000	0.9	1.1		
	30-49	75	100		2,000	0.9	1.1		
	50-64	75	100		2,000	0.9	1.1		
	65-74	75	100		2,000	0.8	1.0		
	75 이상	75	100		2,000	0.7	0.8		
임신부		+10	+10		2,000	+0.4	+0.4		
수유부		+35	+40		2,000	+0.3	+0.4		

성별	연령	리보플라빈(mg/일)				니아신(mg NE/일)[1]			
		평균 필요량	권장 섭취량	충분 섭취량	상한 섭취량	평균 필요량	권장 섭취량	충분 섭취량	상한섭취량 니코틴산/니코틴아미드
영아	0-5(개월)			0.3				2	
	6-11			0.4				3	
유아	1-2(세)	0.4	0.5			4	6		10/180
	3-5	0.5	0.6			5	7		10/250
남자	6-8(세)	0.7	0.9			7	9		15/350
	9-11	0.9	1.1			9	11		20/500
	12-14	1.2	1.5			11	15		25/700
	15-18	1.4	1.7			13	17		30/800
	19-29	1.3	1.5			12	16		35/1000
	30-49	1.3	1.5			12	16		35/1000
	50-64	1.3	1.5			12	16		35/1000
	65-74	1.2	1.4			11	14		35/1000
	75 이상	1.1	1.3			10	13		35/1000
여자	6-8(세)	0.6	0.8			7	9		15/350
	9-11	0.8	1.0			9	12		20/500
	12-14	1.0	1.2			11	15		25/700
	15-18	1.0	1.2			11	14		30/800
	19-29	1.0	1.2			11	14		35/1000
	30-49	1.0	1.2			11	14		35/1000
	50-64	1.0	1.2			11	14		35/1000
	65-74	0.9	1.1			10	13		35/1000
	75 이상	0.8	1.0			9	12		35/1000
임신부		+0.3	+0.4			+3	+4		35/1000
수유부		+0.4	+0.5			+2	+3		35/1000

1) 1 mg NE(니아신 당량)=1 mg 니아신=60 mg 트립토판

성별	연령	비타민 B_6(mg/일)				엽산(μg DFE/일)[1]			
		평균 필요량	권장 섭취량	충분 섭취량	상한 섭취량	평균 필요량	권장 섭취량	충분 섭취량	상한 섭취량[1]
영아	0-5(개월)			0.1				65	
	6-11			0.3				90	
유아	1-2(세)	0.5	0.6		20	120	150		300
	3-5	0.6	0.7		30	150	180		400
남자	6-8(세)	0.7	0.9		45	180	220		500
	9-11	0.9	1.1		60	250	300		600
	12-14	1.3	1.5		80	300	360		800
	15-18	1.3	1.5		95	330	400		900
	19-29	1.3	1.5		100	320	400		1,000
	30-49	1.3	1.5		100	320	400		1,000
	50-64	1.3	1.5		100	320	400		1,000
	65-74	1.3	1.5		100	320	400		1,000
	75 이상	1.3	1.5		100	320	400		1,000
여자	6-8(세)	0.7	0.9		45	180	220		500
	9-11	0.9	1.1		60	250	300		600
	12-14	1.2	1.4		80	300	360		800
	15-18	1.2	1.4		95	330	400		900
	19-29	1.2	1.4		100	320	400		1,000
	30-49	1.2	1.4		100	320	400		1,000
	50-64	1.2	1.4		100	320	400		1,000
	65-74	1.2	1.4		100	320	400		1,000
	75 이상	1.2	1.4		100	320	400		1,000
임신부		+0.7	+0.8		100	+200	+220		1,000
수유부		+0.7	+0.8		100	+130	+150		1,000

성별	연령	비타민 B12(μg/일)				판토텐산(mg/일)				비오틴(μg/일)			
		평균 필요량	권장 섭취량	충분 섭취량	상한 섭취량	평균 필요량	권장 섭취량	충분 섭취량	상한 섭취량	평균 필요량	권장 섭취량	충분 섭취량	상한 섭취량
영아	0-5(개월)			0.3				1.7				5	
	6-11			0.5				1.9				7	
유아	1-2(세)	0.8	0.9					2				9	
	3-5	0.9	1.1					2				12	
남자	6-8(세)	1.1	1.3					3				15	
	9-11	1.5	1.7					4				20	
	12-14	1.9	2.3					5				25	
	15-18	2.0	2.4					5				30	
	19-29	2.0	2.4					5				30	
	30-49	2.0	2.4					5				30	
	50-64	2.0	2.4					5				30	
	65-74	2.0	2.4					5				30	
	75 이상	2.0	2.4					5				30	
여자	6-8(세)	1.1	1.3					3				15	
	9-11	1.5	1.7					4				20	
	12-14	1.9	2.3					5				25	
	15-18	2.0	2.4					5				30	
	19-29	2.0	2.4					5				30	
	30-49	2.0	2.4					5				30	
	50-64	2.0	2.4					5				30	
	65-74	2.0	2.4					5				30	
	75 이상	2.0	2.4					5				30	
임신부		+0.2	+0.2					+1.0				+0	
수유부		+0.3	+0.4					+2.0				+5	

1) Dietary Folate Equivalents, 가임기 여성의 경우 400 μg/일의 엽산보충제 섭취를 권장함,

2) 엽산의 상한섭취량은 보충제 또는 강화식품의 형태로 섭취한 μg/일에 해당됨.

표 9-9 수용성 비타민의 요약

수용성 비타민	기능	급원 식품	결핍증	과잉증	권장섭취량 (성인:19~64세)
티아민	당질 대사 조효소[TPP]로 탈탄산반응, 펜토오스 인산회로 신경계 기능	돼지고기, 콩류, 땅콩, 전곡류, 쇠간, 강화곡류	식욕저하, 메스꺼움, 구토, 부종, 심장확대, 각기(beriberi)	보고되지 없음	남자: 1.2mg 여자: 1.1mg
리보 플라빈	당질, 지질, 단백질의 에너지 대사 조효소[FMN, FAD]로 작용, 전자전달계 작용, 지방 분해	우유, 유제품 고기, 달걀, 강화곡류, 녹색 채소	구순구각염, 설염, 눈이 부시는 현상, 피부염	부작용 거의 없음	남자: 1.5mg 여자: 1.2mg
니아신	당질 산화, 지방산 생합성, 전자전달계 작용, 조효소 [NAD(H), NADP(H)]	땅콩류, 육류, 간, 대부분의 단백질 식품	심한 설사, 피부염, 신경 장애, 전신 쇠약 (pellagra)	구역질, 토사,설사, 얼굴 · 목 · 손이 붉어짐	남자: 16mgNE 여자: 14mgNE
비타민 B_6	아미노산대사의 조효소[PLP], 트립토판에서 니아신 전환	간, 육류, 가금류, 어류, 콩류, 견과류	유아 지루성 피부염, 빈혈, 신경염	보고되지 없음	남자: 1.5mg 여자: 1.4mg
판토텐산	에너지대사의 조효소[CoA], 아세틸콜린, 콜레스테롤, 케톤체 합성	동물성식품, 곡류 등 모든 식품	피로, 불면증, 복통, 수족 마비	무독성, 가끔 설사 유발	충분섭취량 남자: 5mg 여자: 5mg
엽산	RNA와 DNA 대사의 조효소[THF], 단일탄소 전달의 조효소	녹색채소, 두류, 간, 강화시리얼	거대적아구 성빈혈, 설염, 설사, 위장계 질환, 성장 장애	부작용 거의 없음	남자:400㎍DFE 여자:400㎍DFE
비오틴	당질, 지방대사에서 CO_2 운반에 필요한 조효소	간, 마른 콩류, nuts, 곡류, 신선한 채소	비늘이 벗겨지는 피부염	무독성 충분섭취량	충분섭취량 남자: 30㎍ 여자: 30㎍
비타민 B_{12}	엽산대사에 관여, RNA와 DNA조효소, 단일탄소 이용	동물성 식품 (고기, 생선, 가금류, 우유, 달걀)	거대적아구성 빈혈, 악성빈혈 (IF 부족), 신경계 질환	무독성	남자: 2.4㎍ 여자: 2.4㎍
비타민 C	수산화반응(콜라겐 합성), 항산화제, 철 흡수, 면역기능 강화	과일(감귤류, 딸기, 키위), 채소류 (브로콜리, 배추, 콜리플라워)	괴혈병, 쇠약, 상처회복의 지연, 면역체계 손상	신장결석, 설사, 철 과대 흡수	남자: 100mg 여자: 100mg

CHAPTER

10

수분

수분

수분은 인체 내 성분의 2/3를 차지하는 양적으로나 질적으로 가장 중요한 성분으로 생명 유지에 절대적이며 모든 생명체는 수분 없이 생존이 불가능하다.

독일의 생리학자 Rubner가 실험한 결과에 의하면, 동물은 체내에 저장되어 있는 글리코겐과 지방을 전부 사용하고 체 단백질의 1/2 이상을 사용해도 생존할 가능성이 있으나 체내 수분이 10%가 상실되면 위험하고 20% 이상을 상실하면 생명의 위험을 초래한다고 하였다.

10-1 체내 수분의 분포

인체 내 수분의 양은 연령, 성별 및 체지방의 함량에 따라 다르다. 연령별 체중대비 체수분의 비율을 비율을 보면 신생아는 75%, 성인 남녀는 60–65%, 근육량이 감소되는 노인 남녀는 40~45%로 낮아진다. 12세까지는 성별에 따라 남녀 간에 체성분 차이가 크지 않아 체수분량이 비슷하지만, 사춘기를 지나면서 남자는 근육량이 빠르게 증가하기 때문에 여자에 비해 많은 수분량을 보유하게 된다. 이러한 수분 함량은 거의 모든 동물이 유사하고 성장기 동물은 수분을 많이 보유하고 있으며 그중에도 가장 활동적인 조직인 혈액, 심장, 폐, 콩팥, 근육 등에 76% 이상, 지방조직에 20~35%, 골격과 연골에 20%의 수분을 함유하고 있다.

인체 내 수분은 세포내액(intracellular fluid)과 세포외액(extracellular fluid)으로 나누어 분포되어 있으며 세포내액은 체세포 내에 있는 수분으로 체중의 약 45%이고, 세포외액 중 혈액은 체중의 약 5%, 세포간질액, 임파액, 골수액과 각종 분비액은 체중의 약 15%를 차지하고 있다. 인체 각 장기조직의 수분량은 [표 10-1]과 같고 인체 내 체액의 분포도는 [그림 10-1]과 같다.

표 10-1 성인 인체 내 각 장기조직의 수분량

장기조직	인체 내 장기조직률(%)	전체 수분량에 대한 장기조직의 수분량(%)	수분량(%)
혈액	4.9	6.5	83
신장	0.4	0.5	83
심장	0.5	0.6	79
허파	0.7	0.9	79
비장	0.2	0.2	76
근육	41.7	43.4	76
뇌	2.0	2.3	75
장	1.8	2.1	75
피부	18.0	20.6	72
간장	2.3	2.4	68
골격	16.0	5.5	22
기타	11.5	15.0	-

그림 10-1 체액의 구획과 분포

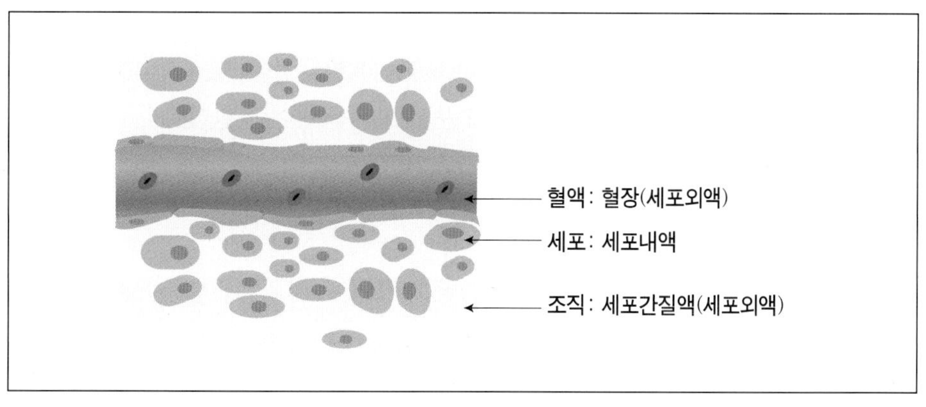

10-2 수분의 기능

1. 영양소의 소화 흡수

섭취한 음식물은 가장 간단한 영양소인 단당류, 아미노산, 글리세롤, 무기질, 수용성 비타민, 지방산, 지용성 비타민으로 분해된 후 흡수한다. 이들 영양소는 효소에 의해 가수분해될 때 물이 필요하다.

2. 영양소의 체내 운반 및 노폐물의 배출

소화 흡수된 혈액, 세포간질액, 뇌척수액, 소화액 등의 세포외액은 세포가 필요로 하는 산소 및 영양 물질을 공급하고 세포에서 생성된 노폐물을 외부로 배출하는 역할을 한다.

단당류, 아미노산, 글리세롤, 무기질, 수용성 비타민은 융모의 모세혈관을 통하여 문맥을 거쳐 간으로 운반되고 고분자 지방산, 재합성된 지방, 지용성 비타민은 림프관을 통해 정맥으로 들어가 필요한 조직으로 운반된다.

또한, 체내에서 생성된 노폐물은 혈액을 통해 이동되어 소변으로 배설된다. 에너지를 발생하기 위하여 포도당이 대사 연소되면 H_2O와 CO_2가 생성되는데 수분은 주로 소변이나 땀으로 피부를 통하여 배출되고 일부는 폐를 통해 배출된다. 그리고 이산화탄소는 혈액을 통하여 폐로 운반되어 호흡에 의해서 체외로 발산된다. 그외 단백질 지질, 무기질, 비타민 배출에도 수분의 도움을 받아야 한다.

3. 영양소의 대사 반응

수분은 체내 각 조직에 존재하여 여러 영양소를 용해시키고 또한 세포 내에서 여러 가지 생화학 반응을 촉진한다. 즉 체내 생화학 반응은 수분 없이는 정상적으로 일어나지 않는다.

칼륨을 많이 함유하는 세포내액은 총 체액의 약 50~60% 차지하며 생명 현상의 본체가 되는 생화학 반응이 일어난다. 세포내액의 조성은 세포외액의 수분과 전해질 농도에 의해 영향을 받는다.

4. 삼투압의 평형 유지

세포막은 용매는 통과시키고 용질은 통과하지 않는 반투과성의 막으로, 막을 경계로 물 분자의 침투가 일어나는 반대 방향에 압력이 가해지는 것을 삼투압이라 하며 삼투압은 용액의 온도와 농도에 비례한다. 체액의 삼투압은 약 300mOsm/ l 이다.

▌그림 10-2 혈장량의 증 · 감에 따른 수분 재흡수 조절 메커니즘

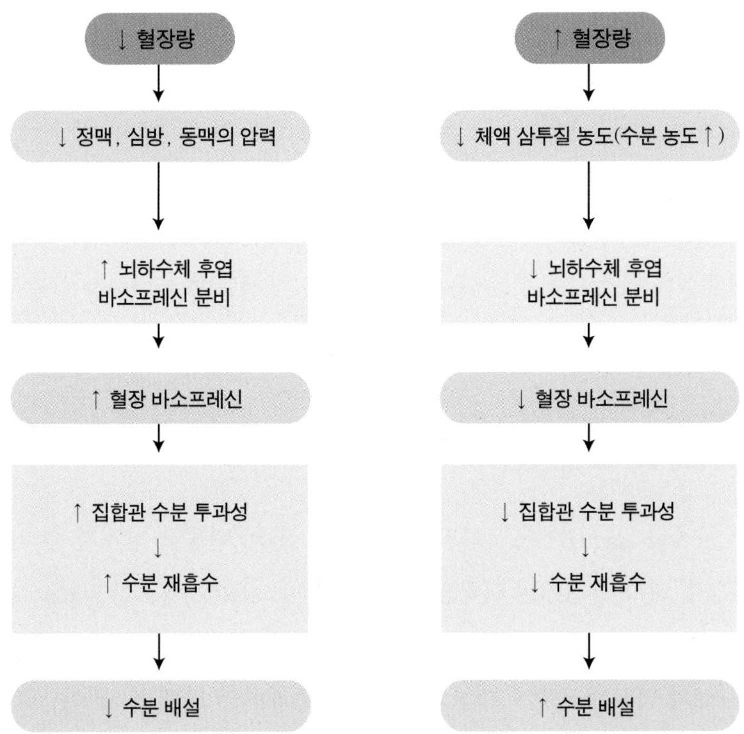

체내 수분이 부족하여 삼투압이 높아지면 간뇌의 시상하부가 자극을 받아 뇌하수체 후엽의 항이뇨호르몬인 바소프레신(vasopressin)의 분비가 촉진되어 세뇨관에서 수분의 삼투압이 상승되어 수분의 재흡수가 증가한다. 혈액 내 수분량이 증가하면 간뇌가 바소프레신의 분비를 감소시켜 수분의 재흡수량을 조절하여 평형 상태로 되돌아가게 하여 수분의 항상성을 유지한다[그림 10-4].

5. 체내 전해질의 평형 유지

수용액에서 양이온과 음이온으로 분리되는 성질을 가진 단순 무기질인 나트륨(Na^+), 칼륨(K^+), 마그네슘(Mg^{2+}), 칼슘(Ca^{2+}), 염소(Cl^-), 황(S^{6+}) 등의 물질과 체내에서 합성되는 복합 유기분자 등을 전해질이라 한다. 섭취하는 전해질과 수분량은 일정하지 않지만 신장에서 전해질과 수분의 배설을 적절하게 조절한다.

세포내액의 조성은 세포외액의 수분과 전해질 농도에 의해 조절된다. 세포외액에 가장 많은 Na^+와 Cl^- 두 이온은 정상 체액의 약 80%에 해당하는 250mOsm/ l 이며 발한, 배설, 소변으로 인체 내에서 빠져나간다.

사람은 주로 신장에서 여과된 Na^+의 재흡수를 조절하여 체내 NaCl과 수분 함량을 조절한다. 즉 세포외액량이 증가한 경우 신장에서 사구체 여과율 증가로 Na^+의 요중 배설량이 증가하고 부신피질로부터 알도스테론(aldosterone) 분비가 감소되어 Na^+ 재흡수를 감소시켜 증가된 세포외액량을 조절하게 된다(6장 다량무기질 p188그림 참조).

6. 체액, 혈액의 pH 조절작용

완충제(buffering agent)는 용액의 H^+ 농도 또는 pH의 변동을 방지할 수 있는 물질이다. 세포 내 대사 과정에서 다량의 탄산(carbonic acid), 케토산(ketoic acid)과 활동할 때 젖산(lactic acid) 등의 산성 물질이 생성되어 세포외액으로 배출되지만 세포외액은 pH의 변화가 없다. 이는 세포외액에 존재하는 단백질, 인산, 염 및 헤모글로빈, HCO_3^-/H_2CO_3 등의 완충제 작용 때문이다.

산 · 염기 평형에 이상이 생기게 되면 CO_2의 분압은 폐에서 HCO_3^-는 신장에 의해서 적절히 조절이 안 되어, 동맥혈의 pH가 정상보다 높은 알카리혈증(alkalosis)이 되거나, 정상보다 낮은 산혈증(acidosis)이 된다. 이와 같은 pH의 변화는 원인에 따라 대사성(metabolic)과 호흡성(respiratory)으로 나뉘는데 대사성 이상은 폐에 의한 호흡 조절로 보상작용이 우선적으로 이루어지고 신장에 의해서도 보상이 이루어진다. 호흡성 이상은 신장이 보상 기능을 담당한다. 대사성 보상은 신장에서 소변을 통하여 H^+나 염기를 배설하고 HCO_3^-를 재흡수하며, pH 조절은 동맥혈의 pH까지 완전히 보상하며 회복할 수 있으나 호흡성 보상은 혈액의 pH를 완전히 회복시키지는 못한다.

7. 체온 조절작용

수분은 체온을 조절하는 데 크게 기여한다. 체온이 어느 정도 피부를 통해 복사와 전도의 과정에 의하여 발산된다고도 하지만, 당질, 지질, 단백질의 대사 과정에서 과량으로 생성되는 열은 체표면을 통해 수분이 발산될 때 소모되는 기화열로 사용되므로 체온 조절이 이루어진다. 인체 내에서 대사 과정을 촉매하는 효소작용의 최적 온도는 36.5℃이므로 체온의 변화는 정상적인 대사 과정에 지장을 초래한다. 그러므로 수분은 체온 조절을 효과적으로 이행하고 있다. 또한, 수분은 양도체이므로 신체 전반에 열을 적절히 전달하여 준다. 대사 과정에서 생성되는 열은 정상적인 체온 이상으로 방출되므로 이를 발산하지 않으면 세포의 효소가 불활성화된다.

피부와 폐를 통해 하루에 약 1 *l* 의 수분이 증발하는데 600kcal의 열량이 기화열로 발산되며, 정상적 기온과 습도인 환경에서 보통 350~700*ml* 의 수분이 무의식적으로 피부와 폐를 통해 증발한다. 피부를 통한 수분 증발은 체표면적에 정비례하고, 또한 피하지방이 많은 사람은 열의 발산도가 늦어지므로 겨울에는 보온이 되나 여름에는 더위를 심하게 느끼게 된다. 환경적으로 기온의 상승과 신체적 활동의 정도에 따라 감각적 발산으로 땀이 나게 된다. 즉 주위의 온도가 높아서 체온이 발산하지 못하든가 근육 활동이 심하여 열이 발생하면 그 열을 흡수하고 땀이 체외로 나

감으로써 체온을 정상적으로 저하시키는 효과를 나타낸다. 이때 발산되는 수분의 양은 매시간당 0~2 *l* 정도이다.

축구선수가 한 경기를 하는 동안에 체중이 4.5~5kg 정도 감소하는 이유는 땀으로 수분을 잃기 때문이다. 이때의 체온 조절은 뇌의 시상하부에 의해서 발한작용을 조절하여 이루어 진다.

8. 분비액의 성분

인체 내에 분비되는 분비물은 건강한 성인의 경우 타액으로 1일 평균 1,200~1,500*ml*(pH 5.5~7.6), 위액은 1,200~2,500*ml*(pH 1,5~2.0), 담즙은 500~1,100*ml*(pH 6.9~8.6), 췌액은 700~1,000*ml*(pH 7.0~8.6) 그리고 장액은 700~3.000*ml*(pH 7.0~8.0)가 분비된다고 한다. 이 분비액들의 주성분은 수분이다.

9. 보호작용

수분은 신체를 보호한다.

첫째로, 수분은 탄력이 있어서 신체 어느 부분에 압력을 가하면 그 압력이 바로 그 부분에 전달되지 않는다. 그러므로 인체는 많은 수분을 함유함으로써 내장기관을 외부의 충격으로부터 보호하는 역할을 한다.

둘째로, 신체 관절에는 관절액이 뼈와 뼈 사이의 마찰을 줄여 잘 움직일 수 있게 해준다.

셋째로, 중추신경조직도 뇌척수 액에 잠겨 보호를 받고 있다. 관절골 액이나 뇌척수 액의 주성분도 역시 수분이다.

10. 기타 작용

세포 횡단 부분(transcellular fluid)은 윤활 액으로서의 그 역할이 크다. 타액은 음식물이 식도를 잘 통과하도록 하고, 소화액은 식품이 효소에 의해 가수분해되도록 돕는다. 또한, 장내에서 변비 증세를 막고 배설물의 유동을 원활하게 하는데도 충분한 수분이 필요하다. 수분 섭취가 부족해 심한 갈증이 나는 상태에서는 식품의 섭취량이 감소되었다는 보고가 있다.

10-3 체내 수분 조절

1. 수분의 급원

인체는 체외로부터 수분을 섭취함과 동시에 체외로 배설함으로써 인체 내 수분의 동적 평형을 유지한다. 섭취하는 수분은 음료수와 음식물 중의 수분으로 1일 약 2,000*ml* 수준이다. 하루에 섭취하는 수분량은 연령, 염분의 섭취량, 운동량, 기후 등에 따라서 큰 차이가 있다. 신생아 및 어린이의 단위체중당 수분 섭취량은 성인에 비해 훨씬 많고, 열대 지방이나 여름철, 심한 운동을 할 때 수분 섭취량이 증가한다. 보편적으로 성인은 1일 음료수로 900~1,500*ml*(평균 1,100*ml*), 음식물로 500~1,000*ml*의 수분을 섭취한다. 소화관으로 들어온 수분 가운데 95%는 소장에서, 4%는 대장에서 흡수되며 1%는 소변으로 배설된다.

당질, 지질, 단백질이 체내에서 산화되면 탄산가스와 열량을 낼 뿐만 아니라 상당량의 수분을 생산한다. 이것을 대사수(metabolic water)라 한다.

식품은 약 100kcal의 열을 발생할 때 약 12~13g의 물을 생성하는데, 단백질이 100kcal를 발생할 때는 10.5g, 당질은 15g, 그리고 지방은 11.1g의 물을 각각 생성한다. 즉 단백질 1g에서는 0.41g, 당질 1g에서는 0.55g, 지질 1g에서는 1.07g

의 대사수를 각각 생성하여 1일의 섭취 식품에서 약 300~400g의 대사수를 생성하는 것으로 추정된다. 대사수는 음식물에서 섭취하는 수분량에 비해서 극히 적기 때문에 자유롭게 수분을 섭취할 때는 중요시되지 않으나 수분 결핍 때는 중대한 역할을 한다. 사막의 낙타는 위에 물주머니를 갖고 있으며 혹 안의 지방을 소비하여 생성되는 대사수를 이용한다. 또한, 지방식으로 사육한 쥐는 단백질식으로 사육한 쥐보다 갈증을 잘 견딘다. 각종 식품의 수분 함량은 [표 10-2]와 같이 식품 종류에 따라 큰 차이가 있다.

표 10-2 각종 식품의 수분량(%)

식품	수분	식품	수분	식품	수분
오이	95.5	딸기	89.1	꽁치	66.9
호박	95.0	밀감	87.0	쇠고기	62.5
양배추	94.3	사과(홍옥)	86.8	소갈비	47.2
상치	94.1	감(연시)	85.9		
숙주	94.1	배	85.8	우유	88.5
시금치	93.7	감(단감)	82.6	아이스크림	65.3
가지	93.3	포도	81.5	치즈	35.3
피망	91.9	바나나	75.5	분유	2.0
토마토	90.5	조기	81.7	감자	81.2
무(조선무우)	90.3	동태	81.0	쌀밥	65.0
콩나물	90.2	도미	77.8	고구마	64.6
양파	89.1	갈치	74.0	식빵	26.1
당근	88.7	달걀	74.0	밀가루(강력분)	14.5
수박	94.0	닭고기	73.5	백미	14.1
참외	89.8	민어	70.0	당면	13.2
복숭아	89.4	돼지고기	69.3	라면	2.6

2. 수분의 배설

수분의 급원은 액체 음료, 고형 음식, 대사 수분이며 배설은 소변으로 40~50%, 피부를 통한 증발로 15~30%, 허파를 통한 증발로 10~20%, 대변으로 5~10%의 수준이다[표 10-3].

수분은 용매로서 노폐물을 용해하여 소변으로 배설한다. 건강한 성인은 1일 900~1,500㎖의 수분을 소변으로 배설하며 노폐물이 체내에 보류되지 않는 한도 내에서 최소 1일 300~500㎖의 수분을 소변으로 배설시키지 않으면 안 된다. 수분 섭취량은 곧 소변의 배설량에 반영된다.

피부에서 배출되는 수분은 두 가지 형태가 있다. 하나는 발한이고, 다른 하나는 사람이 의식하지 못하는 가운데 피부 표면에서 발산하는 불감증설(insensible perspiration)이다.

불감증설은 피부와 허파에서 일어나는 기체의 발산에 의하는 것으로, 그 90% 정도가 수증기이고 10% 정도가 CO_2이다. 보통의 생활을 하고 있을 때 불감증설로 손실되는 수분량은 체표면적 1㎡당 1일 평균 약 0.6l이고, 1일 피부를 통해 증발되는 수분은 500~600㎖로 약 45%이다. 그리고 이때의 체온 방산은 약 300kcal이다.

타액, 소화기 분비액, 췌장액, 담즙, 림프액 등의 분비액이 하루에 분비되는 양도 상당하나 거의 재흡수되고 대변을 통해 배설되는 수분의 양은 1일 100~200㎖에 불과하다. 기아 상태나 또는 저당질 식사를 할 때는 체액이 급격히 소실되는데 이

표 10-3 각종 식품의 수분량(%)

수분의 급원	수 분 량	수분의 급원	수 분 량
액체음료	1,100~1,400(1,200)	소변	900~1,500(1,400)
음식물	500~1,000(1,000)	불감증설(피부)	500~600(1,000)
		불감증설(호흡)	400~500
대사수	300~400(300)	대변	100~200(100)
합계	1,900~2,800(2,500)	합계	1,900~2,800(2,500)

(출처: Joliffe,N.F.Tisdall, and P.R.Cannon.《Clinical Nutrition》, Guthrie,H.A.,《Introductory Nutrition》, p.195)

는 소변을 통해서 알 수 있다. 이로 인해 급작스런 체중 감소와 허탈감을 느끼게 되며 흔히 체중 조절을 하기 위해서 굶거나 또는 당질을 전혀 섭취하지 않는 사람들 사이에서도 볼 수 있다.

10-4 수분의 필요량

수분의 필요량은 연령, 섭취 식품의 종류, 신체 활동량, 건강 상태 등에 따라 영향을 받게 된다. 대부분의 경우 갈증은 수분의 요구에 대한 안전지표라고 할 수 있으며, 이러한 신체의 요구가 있을 때 우리는 수분을 섭취하는 것이 올바른 태도라고 할 수 있다. 미국의 Food and Nutrition Board는 수분의 소요량은 1일 2.5*l*나 또는 섭취하는 식품 매 kcal당 1*ml*, 신생아는 1.5*ml*의 수분 섭취를 권장하고 있다. 어린이는 성인보다 대사율이 높으며, 수분 증발의 단위표면적이 넓고, 또한 조직을 구성하기 위한 여분의 수분이 필요하므로 성장기에는 성인보다 단위체중당 수분의 필요량이 크다.

건강 상태가 정상이 아닐 때도 수분의 요구량이 증가한다. 즉 혼수 상태, 체열이 높을 때, 다뇨증이나 설사 등의 증세가 있을 때와 고단백질 식사를 할 때, 그리고 기후가 고온일 때는 수분 섭취량이 정상보다 훨씬 많아진다. 수분의 필요량은 연령, 섭취 식품의 종류, 신체 활동량 등에 따라 영향을 받게 된다.

첫째, 연령에 따라 다르다. 성장기의 아동은 성인보다 단위체중당 체표면적이 넓어 대사율이 높고 활동량이 많다. 땀으로 손실되는 수분량이 많으며, 또한 조직이 계속 생성되기 때문에 성인에 비해 단위체중당 수분 필요량이 많다[표 10-4].

둘째, 섭취하는 식품의 종류에 따라 다르다. 지방은 산화 시 생성되는 대사수의 양이 많으므로 지방질이 많은 식품을 먹는 경우 수분 필요량이 감소된다. 반면에 고단백질 식사를 하는 경우는 질소 성분이 요소로 되어 배설되는데 이때 요소가 체내에 과량으로 쌓이면 독성을 나타내게 되므로 많이 생성된 요소의 제거를 위해서는 많은 양의 수분이 필요하게 된다. 또한, 염분이 많은 식품을 다량 섭취하면 염

▌표 10-4 체중에 대한 수분의 필요량(㎖/㎏)

연 령 별	수분 필요량	연 령 별	수 분 필요량
신 생 아	110	성인(기온 22℃)	22
10세 어린이	40	성인(기온 38℃)	38

(출처: Guthrie,H.A., 《Introductory Nutrition》, p.195)

분을 제거하기 위해 수분 필요량이 증가된다.

당질이 많은 음식물을 섭취할 때도 위 내에서 당분 희석을 위해 수분 필요량이 증가하며, 잔틴(xanthine) 유도체를 함유하고 있는 커피, 차, 코코아 등은 이뇨작용이 있어 신장에서 수분의 배설을 증가시킨다.

셋째, 신체 활동량이다. 휴식이나 수면 중에는 수분의 손실이 적으며 가벼운 운동을 하면 약간의 수분 손실이 생기고 심한 운동이나 노동을 할 때는 생성된 열을 발산하기 위해서 많은 양의 수분이 필요하게 된다. Benedict와 Carpenter가 실험한 결과에 의하면 똑같이 조절된 조건하에서 휴식 상태에 있는 사람은 매시간당 수분 배출량이 23~79g이었고, 중등 정도의 근육 활동을 하는 사람은 140~276g의 수분을 배출하였다.

10-5 수분과 건강

1. 수분 결핍

설사, 구토, 수분 섭취 부족 등에 의하여 체액의 손실이 일어나는 것을 탈수라고 한다. 사람은 체중의 1% 정도의 수분이 손실되면 갈증을 느끼고, 4~5% 손실되면 피로, 무력감, 식욕 감퇴, 소변량이 감소되고, 6~10%가 손실될 때 두통, 호흡곤란, 언어장애 등이 일어나고, 12~14%가 손실되면 음식을 삼키는 작용을 하기도 어려워지고, 20% 정도의 수분이 손실되면 죽음에 이르게 된다.

수분이 많이 부족할 때 체온이 상승하고 혈액의 점성이 커져 농도가 진해지고 혈액순환장애가 온다. 심한 운동이나 노동 등으로 신체 활동량이 많아 땀을 많이 흘렸을 때는 수분 보충과 아울러 염분을 공급하는 것이 바람직하다. 왜냐하면 땀에는 수분과 함께 전해질도 포함되어 있기 때문이다. 다량의 땀을 흘렸을 때 수분 공급만 하는 경우는 세포외액의 삼투압이 낮아져 수분이 세포 내로 이동하여 혈액량이 감소하고 혈압이 강하되며 허약감, 근육경련 등을 일으킬 수 있다. 한편, 땀의 염분 농도는 세포외액의 염분 농도보다 낮기 때문에 땀에 의한 수분 손실이 극심하지 않으면 염분의 보충은 필요하지 않다. 너무 많은 양의 염분을 보충하면 세포외액의 삼투압이 높아져서 세포 내의 수분이 세포외액으로 이동되어 운동 능력이 감소되기 때문이다.

2. 수분 과잉

체내 각 조직의 수분은 끊임없이 교류하여서 출납 평형을 이루고 있으나 평형이 깨져서 흉강이나 복강에 남는 상태를 수증이라고 한다. 실질 조직에 수분이 남는 상태를 수종, 피하조직에 수분이 증가한 상태를 부종이라고 한다. 부종의 원인에는 여러 가지가 있으며 심장병, 신장병, 영양실조 증 등의 경우에서 볼 수 있다.

땀을 많이 흘린 뒤 물을 마실 때, 염분을 같이 보충하여 주지 않으면 체내에서 수분 과잉이 되어 마신 물은 오줌과 땀 등으로 배설된다. 이 때문에 삼투압의 조절이 불가능하게 되며 특히 신경이 민감하게 반응하여 경련을 일으킬 수 있는데 이것을 열경련이라고 부른다. 이것을 방지하기 위하여 0.3~0.5%의 식염수를 공급하면 좋다.

10-6 수분의 영양섭취기준

우리나라 수분의 영양섭취기준은 모든 연령층에 충분섭취량이 설정되었다. 수분의 충분섭취량은 음식으로 섭취한 수분량과 액체 섭취량을 합하여 설정하였다. 19~29세 성인 남녀의 수분 충분섭취량은 각각 2,600mL/일(액체가 1,200mL), 2,100mL/일(액체가 1,000mL)로 책정되었으며, 그 이후에는 연령이 증가함에 따라 감소한다.[표 10-5].

표 10-5 한국인의 1일 수분 섭취기준 (2020)

성별	연령	수분(mL/일)					
		음식	물	음료	충분섭취량		상한섭취량
					액체	총수분	
영아	0-5(개월)				700	700	
	6-11	300			500	800	
유아	1-2(세)	300	362	0	700	1,000	
	3-5	400	491	0	1,100	1,500	
남자	6-8(세)	900	589	0	800	1,700	
	9-11	1,100	686	1.2	900	2,000	
	12-14	1,300	911	1.9	1,100	2,400	
	15-18	1,400	920	6.4	1,200	2,600	
	19-29	1,400	981	262	1,200	2,600	
	30-49	1,300	957	289	1,200	2,500	
	50-64	1,200	940	75	1,000	2,200	
	65-74	1,100	904	20	1,000	2,100	
	75 이상	1,000	662	12	1,100	2,100	
여자	6-8(세)	800	514	0	800	1,600	
	9-11	1,000	643	0	900	1,900	
	12-14	1,100	610	0	900	2,000	
	15-18	1,100	659	7.3	900	2,000	
	19-29	1,100	709	126	1,000	2,100	
	30-49	1,000	772	124	1,000	2,000	
	50-64	900	784	27	1,000	1,900	
	65-74	900	624	9	900	1,800	
	75 이상	800	552	5	1,000	1,800	
임신부						+200	
수유부					+500	+700	

CHAPTER

11

부록

부록

부록 1 - 2020년 한국인 영양소 섭취기준

1. 한국인 영양소 섭취기준 제정 방법

한국인 영양소 섭취기준은 건강한 개인 및 집단을 대상으로 하여 국민의 건강을 유지 · 증진하고 식사와 관련된 만성질환의 위험을 감소시켜 궁극적으로 국민의 건강수명을 증진하기 위한 목적으로 설정된 에너지 및 영양소 섭취량 기준이다. 따라서 한국인 영양소 섭취기준 제┌개정 방향은 에너지 및 영양소 섭취부족으로 인해 생기는 결핍증 예방에 그치지 않고, 과잉 섭취로 인한 건강문제 예방과 만성질환에 대한위험의 감소까지 포함하도록 정하고 있다. 이러한 점에서 2020 한국인 영양소 섭취기준에는 안전하고 충분한 영양을 확보하는 기준치(평균필요량, 권장섭취량, 충분섭취량, 상한섭취량)와 식사와 관련된 만성질환 위험감소를 고려한 기준치(에너지적정비율, 만성질환위험감소섭취량)를 제시하였으며, 이런 기준치들을 뒷받침하는 과학적 평가방법 및 체계적 문헌고찰로 얻어진 근거자료, 한국인 영양소섭취 실태 및 주요 급원식품, 그리고 글로벌 동향에 대한 정보를 함께 수록하였다. [그림 11-1]

1) 과학적 근거 활용

영양소 섭취기준은 각 영양소의 인체 필요량 및 이에 영향을 미치는 요인에 대한 과학적 근거를 토대로 설정하여, 표준화된 문헌 검색 지침과 문헌 평가 지침을 개발하여 활용하였다. 영양소 섭취기준은 제정하는 과정에서 다학제적 접근으로 고려해야 할 사항이 인체 필요량에 대한 과학적 근거를 활용하고 해당 집단의 식생활 환경이나 건강 상태를 반영하여 기준치를 설정하기 때문에, 해당 영양소의 대사적인 특성, 상호작용, 질병과의 관련성에 대한 풍부한 연구를 고려하였다.

▌그림 11-1 **영양소 섭취기준의 개정 원칙**

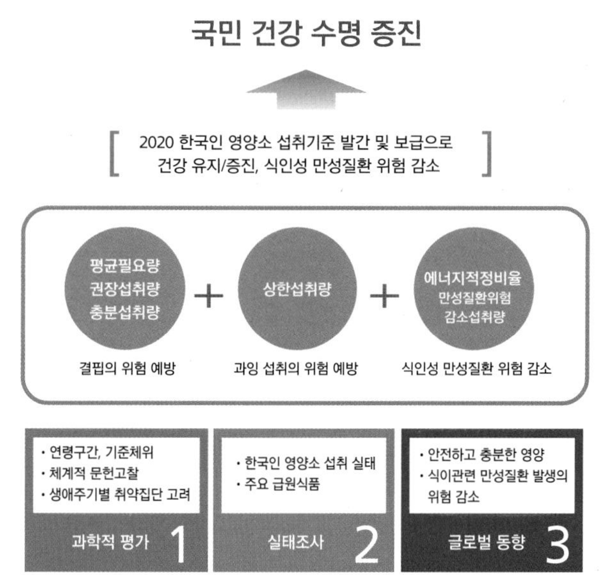

2) 연령 구분

연령구분은 생리적 발달 단계를 고려하여 2015 한국인 영양소 섭취기준과 동일하게 설정하였다(표 11-1). 영아기(1세 미만)는 두 단계로 구분하여 0~5개월과 6~11개월로 구간을 정하였고, 성장기 중 유아기(1~5세)도 두 단계로 구분하여 1~2세와 3~5세로 구간을 정하였다. 성장기 중 아동기 시작인 6세부터 성별을 구분하기 시작하였으며 6~14세까지는 3세 단위로 하여 6~8세, 9~11세, 12~14세, 15~18세로 구간을 정하였다. 성인기(19–64세)는 10세 단위로 구분하여 19~29세, 30~49

세, 50~64세로 구간을 정하였다. 노인기(65세 이상)은 2단계로 구분하여 65~74세와 75세 이상으로 구간을 정하였다. 노인기는 노년층의 증가와 노인의 생리적 상태 등을 고려하여 65세인 노인기 시작점은 유지하되, 이후 구간을 세분화하여 구분하는 방안에 대해 논의하였으나, 현재까지 이를 수정할 만한 과학적인 근거가 불충분하다고 판단하여 현재의 분류기준을 유지하기로 하였다.

표 11-1 한국인 영양소 섭취기준 설정을 위한 연령 구분

구분	남 · 여 구분	2020 한국인 영양소 섭취기준 연령 구분
영아	남 · 여 구분 없음	0~5개월 6~11개월
유아	남 · 여 구분 없음	1~2세 3~5세
소아 · 청소년	남 · 여 구분	6~8세 9~11세 12~14세 15~18세
성인	남 · 여 구분	19~29세 30~49세 50~64세
노인	남 · 여 구분	65~74세 75세 이상

3) 체위 기준

영양소의 필요량은 생애주기에 따른 생리적 변화 및 신체크기에 영향을 받으므로, 체위기준이 함께 고려되어야 한다. 신체크기는 개인별로 차이가 크기 때문에, 성별, 연령별 집단의 표준 체위기준치를 설정한 후, 그 기준치에 맞추어 영양소 섭취기준을 설정한다. 2015 한국인 영양소 섭취기준에서는 1세 미만 영아의 체위기준을 소아 · 청소년 신체발육표준치를 사용하여 설정하였다. 이번 2020 한국인 영양소 섭취기준에 서는 기존 2015한국인 영양소 섭취기준에서와 동일한 원칙

으로 소아 · 청소년 신체발육표준치를 사용하였으며, 다만 2007년 기준치 이후 최근 발표된 2017년 기준치를 사용하였다. 1세 이상의 성장기 소아 · 청소년의 경우, 2015 한국인 영양소 섭취기준에서는 최근 5년의 국민건강영양조사 자료를 활용하여 각 연령군의 체질량지수와 신장의 중위수를 산출하여 체위기준을 설정하였다. 이번 2020 한국인 영양소 섭취기준에서는 기존의 원칙을 변경하여 1세 미만에서 사용했던 것과 같이 2017 소아 · 청소년 신체발육표준치를 사용하였다. 성인의 경우, 2015 한국인 영양소 섭취기준에서 사용했던 원칙과 동일하게 최근 5년(2013~2017년)의 국민건강영양조사 자료를 근거로, 19~49세의 건강한 성인 중에서 체질량지수 18.5~24.9 kg/m²인 대상자의 체질량지수 중위수(남성 BMI 22.6, 여성 BMI 21.4)를 산출하여 적용함으로써 건강체중의 개념을 포함한 체위기준을 적용하였다. 이와 같은 방법으로 체위기준을 산출한 결과는 [표 11-2]와 같다.

표 11-2 2020 한국인 영양소 섭취기준 제정을 위한 체위기준

연령	2020 체위기준					
	신장(cm)		체중(kg)		BMI(kg/m²)	
0-5 (개월)	58.3		5.5		16.2	
6-11	70.3		8.4		17.0	
1-2 (세)	85.8		11.7		15.9	
3-5	105.4		17.6		15.8	
	남자	여자	남자	여자	남자	여자
6-8(세)	124.6	123.5	25.6	25.0	16.7	16.4
9-11	141.7	142.1	37.4	36.6	18.7	18.1
12-14	161.2	156.6	52.7	48.7	20.5	20.0
15-18	172.4	160.3	64.5	53.8	21.9	21.0
19-29	174.6	161.4	68.9	55.9	22.6	21.4
30-49	173.2	159.8	67.8	54.7	22.6	21.4
50-64	168.9	156.6	64.5	52.5	22.6	21.4
65-74	166.2	152.9	62.4	50.0	22.6	21.4
75 이상	163.1	146.7	60.1	46.1	22.6	21.4

4) 2020년 한국인 영양소 섭취기준 제정 대상 영양소

2020 한국인 영양소 섭취기준은 에너지 및 다량영양소 12종, 비타민 13종, 무기질 15종의 총 40종 영양소에 대해 설정되었다. 2020 한국인 영양소 섭취기준 제┌개정에서는 탄수화물에 대한 평균필요량과 권장섭취량, 지방산(리놀레산, 알파-리놀렌산, DHA+EPA)에 대한 충분섭취량이 새롭게 제정되었으며, 단백질에 대한 평균필요량과 권장섭취량이 개정되었다. 또한 나트륨에 대해 심혈관질환과 고혈압 등 만성질환위험감소를 위한 섭취량이 새롭게 설정되었다. 2020 한국인 영양소 섭취기준 제정 위원회는 섭취기준 제정이 필요하다고 생각되는 파이토뉴트리언트, 카르니틴, 콜린에 대한 체계적 문헌고찰을 실시하여 검토하였으나, 섭취기준을 제정하기에는 과학적 근거가 부족하다고 판단하여 대상 영양소에서 제외하였다.

표 11-3 2020 한국인 영양소 섭취기준 제정 대상 영양소

영양소		영양소 섭취기준					
		평균필요량	권장섭취량	충분섭취량	상한섭취량	만성질환 위험감소를 고려한 섭취량	
						에너지적정비율	만성질환위험감소섭취량
에너지	에너지	○[1]					
다량 영양소	탄수화물	○	○			○	
	당류						○[3]
	식이섬유			○			
	단백질	○	○			○	
	아미노산	○	○				
	지방			○		○	
	리놀레산			○			
	알파-리놀렌산			○			
	EPA+DHA			○[2]			
	콜레스테롤						○[3]
	수분			○			
지용성 비타민	비타민 A	○	○		○		
	비타민 D			○	○		
	비타민 E			○	○		
	비타민 K			○			
수용성 비타민	비타민 C	○	○		○		
	티아민	○	○				
	리보플라빈	○	○				
	니아신	○	○		○		
	비타민 B_6	○	○		○		
	엽산	○	○		○		
	비타민 B_{12}	○	○				
	판토텐산			○			
	비오틴			○			
다량 무기질	칼슘	○	○		○		
	인	○	○		○		
	나트륨			○			○
	염소			○			
	칼륨			○			
	마그네슘	○	○		○		
미량 무기질	철	○	○		○		
	아연	○	○		○		
	구리	○	○		○		
	불소			○	○		
	망간			○	○		
	요오드	○	○		○		
	셀레늄	○	○		○		
	몰리브덴	○	○		○		
	크롬			○			

1) 에너지필요추정량
2) 0-5개월과 6-11개월 영아의 경우 DHA 단일성분으로 충분섭취량 설정
3) 권고치

5) 2020년 한국인 영양소 섭취기준 요약표

▌표 11-4 한국인 영양소 섭취기준 – 에너지 적정 비율

보건복지부, 2020

성별	연령	에너지적정비율(%)				
		탄수화물	단백질	지질[1)]		
				지방	포화지방산	트랜스지방산
영아	0-5(개월)	-	-	-	-	-
	6-11	-	-	-	-	-
유아	1-2(세)	55-65	7-20	20-35	-	-
	3-5	55-65	7-20	15-30	8 미만	1 미만
남자	6-8(세)	55-65	7-20	15-30	8 미만	1 미만
	9-11	55-65	7-20	15-30	8 미만	1 미만
	12-14	55-65	7-20	15-30	8 미만	1 미만
	15-18	55-65	7-20	15-30	8 미만	1 미만
	19-29	55-65	7-20	15-30	7 미만	1 미만
	30-49	55-65	7-20	15-30	7 미만	1 미만
	50-64	55-65	7-20	15-30	7 미만	1 미만
	65-74	55-65	7-20	15-30	7 미만	1 미만
	75 이상	55-65	7-20	15-30	7 미만	1 미만
여자	6-8(세)	55-65	7-20	15-30	8 미만	1 미만
	9-11	55-65	7-20	15-30	8 미만	1 미만
	12-14	55-65	7-20	15-30	8 미만	1 미만
	15-18	55-65	7-20	15-30	8 미만	1 미만
	19-29	55-65	7-20	15-30	7 미만	1 미만
	30-49	55-65	7-20	15-30	7 미만	1 미만
	50-64	55-65	7-20	15-30	7 미만	1 미만
	65-74	55-65	7-20	15-30	7 미만	1 미만
	75 이상	55-65	7-20	15-30	7 미만	1 미만
임신부		55-65	7-20	15-30		
수유부		55-65	7-20	15-30		

1) 콜레스테롤: 19세 이상 300 mg/일 미만 권고

▌한국인 영양소 섭취기준 – 당류

보건복지부, 2020

총당류 섭취량을 총 에너지섭취량의 10~20%로 제한하고, 특히 식품의 조리 및 가공 시 첨가되는 첨가당은 총 에너지 섭취량의 10% 이내로 섭취하도록 한다. 첨가당의 주요 급원으로는 설탕, 액상과당, 물엿, 당밀, 꿀, 시럽, 농축과일주스 등이 있다.

▌표 11-5 한국인 영양소 섭취기준 – 에너지와 다량 영양소

성별	연령	에너지(kcal/일)				탄수화물(g/일)				식이섬유(g/일)			
		필요 추정량	권장 섭취량	충분 섭취량	상한 섭취량	평균 필요량	권장 섭취량	충분 섭취량	상한 섭취량	평균 필요량	권장 섭취량	충분 섭취량	상한 섭취량
영아	0-5(개월)	500						60					
	6-11	600						90					
유아	1-2(세)	900				100	130					15	
	3-5	1,400				100	130					20	
남자	6-8(세)	1,700				100	130					25	
	9-11	2,000				100	130					25	
	12-14	2,500				100	130					30	
	15-18	2,700				100	130					30	
	19-29	2,600				100	130					30	
	30-49	2,500				100	130					30	
	50-64	2,200				100	130					30	
	65-74	2,000				100	130					25	
	75 이상	1,900				100	130					25	
여자	6-8(세)	1,500				100	130					20	
	9-11	1,800				100	130					25	
	12-14	2,000				100	130					25	
	15-18	2,000				100	130					25	
	19-29	2,000				100	130					20	
	30-49	1,900				100	130					20	
	50-64	1,700				100	130					20	
	65-74	1,600				100	130					20	
	75 이상	1,500				100	130					20	
임신부[1)]		+0 +340 +450				+35	+45					+5	
수유부		+340				+60	+80					+5	

성별	연령	지방(g/일)				리놀레산(g/일)				알파-리놀렌산(g/일)				EPA+DHA(mg/일)			
		평균 필요량	권장 섭취량	충분 섭취량	상한 섭취량	평균 필요량	권장 섭취량	충분 섭취량	상한 섭취량	평균 필요량	권장 섭취량	충분 섭취량	상한 섭취량	평균 필요량	권장 섭취량	충분 섭취량	상한 섭취량
영아	0-5(개월)			25				5.0				0.6				200[2)]	
	6-11			25				7.0				0.8				300[2)]	
유아	1-2(세)							4.5				0.6					
	3-5							7.0				0.9					
남자	6-8(세)							9.0				1.1				200	
	9-11							9.5				1.3				220	
	12-14							12.0				1.5				230	
	15-18							14.0				1.7				230	
	19-29							13.0				1.6				210	
	30-49							11.5				1.4				400	
	50-64							9.0				1.4				500	
	65-74							7.0				1.2				310	
	75 이상							5.0				0.9				280	
여자	6-8(세)							7.0				0.8				200	
	9-11							9.0				1.1				150	
	12-14							9.0				1.2				210	
	15-18							10.0				1.1				100	
	19-29							10.0				1.2				150	
	30-49							8.5				1.2				260	
	50-64							7.0				1.2				240	
	65-74							4.5				1.0				150	
	75 이상							3.0				0.4				140	
임신부								+0				+0				+0	
수유부								+0				+0				+0	

1) 1,2,3 분기별 부가량, 2) DHA

성별	연령	단백질(g/일)				메티오닌(g/일)				류신(g/일)			
		평균 필요량	권장 섭취량	충분 섭취량	상한 섭취량	평균 필요량	권장 섭취량	충분 섭취량	상한 섭취량	평균 필요량	권장 섭취량	충분 섭취량	상한 섭취량
영아	0-5(개월)			10				0.4				1.0	
	6-11	12	15			0.3	0.4			0.6	0.8		
유아	1-2(세)	15	20			0.3	0.4			0.6	0.8		
	3-5	20	25			0.3	0.4			0.7	1.0		
남자	6-8(세)	30	35			0.5	0.6			1.1	1.3		
	9-11	40	50			0.7	0.8			1.5	1.9		
	12-14	50	60			1.0	1.2			2.2	2.7		
	15-18	55	65			1.2	1.4			2.6	3.2		
	19-29	50	65			1.0	1.4			2.4	3.1		
	30-49	50	65			1.1	1.3			2.4	3.1		
	50-64	50	60			1.1	1.3			2.3	2.8		
	65-74	50	60			1.0	1.3			2.2	2.8		
	75 이상	50	60			0.9	1.1			2.1	2.7		
여자	6-8(세)	30	35			0.5	0.6			1.0	1.3		
	9-11	40	45			0.6	0.7			1.5	1.8		
	12-14	45	55			0.8	1.0			1.9	2.4		
	15-18	45	55			0.8	1.1			2.0	2.4		
	19-29	45	55			0.8	1.0			2.0	2.5		
	30-49	40	50			0.8	1.0			1.9	2.4		
	50-64	40	50			0.8	1.1			1.9	2.3		
	65-74	40	50			0.7	0.9			1.8	2.2		
	75 이상	40	50			0.7	0.9			1.7	2.1		
임신부[1)]		+12	+15			1.1	1.4			2.5	3.1		
		+25	+30			1.1	1.4			2.5	3.1		
수유부		+20	+25			1.1	1.5			2.8	3.5		

성별	연령	이소류신(g/일)				발린(g/일)				라이신(g/일)			
		평균 필요량	권장 섭취량	충분 섭취량	상한 섭취량	평균 필요량	권장 섭취량	충분 섭취량	상한 섭취량	평균 필요량	권장 섭취량	충분 섭취량	상한 섭취량
영아	0-5(개월)			0.6				0.6				0.7	
	6-11	0.3	0.4			0.3	0.5			0.6	0.8		
유아	1-2(세)	0.3	0.4			0.4	0.5			0.6	0.7		
	3-5	0.3	0.4			0.4	0.5			0.6	0.8		
남자	6-8(세)	0.5	0.6			0.6	0.7			1.0	1.2		
	9-11	0.7	0.8			0.9	1.1			1.4	1.8		
	12-14	1.0	1.2			1.2	1.6			2.1	2.5		
	15-18	1.2	1.4			1.5	1.8			2.3	2.9		
	19-29	1.0	1.4			1.4	1.7			2.5	3.1		
	30-49	1.1	1.4			1.4	1.7			2.4	3.1		
	50-64	1.1	1.3			1.3	1.6			2.3	2.9		
	65-74	1.0	1.3			1.3	1.6			2.2	2.9		
	75 이상	0.9	1.1			1.1	1.5			2.2	2.7		
여자	6-8(세)	0.5	0.6			0.6	0.7			0.9	1.3		
	9-11	0.6	0.7			0.9	1.1			1.3	1.6		
	12-14	0.8	1.0			1.2	1.4			1.8	2.2		
	15-18	0.8	1.1			1.2	1.4			1.8	2.2		
	19-29	0.8	1.1			1.1	1.3			2.1	2.6		
	30-49	0.8	1.0			1.0	1.4			2.0	2.5		
	50-64	0.8	1.1			1.1	1.3			1.9	2.4		
	65-74	0.7	0.9			0.9	1.3			1.8	2.3		
	75 이상	0.7	0.9			0.9	1.1			1.7	2.1		
임신부		1.1	1.4			1.4	1.7			2.3	2.9		
수유부		1.3	1.7			1.6	1.9			2.5	3.1		

1) 2,3 분기별 부가량

성별	연령	페닐알라닌+티로신(g/일)				트레오닌(g/일)				트립토판(g/일)			
		평균 필요량	권장 섭취량	충분 섭취량	상한 섭취량	평균 필요량	권장 섭취량	충분 섭취량	상한 섭취량	평균 필요량	권장 섭취량	충분 섭취량	상한 섭취량
영아	0-5(개월)			0.9				0.5				0.2	
	6-11	0.5	0.7			0.3	0.4			0.1	0.1		
유아	1-2(세)	0.5	0.7			0.3	0.4			0.1	0.1		
	3-5	0.6	0.7			0.3	0.4			0.1	0.1		
남자	6-8(세)	0.9	1.0			0.5	0.6			0.1	0.2		
	9-11	1.3	1.6			0.7	0.9			0.2	0.2		
	12-14	1.8	2.3			1.0	1.3			0.3	0.3		
	15-18	2.1	2.6			1.2	1.5			0.3	0.4		
	19-29	2.8	3.6			1.1	1.5			0.3	0.3		
	30-49	2.9	3.5			1.2	1.5			0.3	0.3		
	50-64	2.7	3.4			1.1	1.4			0.3	0.3		
	65-74	2.5	3.3			1.1	1.3			0.2	0.3		
	75 이상	2.5	3.1			1.0	1.3			0.2	0.3		
여자	6-8(세)	0.8	1.0			0.5	0.6			0.1	0.2		
	9-11	1.2	1.5			0.6	0.9			0.2	0.2		
	12-14	1.6	1.9			0.9	1.2			0.2	0.3		
	15-18	1.6	2.0			0.9	1.2			0.2	0.3		
	19-29	2.3	2.9			0.9	1.1			0.2	0.3		
	30-49	2.3	2.8			0.9	1.2			0.2	0.3		
	50-64	2.2	2.7			0.8	1.1			0.2	0.3		
	65-74	2.1	2.6			0.8	1.0			0.2	0.2		
	75 이상	2.0	2.4			0.7	0.9			0.2	0.2		
임신부		0.8	1.0			3.0	3.8			0.3	0.4		
수유부		0.8	1.1			3.7	4.7			0.4	0.5		

성별	연령	히스티딘(g/일)				수분(mL/일)					
		평균 필요량	권장 섭취량	충분 섭취량	상한 섭취량	음식	물	음료	충분섭취량		상한 섭취량
									액체	총수분	
영아	0-5(개월)			0.1					700	700	
영아	6-11	0.2	0.3			300			500	800	
유아	1-2(세)	0.2	0.3			300	362	0	700	1,000	
	3-5	0.2	0.3			400	491	0	1,100	1,500	
남자	6-8(세)	0.3	0.4			900	589	0	800	1,700	
	9-11	0.5	0.6			1,100	686	1.2	900	2,000	
	12-14	0.7	0.9			1,300	911	1.9	1,100	2,400	
	15-18	0.9	1.0			1,400	920	6.4	1,200	2,600	
	19-29	0.8	1.0			1,400	981	262	1,200	2,600	
	30-49	0.7	1.0			1,300	957	289	1,200	2,500	
	50-64	0.7	0.9			1,200	940	75	1,000	2,200	
	65-74	0.7	1.0			1,100	904	20	1,000	2,100	
	75 이상	0.7	0.8			1,000	662	12	1,100	2,100	
여자	6-8(세)	0.3	0.4			800	514	0	800	1,600	
	9-11	0.4	0.5			1,000	643	0	900	1,900	
	12-14	0.6	0.7			1,100	610	0	900	2,000	
	15-18	0.6	0.7			1,100	659	7.3	900	2,000	
	19-29	0.6	0.8			1,100	709	126	1,000	2,100	
	30-49	0.6	0.8			1,000	772	124	1,000	2,000	
	50-64	0.6	0.7			900	784	27	1,000	1,900	
	65-74	0.5	0.7			900	624	9	900	1,800	
	75 이상	0.5	0.7			800	552	5	1,000	1,800	
임신부		1.2	1.5							+200	
수유부		1.3	1.7						+500	+700	

▌표 11-6 한국인 영양소 섭취기준 – 지용성 비타민

성별	연령	비타민 A(μg RAE/일)				비타민 D(μg/일)			
		평균 필요량	권장 섭취량	충분 섭취량	상한 섭취량	평균 필요량	권장 섭취량	충분 섭취량	상한 섭취량
영아	0-5(개월)			350	600			5	25
	6-11			450	600			5	25
유아	1-2(세)	190	250		600			5	30
	3-5	230	300		750			5	35
남자	6-8(세)	310	450		1,100			5	40
	9-11	410	600		1,600			5	60
	12-14	530	750		2,300			10	100
	15-18	620	850		2,800			10	100
	19-29	570	800		3,000			10	100
	30-49	560	800		3,000			10	100
	50-64	530	750		3,000			10	100
	65-74	510	700		3,000			15	100
	75 이상	500	700		3,000			15	100
여자	6-8(세)	290	400		1,100			5	40
	9-11	390	550		1,600			5	60
	12-14	480	650		2,300			10	100
	15-18	450	650		2,800			10	100
	19-29	460	650		3,000			10	100
	30-49	450	650		3,000			10	100
	50-64	430	600		3,000			10	100
	65-74	410	600		3,000			15	100
	75 이상	410	600		3,000			15	100
임신부		+50	+70		3,000			+0	100
수유부		+350	+490		3,000			+0	100

성별	연령	비타민 E(mg α -TE/일)				비타민 K(μ g/일)			
		평균 필요량	권장 섭취량	충분 섭취량	상한 섭취량	평균 필요량	권장 섭취량	충분 섭취량	상한 섭취량
영아	0-5(개월)			3				4	
	6-11			4				6	
유아	1-2(세)			5	100			25	
	3-5			6	150			30	
남자	6-8(세)			7	200			40	
	9-11			9	300			55	
	12-14			11	400			70	
	15-18			12	500			80	
	19-29			12	540			75	
	30-49			12	540			75	
	50-64			12	540			75	
	65-74			12	540			75	
	75 이상			12	540			75	
여자	6-8(세)			7	200			40	
	9-11			9	300			55	
	12-14			11	400			65	
	15-18			12	500			65	
	19-29			12	540			65	
	30-49			12	540			65	
	50-64			12	540			65	
	65-74			12	540			65	
	75 이상			12	540			65	
임신부				+0	540			+0	
수유부				+3	540			+0	

표 11-7 한국인 영양소 섭취기준 – 수용성 비타민

성별	연령	비타민 C(mg/일)				티아민(mg/일)			
		평균필요량	권장섭취량	충분섭취량	상한섭취량	평균필요량	권장섭취량	충분섭취량	상한섭취량
영아	0-5(개월)			40				0.2	
	6-11			55				0.3	
유아	1-2(세)	30	40		340	0.4	0.4		
	3-5	35	45		510	0.4	0.5		
남자	6-8(세)	40	50		750	0.5	0.7		
	9-11	55	70		1,100	0.7	0.9		
	12-14	70	90		1,400	0.9	1.1		
	15-18	80	100		1,600	1.1	1.3		
	19-29	75	100		2,000	1.0	1.2		
	30-49	75	100		2,000	1.0	1.2		
	50-64	75	100		2,000	1.0	1.2		
	65-74	75	100		2,000	0.9	1.1		
	75 이상	75	100		2,000	0.9	1.1		
여자	6-8(세)	40	50		750	0.6	0.7		
	9-11	55	70		1,100	0.8	0.9		
	12-14	70	90		1,400	0.9	1.1		
	15-18	80	100		1,600	0.9	1.1		
	19-29	75	100		2,000	0.9	1.1		
	30-49	75	100		2,000	0.9	1.1		
	50-64	75	100		2,000	0.9	1.1		
	65-74	75	100		2,000	0.8	1.0		
	75 이상	75	100		2,000	0.7	0.8		
임신부		+10	+10		2,000	+0.4	+0.4		
수유부		+35	+40		2,000	+0.3	+0.4		

성별	연령	리보플라빈(mg/일)				니아신(mg NE/일)1)			
		평균 필요량	권장 섭취량	충분 섭취량	상한 섭취량	평균 필요량	권장 섭취량	충분 섭취량	상한섭취량
									니코틴산/니코틴아미드
영아	0-5(개월)			0.3				2	
	6-11			0.4				3	
유아	1-2(세)	0.4	0.5			4	6		10/180
	3-5	0.5	0.6			5	7		10/250
남자	6-8(세)	0.7	0.9			7	9		15/350
	9-11	0.9	1.1			9	11		20/500
	12-14	1.2	1.5			11	15		25/700
	15-18	1.4	1.7			13	17		30/800
	19-29	1.3	1.5			12	16		35/1000
	30-49	1.3	1.5			12	16		35/1000
	50-64	1.3	1.5			12	16		35/1000
	65-74	1.2	1.4			11	14		35/1000
	75 이상	1.1	1.3			10	13		35/1000
여자	6-8(세)	0.6	0.8			7	9		15/350
	9-11	0.8	1.0			9	12		20/500
	12-14	1.0	1.2			11	15		25/700
	15-18	1.0	1.2			11	14		30/800
	19-29	1.0	1.2			11	14		35/1000
	30-49	1.0	1.2			11	14		35/1000
	50-64	1.0	1.2			11	14		35/1000
	65-74	0.9	1.1			10	13		35/1000
	75 이상	0.8	1.0			9	12		35/1000
임신부		+0.3	+0.4			+3	+4		35/1000
수유부		+0.4	+0.5			+2	+3		35/1000

1) 1 mg NE(니아신 당량)=1 mg 니아신=60 mg 트립토판

성별	연령	비타민 B6(mg/일)				엽산(μ g DFE/일)1)			
		평균필요량	권장섭취량	충분섭취량	상한섭취량	평균필요량	권장섭취량	충분섭취량	상한섭취량2)
영아	0-5(개월)			0.1				65	
	6-11			0.3				90	
유아	1-2(세)	0.5	0.6		20	120	150		300
	3-5	0.6	0.7		30	150	180		400
남자	6-8(세)	0.7	0.9		45	180	220		500
	9-11	0.9	1.1		60	250	300		600
	12-14	1.3	1.5		80	300	360		800
	15-18	1.3	1.5		95	330	400		900
	19-29	1.3	1.5		100	320	400		1,000
	30-49	1.3	1.5		100	320	400		1,000
	50-64	1.3	1.5		100	320	400		1,000
	65-74	1.3	1.5		100	320	400		1,000
	75 이상	1.3	1.5		100	320	400		1,000
여자	6-8(세)	0.7	0.9		45	180	220		500
	9-11	0.9	1.1		60	250	300		600
	12-14	1.2	1.4		80	300	360		800
	15-18	1.2	1.4		95	330	400		900
	19-29	1.2	1.4		100	320	400		1,000
	30-49	1.2	1.4		100	320	400		1,000
	50-64	1.2	1.4		100	320	400		1,000
	65-74	1.2	1.4		100	320	400		1,000
	75 이상	1.2	1.4		100	320	400		1,000
임신부		+0.7	+0.8		100	+200	+220		1,000
수유부		+0.7	+0.8		100	+130	+150		1,000

성별	연령	비타민 B12(μ g/일)				판토텐산(mg/일)				비오틴(μ g/일)			
		평균 필요량	권장 섭취량	충분 섭취량	상한 섭취량	평균 필요량	권장 섭취량	충분 섭취량	상한 섭취량	평균 필요량	권장 섭취량	충분 섭취량	상한 섭취량
영아	0-5(개월)			0.3				1.7				5	
	6-11			0.5				1.9				7	
유아	1-2(세)	0.8	0.9					2				9	
	3-5	0.9	1.1					2				12	
남자	6-8(세)	1.1	1.3					3				15	
	9-11	1.5	1.7					4				20	
	12-14	1.9	2.3					5				25	
	15-18	2.0	2.4					5				30	
	19-29	2.0	2.4					5				30	
	30-49	2.0	2.4					5				30	
	50-64	2.0	2.4					5				30	
	65-74	2.0	2.4					5				30	
	75 이상	2.0	2.4					5				30	
여자	6-8(세)	1.1	1.3					3				15	
	9-11	1.5	1.7					4				20	
	12-14	1.9	2.3					5				25	
	15-18	2.0	2.4					5				30	
	19-29	2.0	2.4					5				30	
	30-49	2.0	2.4					5				30	
	50-64	2.0	2.4					5				30	
	65-74	2.0	2.4					5				30	
	75 이상	2.0	2.4					5				30	
임신부		+0.2	+0.2					+1.0				+0	
수유부		+0.3	+0.4					+2.0				+5	

1) Dietary Folate Equivalents, 가임기 여성의 경우 400 μg/일의 엽산보충제 섭취를 권장함,

2) 엽산의 상한섭취량은 보충제 또는 강화식품의 형태로 섭취한 μg/일에 해당됨.

표 11-8 한국인 영양소 섭취기준 – 다량무기질

성별	연령	칼슘(mg/일)				인(mg/일)				나트륨(mg/일)			
		평균 필요량	권장 섭취량	충분 섭취량	상한 섭취량	평균 필요량	권장 섭취량	충분 섭취량	상한 섭취량	필요 추정량	권장 섭취량	충분 섭취량	만성질환위험 감소섭취량
영아	0-5(개월)			250	1,000			100				110	
	6-11			300	1,500			300				370	
유아	1-2(세)	400	500		2,500	380	450		3,000			810	1,200
	3-5	500	600		2,500	480	550		3,000			1,000	1,600
남자	6-8(세)	600	700		2,500	500	600		3,000			1,200	1,900
	9-11	650	800		3,000	1,000	1,200		3,500			1,500	2,300
	12-14	800	1,000		3,000	1,000	1,200		3,500			1,500	2,300
	15-18	750	900		3,000	1,000	1,200		3,500			1,500	2,300
	19-29	650	800		2,500	580	700		3,500			1,500	2,300
	30-49	650	800		2,500	580	700		3,500			1,500	2,300
	50-64	600	750		2,000	580	700		3,500			1,500	2,300
	65-74	600	700		2,000	580	700		3,500			1,300	2,100
	75 이상	600	700		2,000	580	700		3,000			1,100	1,700
여자	6-8(세)	600	700		2,500	480	550		3,000			1,200	1,900
	9-11	650	800		3,000	1,000	1,200		3,500			1,500	2,300
	12-14	750	900		3,000	1,000	1,200		3,500			1,500	2,300
	15-18	700	800		3,000	1,000	1,200		3,500			1,500	2,300
	19-29	550	700		2,500	580	700		3,500			1,500	2,300
	30-49	550	700		2,500	580	700		3,500			1,500	2,300
	50-64	600	800		2,000	580	700		3,500			1,500	2,300
	65-74	600	800		2,000	580	700		3,500			1,300	2,100
	75 이상	600	800		2,000	580	700		3,000			1,100	1,700
임신부		+0	+0		2,500	+0	+0		3,000			1,500	2,300
수유부		+0	+0		2,500	+0	+0		3,500			1,500	2,300

성별	연령	염소(mg/일)				칼륨(mg/일)				마그네슘(mg/일)			
		평균 필요량	권장 섭취량	충분 섭취량	상한 섭취량	평균 필요량	권장 섭취량	충분 섭취량	상한 섭취량	평균 필요량	권장 섭취량	충분 섭취량	상한 섭취량1)
영아	0-5(개월)			170				400				25	
	6-11			560				700				55	
유아	1-2(세)			1,200				1,900		60	70		60
	3-5			1,600				2,400		90	110		90
남자	6-8(세)			1,900				2,900		130	150		130
	9-11			2,300				3,400		190	220		190
	12-14			2,300				3,500		260	320		270
	15-18			2,300				3,500		340	410		350
	19-29			2,300				3,500		300	360		350
	30-49			2,300				3,500		310	370		350
	50-64			2,300				3,500		310	370		350
	65-74			2,100				3,500		310	370		350
	75 이상			1,700				3,500		310	370		350
여자	6-8(세)			1,900				2,900		130	150		130
	9-11			2,300				3,400		180	220		190
	12-14			2,300				3,500		240	290		270
	15-18			2,300				3,500		290	340		350
	19-29			2,300				3,500		230	280		350
	30-49			2,300				3,500		240	280		350
	50-64			2,300				3,500		240	280		350
	65-74			2,100				3,500		240	280		350
	75 이상			1,700				3,500		240	280		350
임신부				2,300				+0		+30	+40		350
수유부				2,300				+400		+0	+0		350

1) 식품외 급원의 마그네슘에만 해당

▌표 11-8 한국인 영양소 섭취기준 - 미량무기질

성별	연령	철(mg/일)				아연(mg/일)				구리(μg/일)			
		평균 필요량	권장 섭취량	충분 섭취량	상한 섭취량	평균 필요량	권장 섭취량	충분 섭취량	상한 섭취량	평균 필요량	권장 섭취량	충분 섭취량	상한 섭취량
영아	0-5(개월)			0.3	40			2				240	
	6-11	4	6		40	2	3					330	
유아	1-2(세)	4.5	6		40	2	3		6	220	290		1,700
	3-5	5	7		40	3	4		9	270	350		2,600
남자	6-8(세)	7	9		40	5	5		13	360	470		3,700
	9-11	8	11		40	7	8		19	470	600		5,500
	12-14	11	14		40	7	8		27	600	800		7,500
	15-18	11	14		45	8	10		33	700	900		9,500
	19-29	8	10		45	9	10		35	650	850		10,000
	30-49	8	10		45	8	10		35	650	850		10,000
	50-64	8	10		45	8	10		35	650	850		10,000
	65-74	7	9		45	8	9		35	600	800		10,000
	75 이상	7	9		45	7	9		35	600	800		10,000
여자	6-8(세)	7	9		40	4	5		13	310	400		3,700
	9-11	8	10		40	7	8		19	420	550		5,500
	12-14	12	16		40	6	8		27	500	650		7,500
	15-18	11	14		45	7	9		33	550	700		9,500
	19-29	11	14		45	7	8		35	500	650		10,000
	30-49	11	14		45	7	8		35	500	650		10,000
	50-64	6	8		45	6	8		35	500	650		10,000
	65-74	6	8		45	6	7		35	460	600		10,000
	75 이상	5	7		45	6	7		35	460	600		10,000
임신부		+8	+10		45	+2.0	+2.5		35	+100	+130		10,000
수유부		+0	+0		45	+4.0	+5.0		35	+370	+480		10,000

성별	연령	불소(mg/일)				망간(mg/일)				요오드(μg/일)			
		평균 필요량	권장 섭취량	충분 섭취량	상한 섭취량	평균 필요량	권장 섭취량	충분 섭취량	상한 섭취량	평균 필요량	권장 섭취량	충분 섭취량	상한 섭취량
영아	0-5(개월)			0.01	0.6			0.01				130	250
	6-11			0.4	0.8			0.8				180	250
유아	1-2(세)			0.6	1.2			1.5	2.0	55	80		300
	3-5			0.9	1.8			2.0	3.0	65	90		300
남자	6-8(세)			1.3	2.6			2.5	4.0	75	100		500
	9-11			1.9	10.0			3.0	6.0	85	110		500
	12-14			2.6	10.0			4.0	8.0	90	130		1,900
	15-18			3.2	10.0			4.0	10.0	95	130		2,200
	19-29			3.4	10.0			4.0	11.0	95	150		2,400
	30-49			3.4	10.0			4.0	11.0	95	150		2,400
	50-64			3.2	10.0			4.0	11.0	95	150		2,400
	65-74			3.1	10.0			4.0	11.0	95	150		2,400
	75 이상			3.0	10.0			4.0	11.0	95	150		2,400
여자	6-8(세)			1.3	2.5			2.5	4.0	75	100		500
	9-11			1.8	10.0			3.0	6.0	80	110		500
	12-14			2.4	10.0			3.5	8.0	90	130		1,900
	15-18			2.7	10.0			3.5	10.0	95	130		2,200
	19-29			2.8	10.0			3.5	11.0	95	150		2,400
	30-49			2.7	10.0			3.5	11.0	95	150		2,400
	50-64			2.6	10.0			3.5	11.0	95	150		2,400
	65-74			2.5	10.0			3.5	11.0	95	150		2,400
	75 이상			2.3	10.0			3.5	11.0	95	150		2,400
임신부				+0	10.0			+0	11.0	+65	+90		
수유부				+0	10.0			+0	11.0	+130	+190		

성별	연령	셀레늄(μg/일)				몰리브덴(μg/일)				크롬(μg/일)			
		평균 필요량	권장 섭취량	충분 섭취량	상한 섭취량	평균 필요량	권장 섭취량	충분 섭취량	상한 섭취량	평균 필요량	권장 섭취량	충분 섭취량	상한 섭취량
영아	0-5(개월)			9	40							0.2	
	6-11			12	65							4.0	
유아	1-2(세)	19	23		70	8	10		100			10	
	3-5	22	25		100	10	12		150			10	
남자	6-8(세)	30	35		150	15	18		200			15	
	9-11	40	45		200	15	18		300			20	
	12-14	50	60		300	25	30		450			30	
	15-18	55	65		300	25	30		550			35	
	19-29	50	60		400	25	30		600			30	
	30-49	50	60		400	25	30		600			30	
	50-64	50	60		400	25	30		550			30	
	65-74	50	60		400	23	28		550			25	
	75 이상	50	60		400	23	28		550			25	
여자	6-8(세)	30	35		150	15	18		200			15	
	9-11	40	45		200	15	18		300			20	
	12-14	50	60		300	20	25		400			20	
	15-18	55	65		300	20	25		500			20	
	19-29	50	60		400	20	25		500			20	
	30-49	50	60		400	20	25		500			20	
	50-64	50	60		400	20	25		450			20	
	65-74	50	60		400	18	22		450			20	
	75 이상	50	60		400	18	22		450			20	
임신부		+3	+4		400	+0	+0		500			+5	
수유부		+9	+10		400	+3	+3		500			+20	

부록 2 - 국민 공통 식생활 지침

국민 공통 식생활지침의 필요성

인구 고령화, 만성질환 증가 등 사회경제적 부담 증가

- 총 인구 중 65세 이상 인구 비율(통계청) : 2015년 13.1%, 2040년 32.3% 전망
- 당뇨병(30세 이상) : 2001년 8.6%, 2013년 11.0%(10명중 1명)
- 비만의 사회적 비용(국민건강보험공단) : 연간 약 6.8조원(2013년), 매년 증가

영양불균형 문제 지속

- 에너지 섭취량 증가하는 반면, 신체활동은 감소
- 과일, 채소 섭취 부족한 반면, 음료 · 주류 섭취량 급격한 증가, 당류 섭취 증가
- 나트륨 과잉 섭취, 칼슘 섭취 부족은 지속

식이형태 및 식생활환경 변화

- 아침 결식률 증가 등 불규칙한 식생활 지속
- 외식 및 가공식품 섭취 증가, 도시락 간편식 증가 등 급격한 식생활 환경 변화
- 국내산 식재료의 식량자급률 감소로 식재료 수입에 따른 비용부담 증가
- 안정성 문제, 음식물쓰레기 증가로 인한 처리 비용 증가

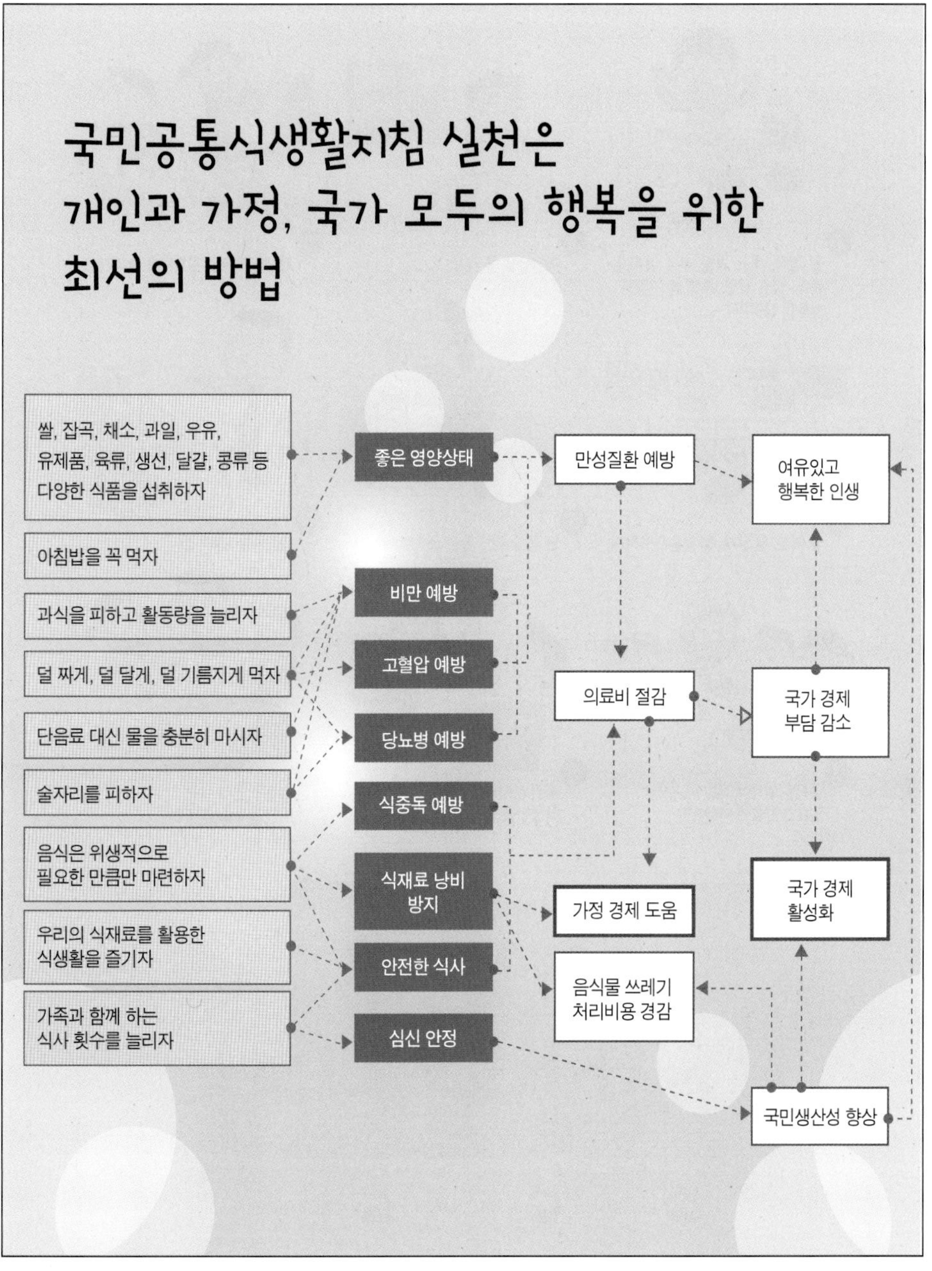
국민공통식생활지침 실천은
개인과 가정, 국가 모두의 행복을 위한
최선의 방법
쌀, 잡곡, 채소, 과일, 우유, 유제품, 육류, 생선, 달걀, 콩류 등 다양한 식품을 섭취하자
아침밥을 꼭 먹자
과식을 피하고 활동량을 늘리자
덜 짜게, 덜 달게, 덜 기름지게 먹자
단음료 대신 물을 충분히 마시자
술자리를 피하자
음식은 위생적으로 필요한 만큼만 마련하자
우리의 식재료를 활용한 식생활을 즐기자
가족과 함께 하는 식사 횟수를 늘리자
좋은 영양상태
비만 예방
고혈압 예방
당뇨병 예방
식중독 예방
식재료 낭비 방지
안전한 식사
심신 안정
만성질환 예방
의료비 절감
가정 경제 도움
음식물 쓰레기 처리비용 경감
여유있고 행복한 인생
국가 경제 부담 감소
국가 경제 활성화
국민생산성 향상

자료 : 보건복지부 〈국민공통 식생활 지침〉, 2016

찾아보기(INDEX)

[참고문헌]

[1장]
1. 민경찬 역, 1980, 『인간영양학』, 전파과학사.
2. 細谷憲政, 1983, 『新·營養學讀本, 日本評論社.
3. 印南敏 外 5人, 1983, 『食物纖維』, 原出版株式會社.
4. Christian et al., 1991, Nutrition for living, The Benjamin/Cummings Publishing Company, Inc.
5. Gayford, C.G., 1986, Energy and Cells, Macmillan, Inc.
6. K.Y.Mehas, S.L.Rodgers, 2002, Food Science, McGraw-Hill.
7. Labuza, T.B., 1977, Food for Thought, The Avi Publishing Company, Inc.
8. Marcy J. Leeds, 1998, Nutrition for Healthy Living, McGraw-Hill.
9. Owen, O.E., 1988, Resting Metabolic Requirment in Man and Woman, Mayo Clinic Proceedings, 63.
10. RDA Subcommittees, 1989, Recommended Dietary Allowances DC, The National Academy Press.
11. 한국인 영양섭취기준, 2005, 한국영양학회
12. 이철호, 류시생; 한국전통식단의 영양가분석, 한국식문화학회지 3(3), (1988)
13. 이철호외; 우리나라 식량안보의 문제점과 개선방향, 한국과학기술한림원연구보고서(2009)
14. <2020 한국인 영양소 섭취기준>, 보건복지부, 한국영양학회, 2020

[2장]
국립의료원 당뇨병 교실, 1996, 『당뇨병 환자를 위하여』 (제12판), 국립의료원.
김동훈, 1985, 『식품화학』, 탐구당.
김을상·이성동·이규한, 2001, 『최신영양학』, 형설출판사.
박원기·김선희, 1991, 『채소류의 식이섬유함량 및 물리적 특성』, 한국영양식량학회.
보건사회부, 1998, 『국민영양보고서』.
이기열·문수재, 1998, 『최신영양학』, 수학사.
이서래, 1984, 『식이성 섬유의 영양적 의의』, 식품과 영양지.
한국영양학회, 2005, 『한국인 영양섭취기준』, 한국영양학회.
官田當弘, 海老原清, 中雁昭, 1987, 『骨切除ラシトの消化管機能ならびに形態に及ぼす食物纖維の影響』, 日本營養食糧學會.山崎文雄, 1985, 食生活指導, 日本營養士會.
Alan, C.T., 1981, Effects of locust bean gum on glucose tolerance, sugar digestion and gastric motility ion rats, J. Nutr.
Anderson J.W., Chen W.J., 1979, Plant Fiber, Carbohydrates and Lipid Metabolism, Am. J. Clinical Nutrition.
Bandaru, S.R., 1979, Effect of dietary wheat bran, alfalfa, pectin and carrageenan of plasma cholesterol and fecal bile acid and neutral sterol excretion in rats. J. Nutr.
Charlotte, N., 1882, Effects of processed rye bran and raw rye bran on glucose metabolism in alio.an diabetic rats. J. Nutr.
David M., Paige, 1988, Clinical Nutrition, The C.V. Mosby Co.,
Eleanor M. whitney. et al., 2001, Nutrition for Health and Health care wadsworth.
Eva D. Wilson, Katherin H. Fisher, 1979, Pilar A. Carcia, Principles of Nutrition, 5E., John Wiley & Sons.
Hipaley, E.H., 1949, Dietar y fiber, Med. J., 1.
Janet L. et al., 1985, Nutrition for Living, The Benjamin/Cummings Publishing Co.,
Kiehm, T.S., 1976, Beneficial effects of a high carbohydrate, high fiber on hyperglycemic diabetic men. Amer. J. Clin. Nutr.
Kimura, T., 1980, Ameliorating effect of dietary fiber on toxicities of chemicals added to a dier in the rat. J. Nutr.
Maria C., Linder, 1984, Nutritional Biochemistry and Metabolism, Elservier.
Sue Rodwell Williams, 1977, Nutrition and diet therapy, The C.V. Mosby Co.,
Takeda, H., 1879, Correlation between the physical properties of dietary fiber and their protective activity against amaranth toxicity in rats. J. Nutr.
Vahouny, G.V., 1988, Dietary fiber and intestinal adaptation, effects on lipid absotion and lymphatic transport in the rat. Amer. J. Clin. Nutr.
Whitney & Hamilton, 1987, Unerstanding Nutrition, 4E., West Publishing Co.,
William L., Scheider, 1983, Nutrition, Mcgraw-Hill Book Co.,
Nelson, D. L., Cox, M. M. 2009. Lehninger Principles of Biochemistry. W. H. Freeman and Company. NY, USA.
Insel, P., Turner, R. E., Ross, D. 2006. Discovering Nutrition. Jones and Bartlett Publishers. USA.
허채옥, 권순형, 김은미, 원선임, 박용순, 박진희, 김상연, 정경아, 김은영, 박유신, 2008. 기초영양학. 수학사
채기수, 박상기, 심창환, 김재근, 김광호, 서정식. 2007. 생명과학을 위한 생화학. 지구문화사
이경애, 김미정, 윤혜현, 송효남. 2004. 식품가공저장학. 교문사

심창환, 권경순, 김영희, 문숙희, 오성천, 국승욱, 김종현. 2003. 최신 식품학. 도서출판 효일
<2020 한국인 영양소 섭취기준>, 보건복지부, 한국영양학회, 2020

[3장]
1. 김숙희 외 공저, 2009, 『영양학』, 신광출판사.
2. 농촌생활연구소, 1996, 『식품성분표』 (제5개정판), 농촌생활연구소.
3. 보건복지부, 1999, 『98 국민영양조사결과 보고서』, 보건복지부.
4. 서정숙·서광희·이승교·최미숙, 2001, 『최신 고급영양학』, 지구문화사.
5. 이기열, 1986, 『기초영양학』, 수학사.
6. 이정윤 외 공저, 1998, 『식사요법』, 광문각.
7. 장유경·이보경·김미라, 1996, 『임상영양관리』, 효일문화사.
8. 최혜미 외 공저, 2000, 『21세기 영양학』, 교문사.
9. 한국영양학회, 2000, 『한국인 영양권장량』 (제7차 개정), 한국영양학회.
10. 中野昭一 外, 1991, 『營養學總論』, 醫齒藥出版 株式會社.
11. 영양학. 김숙희외 공저. 107쪽 표 3-7. 참조. 신광출판사. 2009
12. Brown JE. 1990, The Science of Human Nutrition, Harcourt Brace Jovanovich(HBJ) Publishers.
13. Christian J.N., Greger J.L., 1991, Nutrition for Living, 3rd edition, the Benjamin/Cummings Publishing Company, Inc.,
14. Goodhart R.S., Shils M.E., 1980, Modern Nutrition in Health and Disease, 6th edition, Lea &Febiger.
15. Hamilton EMN, et al., 1985, Nutrition, Concepts and Controversies, 3rd ed., West Publishing Company, St. Paul.
16. Hunt S.M., Groff J.L., 1990, Advanced Nutrition and Human Metabolism, West Publishing Co.,
17. Lands W.E.M., 1996, Fish and Human Health, Academic Press.
18. Lees R.S., Karel M., 1990, Omega-3 Fatty Acids in Health and Disease, Marcel Dekker.
19. Linder M.C., 1985, Nutritional Biochemistry and Metabolism, Elsevier.
20. Marcy J. Leeds, 1998, Nutrition for Healthy Living, WCB McGraw-Hill.
21. Nieman D.C., et al., 1990, Nutrition, revised 1st edtion, Wm. C. Brown Publishing.
22. Wardlaw GM et. al., 1994, Contemporary Nutrition, Issues and Insights, 2nd ed., Mosby-Year-Book, St. Louis.
23. Wardlaw GM, Insel PM. 1996, Perspectives in Nutrition, 3rd ed., Mosby, St.Louis.
24. Williams ER, Caliendo MA., 1984, Nutrition, Principles, Issues, and Applications, McGraw-Hill Company, New York.
25. Williams S.R., 1977, Nutrition and Diet Therapy. 3rd edition, The C.V. Mosby Co.,

[4장]
1. 강신주, 1987, 『영양학』, 형설출판사.
2. 김숙희 외, 1997, 『영양학』, 신광출판사.
3. 이기열·문수재, 1984, 『기초영양학』, 수학사.
4. 이영순·이현옥·이정실, 2001, 『인체고급영양학』, 광문각.
5. 이혜수, 1991, 『고급영양학』, 수학사.
6. 이혜수, 1991, 『기초영양학』, 수학사.
7. 최혜미 외, 1998, 『21세기 영양학』, 교문사.
8. 한국영양학회, 2005, 『한국인 영양섭취기준』, 한국영양학회.
9. Beaton, G.H., A. Chery, 1988, Protein requirements of infants, A reexamination of concepts and approches, Am. J. Clin. Nutr.
10. Bessman, S.P., 1979, The Justification Theory, The Essential Nature of the Non Essential amino acids, Nutrition Reviews.
11. Blackburn, G.H., et al., 1983, Amino acids, Boston, John Wright, PSG.
12. Bogert, J.L., et al., 1979, Bogert's Nutrition and Physical Fitness, 9th ed., W.B. Saunders Co.
13. Broquist, H.P., 1976, Amino Acid Metabolism, Nutrition Reviews.
14. Brown, M.L., 1990, Present knowledge in Nutrition, International Life Science Institute : Nutrition Foundation.
15. Dunn, M.D., 1983, Fundamentals of Nutrition, CBI Publishing Co.
16. Ensminger, A.H., et al., 1994, Food & Nutrition Encyclopedia, 2nd Edition, CRC press.
17. Guthrie, H.A., 1975, Introduction Nutrition, Mosby Co.
18. Howe, P.S., 1981, Basic Nutrition in Health & Disease, 7thed., W.B. Saunders Co.
19. Hunt, S.M., et al., 1980, Nutrition, Principles and Clinical Practice, John Wiley & Sons, Inc.
20. Hunt, S.M., Groff, J.L., 1990, Advanced Nutrition and Human Metabolism, West Publishing Co.
21. Munro, H.N., 1972, Amino acid requirement and metabolism and their relevance to parenteral nutrition. In Parenteral

Nutrition.(Wilkinson, A.W., Ed.), 34, London, Churchill-Livingstone.
22. Pellett, P.L., 1990, Protein requirements in humans, Am. J. Clin. Nutr.
23. Rose, W.C., 1957, The amino acid requirements of adult man, Nutr. Abstr. Rev.
24. Rossouw, J.E., 1989, Kwashiorkor in North America, Am. J. Clin. Nutr.
25. Sherman, H.C., 1920, Protein requirements of maintenance in man, J. Biol. Chem.
26. Shils, M.E., V.R. Young, 1988, Modern Nutrition in Health and Disease, 7th ed., LEA & FEBIGER.
27. Whitney, E.N., E.M.N. Hamilton, 1981, Understanding Nutrition, West Publishing Co.
28. Williams, E.R., M.A. Caliendo, 1984, Nutrition, McGraw-Hill Book Co.
29. Williams, S. R., 1993, Nutrition and Diet Theraphy, Mosby.
30. Young, V.R., et al., 1989, A theoretical basis for increasing current estimates of the amino acid requirements in adult man, with experimental support, Am. J. Clin. Nutr.
31. 「2020 한국인 영양소 섭취기준」, 보건복지부, 한국영양학회, 2020
32. 농촌진흥청 국립농업과학원, 2011
33. 『고급영양학』, 지구문화사, 2011
34. 『고급영양학』, 신광출판사, 2012

[5장]
1. 한국영양학회, 2010, 『한국인 영양섭취기준』, 한국영양학회.
2. Boothby, W.M., et al., 1936, A standard for Basal Metabolism with Nomogram for Clinical Application, Am. J. Physiol.
3. Briggs, G.M., Calloway, D.H., 1979, Bogert's Nutrition and Physical Fitness, Philadelphia W.B. Saunders Co., CBS College Publishing.
4. Cunningham, J.J., 1980, A analysis of the Factors Influencing Basal Metabolic Rate in Normal Adults, Am. J. Clin. Nutr.
5. Dubois, D., DuBois, E.F., 1916, Clinical Calorimetry. A Formula to Estimate the Approximate Surface Area if Height and Weight be Known, Arch. Int. Med.
6. Dubois, E.F., 1936, Basal Metabolism in Health and Disease, 3rd ed., Lea Febiger.
7. Food and Nutrition Board, 1989, Recommended Dietary Allowances, 10th ed., National Research Council, National Academy Press, Washington, D.C.
8. Garrow, J.S., 1978, Energy Balance and Obesity in Man, 2nd ed., Elsevier/ North : Holland Biomedical Press, New York.
9. Hui, Y.H., 1985, Principles & Issues in Nutrition, Wadsworth, Inc.
10. Merrill, A.L., Watt, B.K., 1955, Energy value of foods, Basis and Derivation, Agricultural Handbook, No, 74, Human Nutrition Research Branch, Agricultural Research Service, U.S. Department of Agriculture, U.S. Government Printing Office, Washington, D.C.
11. Miller, D.S., 1982, Factors affecting energy expenditure, Proc. Nutr. Soc.
12. Sadurkis, A., et al., 1988, Energy metabolism, body composition, and milk production in healthy Swedish women during lactation, Am. J. Clin. Nutr.
13. Scheider, W.L., 1983, Nutrition : Basic Concepts and Application, McGraw-Hill Book Company, New York.
14. Vander, A.J., et al., 1985, Human Phsiology : The Mechanism of Body Function, 5th ed., McGraw-Hill Book Company.
15. Williams, E.R., Caliendo, M.A., 1984, Nutrition : Principles, Issues, and Application, McGraw-Hill Book Company.
16. Wilson, E.D., et al., 1979, Principles of Nutrition, 4th ed., John Wiley Sons.

[6장]
임현숙·홍윤호, 1984, 『인체 영양학』, 전남대학교 출판부.
한국영양학회, 2005, 『한국인 영양섭취기준』, 한국영양학회.
한인규 외 9인, 1985, 『비타민 광물질 영양학』, 향문사.
구재옥, 임현숙, 정영진, 윤진숙, 이애랑, 이종현. 이해하기 쉬운 영양학. 파워북, 2008
김숙희, 유춘희, 김선희, 이상선, 정진은, 강명희, 김양하, 김우경, 김주현. 영양학, 신광출판사, 2009
이영남, 민경찬, 김현오, 김관우, 이애랑, 황금희, 이정실, 김애정, 김미옥, 박명수. 기초영양학, 광문각, 2006
이정실, 이영옥, 유혜경, 박문옥, 김은미, 강어진. 조리영양학, 백산출판사, 2010
장유경, 박혜련, 변기원, 이보경, 권종숙. 기초영양학, 교문사, 2006
한국영양학회. 한국인영양섭취기준 개정판, 도서출판 한아름기획, 2010
허채옥, 권순형, 김은미, 원선임, 박용순, 박지희, 김상연, 정경아, 김은영, 박유신. 기초영양학, 수학사, 2008
Ammerman, C.B. S.M. Milles, 1972, Biological availability of minor mineralions: A review, J. Anim. Sci.
Choice, C.F., et al., 1973, Nutritional interelation Ships of dietary calcium, phosphorous and magnesium in sheep, J. Anim. Sci.

Present Knowledge in Nutrition, 1984, Nutrition Reviews, 5th. ed., The Nutrition foundation Inc. Washington D.C.
Robert, S., et al., 1980, Modern Nutrition in Health and Disease, 6th, ed. Lea & Febiger.
Roland, D.A., et al., 1977, Hypercolcemic effect of potassiam iodide on calcium in domestic fowl, Poult. Sci.
Scott, M.L., et al., 1962, Studies on the requirement of young poults for available phoshorous, J. Nutr.
Williams, S.R., 1977, Nutrition and diet therapy, 3rd ed., the C.V. Mosby Company, Saint Louis.
Wise, M.B., et al., 1963, Influence of variation S in dietary calcium: phosphorous ratio on perfermance and blood constituents of calves, J. Nutr.
Ellies Whitmey, and Sharon RR. Understanding nutrition. 11th ed. Tomson Wadsworth. 2007
www.google.co.kr/images
karen ED and Lisa MB. Nutrition for foodservice and culinary professionals. 6th ed. Wiley. 2005
Wardlaw GM. Perspectives in Nutrition. 6th ed. Mcgraw-hill. 2007
한국해부생리학 교수협의회. 사람해부학, 현문사, 2009.
www.DAUM CAFE. NET

[7장]
구재옥, 임현숙, 정영진, 윤진숙, 이애랑, 이종현. 이해하기 쉬운 영양학. 파워북, 2008
김숙희, 유춘희, 김선희, 이상선, 정진은, 강명희, 김양하, 김우경, 김주현. 영양학, 신광출판사, 2009
이영남, 민경찬, 김현오, 김관우, 이애랑, 황금희, 이정실, 김애정, 김미옥, 박명수. 기초영양학, 광문각, 2006
이정실, 이영남, 김을상. 모유영양아의 아연과 구리섭취량에 관한 연구, 한국영양학회지 33(8):857~863, 2000
이정실, 이영옥, 유혜경, 박문옥, 김은미, 강어진. 조리영양학, 백산출판사, 2010
장유경, 박혜련, 변기원, 이보경, 권종숙. 기초영양학, 교문사, 2006
최혜미 외 16인. 21세 영양학(Nutrition 3rd Edition). 교문사. 2006
한국영양학회. 한국인영양섭취기준 개정판, 도서출판 한아름기획, 2010
허채옥, 권순형, 김은미, 원선임, 박용순, 박지희, 김상연, 정경아, 김은영, 박유신. 기초영양학, 수학사, 2008
Ellies Whitmey, and Sharon RR. Understanding nutrition. 11th ed. Tomson Wadsworth. 2007
www.google.co.kr/images
karen ED and Lisa MB. Nutrition for foodservice and culinary professionals. 6th ed. Wiley. 2005
Wardlaw GM. Perspectives in Nutrition. 6th ed. Mcgraw-hill. 2007
「2020 한국인 영양소 섭취기준」, 보건복지부, 한국영양학회, 2015

[8장]
1. 사)한국영양학회, 한국인 영양섭취기준 개정판, 2010
2. 서정숙, 서광희, 이승교, 정현숙, 2008, 영양학, 지구문화사
3. 문수재, 김혜경, 이경혜, 이명희, 이영미, 이경자, 안경미, 이민준, 김정연, 김정현. 2008, 『알기쉬운 영양학』, 수학사
4. 이상선, 정진은, 강명희, 신동순, 정혜경, 장문정, 김양하, 김혜영, 김우경, 2008, 『영양과학』, 지구문화사
5. 이기열·문수재, 1989, 『기초 영양학』, 수학사.
6. 이양자, 2001, 『고급 영양학』, 신광출판사.
7. 채범식, 1988, 『사람의 영양학』, 아카데미서적.
8. 채범식·유정열·한인규, 1975, 『영양화학』, 집현사.
9. 한국영양학회, 2005, 『한국인 영양섭취기준』
10. American Academiy of Pediatrics, 1975, Committee on Nutrition. Hazards of overuse of vitamin D. Am. J. Clin. Nutrition.
11. American Medical Association, 1968, Council on Foods and Nutrition, Improvement of nutritive quality of foods. J. Am. Med. Assoc.
12. Ames, S.R., 1969, Factors affecting absorption, transport and storage of vitamin A. Am. J. Clin. Nutrition.
13. Ames, S.R., 1972, Tocopherols. Occurrence in foods. In The Vitamins, 2nd ed., vol. 5, edited by W.H. Sebrell, Jr., and R.S. Harris. New York: Academic Press.
14. Avioli, L.V., et al., 1967, Metabolism of vitamin D3-3H in human subjects: Distribution in blood, bile, feces, and urine. J. Clin. Inverst.
15. Bauernfeind, et al., 1974, Vitamins A and E nutrition via intramuscular or oral route. Am. J. Clin. Nutrition.
16. Bieri, J.G., 1976, Vitamin E. In Present Knowledge in Nutrition, 4th ed., edited by D.M. Hegsted, Chm., and Editorial Com. Washington, D.C.: The Nutrition, Inc.
17. Bieri, J.G., et al., 1964, Serum vitamin E levels in a normal adult population in the Washington, D.C., area. Proc. Soc. Exptl. Biol & Med.

18. Bieri, J.G., R.P., 1973, Events, Tocopherols and fatty acids in American diets. J. Am. Dietet. Assoc.
19. Binder, H.J., H.M. Spiro, 1967, Tocopherol deficiency in man. Am. J. Clin. Nutrition.
20. Bunnell, R.H., et al., 1965, Alpha-tocopherol content of foods. Am. J. Clin. Nutrition.
21. Chen, T.G., et al., 1974, Role of vitamin D Metabolites in phosphate transport of rat intestine. J. Nutrition.
22. Chow, C.K., 1975, Distribution of tocopherols in human plasma and red blood cells. Am. J. Clin. Nutrition.
23. Dam, H., 1966, Historial survey and introdution. In Vitamins and Hormones, vol. 24. New York: Academic Press.
24. Darby, W.J., 1974, The unicorn and other lessons from history, Nutrition Reviews/Supplement.
25. DeLuca, H.F. 1976, Metabolism of vitamin D: Current status. Am. J. Clin. Nutrition.
26. DeLuca, H.F., 1967, Mechanism of action and metabolic fate of vitamin D. In Vitamins and Hormones, vol. 25, edited by R.S. Harris et al. New York: Academic Press.
27. Deuel, H.J., Jr., S.M. Greeberg, 1953, A comparion of the retention of vitamin A in margarines and in butters based upon bioassays. Food Res.
28. DHEW Publ, 1973, New regulations on vitamins A and D. No. (FDA) 74-2015. FDA Consumer.
29. Di Benedetto, R.J., 1967, Chronic hypervitamin A in an adult. J. Am. Med. Assoc.
30. Ember, M., L. Mindszenty, 1967, Response of vitamin A serum levels to supplementary vitamin A. In Proceedings of the Seventh International Congress of Nutrition, Hamburg, 1966, London, England: Pergamon Press.
31. Evans, H.M., K.S. Bishop, 1922, On the existence of a hitherto unrecognized dietary factor essential for reprodution. Science.
32. Farrell, P.M., J.B. Bieri, 1975, Megavitamin E supplementation in man, American Journal of Clinical Nutrition.
33. Furman, K.I., 1973, Acute hypervitaminosis A in an adult. Am. J. Clin. Nutrition.
34. Garabedoan, M., et al., 1974, Response of intestinal calcium transport and bone calcium mobilization to 1,25-dihydroxyvitamin D3 in thyroparathyroidectomized rats. Endocrinology.
35. Glover, J., 1970, Biosynthesis of the fat-soluble vitamins. In Fat-Soluble Vitamins, edited by R.A. Morton, New York: Pergamon Press.
36. Goodman, D.S., 1969, Retinol transport in human plasma, Am. J. Clin. Nutrition.
37. Green, J., 1972, Tocopherols IX. Biochenical systems. In The Vitamins, 2nd ed., vol. 5. edited by W.H. Sebrell, Jr., and R.S. Harris. New York: Academic Press.
38. Hoekstra, W.G., 1975, Biochemical function of selenium and its relation to vitamin E. Fed. Proceedings.
39. Holick, M.F., et al., 1971, Isolation and identification of 1,25-dihydroxycholecalciferol. A metabolite of vitamin D active in intestine. Biochemistry.
40. Jeam Twombly Snook, Nutrition Aquide to Decision-Marking, Prentice-Hall, Inc., Englewood Cliffs, New Jevsey 07632.
41. Joint FAO/WHO Expert Committee on Nutrition. Seventh Report FAO Nutrition Meetings Rept. Series 42. Rome: Food and Agr. Organ
42. Kelleher, J., M.S. Losowsky, 1970, The absorption of α -tocopherol in man. Brit. J. Nutrition.
43. Kummerow, F.A., et al., 1976, Additive risk factors in atherosclerosis, American Journal of Clinical Nutrition.
44. Lawson, D.E.M., 1971, Vitamin D: New findings on its metabolism and its role in calcium nutrition. Proc. Nutrition Soc. (Cambridge).
45. March, B.E., et al., 1973, Hypervitaminosis in the chick, Journal of Nutrition.
46. Marston, R., B. Friend, 1978, Nutient content of national food supply, National Food Situation. NFR 1.
47. McCollum, E.V., 1957, A History of Nutrition, Boston: Houghton Mifflin.
48. McCollum, E.V., et al., 1922, Studies on experimental rickets. XII. Is there a substance other than fat- soluble A associated with certain fats which play an important role in bone development? J. Biol. Chem.
49. McCollum, E.V., M. Davis, 1913, The mecessity of certain lipids in the diet during growth. j. Biol. Chem.
50. Moore, T., 1967, Pharmacology and toxicology of viamin A. In The Vitamins, 2nd ed., vol. 1, edited by W.H. Sebrell, Jr., and R.S. Harris, New York: Academic Press.
51. Nomenclature policy, 1977, Generic descriptors and trivial manes for vitamins and related conpounds, J.Nutrition.
52. Olson, R.E., 1973, Vitamin K. In Modern Nutrition in Health and Disease, 5th ed., edited by R.S. Goodhart and M.E. Shils. Philadephia: Lea and Febiger.
53. Oomen, H.A.P.C., 1976, Vitamin A deficiency, xerophthalmia and blindness. In Present Knowledg in Nutrition, 4th ed., edited by D.M. Hegsted, Chm., and Editorial Con. Washington, D.C.: The Nutrition Foundation, Inc.
54. Osborne, T.B., L.B. Mendel, 1913, The relation of growth to the chemical constituents of the diet. J. Biol. Chem.
55. Roels, O.A., 1967, Biochemical systems. In The Vitamins, 2nd ed., vol. 1, edited by W.H. Sebrell, Jr., and R.S. Harris. New York: Academic Press.
56. Roels, O.A., N.S.T. Lui, 1973, Vitamin A and carotene, in Modern Nutrition in Health and Disease, 5th ed., R.S. Goodhart

and M.E. Shils, eds. (philadelphia: Lea & Febiger,).
57. Schaefer, A.E., 1969, Statement before the United States Senate Select Committee on Nutrition and Related Human Needs. January 22, Washington, D.C.: U.S. Govt. Printing Office.
58. Steenbock, H., 1919, White corn versus yellow corn and a probable relation between the fat soluble vitamin and yellow plant pigments. Science.
59. Sure, B., 1924, Dietary requirements for reprodution. II. The existence of a specific vitamin for reprodution. J. Biol. Chem.
60. Suttie, J.W., 1976, Vitamin K. In Present Knowledge in Nutrition, 4th ed., edited by D.M. Hegsted, Chm., and Editorial Com. Washinton, D.C.: The Nutrition Foundation, Inc.
61. Williams, S.R., 1973, Review of Nutrition and diet therapy, The C.V. Mosby company.
62. Yaffe, S.J., L.J. Filer, Jr,. 1974, The use and abuse of vitamin A. Nutrition Rev.
63. Yang, N.Y.J., I.D. Desai, 1977, Effect of high levels of dietary vitamin E on liver and plasma lipids and fat-soluble vitamin in rats, Journal of Nutrition.

[9장]
1. 최혜미, 21세기 영양학회 원리, 제3판, 2011
2. 구재옥 · 정영진 · 이애랑 · 허채옥 · 김은미, 『이해하기 쉬운 영양학』, 파워북. 2011
3. 박용순 · 김상연 · 김은영, 『기초영양학』, 수학사, 2010
4. (사)한국영양학회, 2010, 「한국인 영양섭취기준」
5. Paul Insel. Elaine Turner on Ross, Discovering Nutrition 2nd., ADA, 2010
6. Frances Sizer leanor Whitney, Nutrition concepts and controversies, 9Ed., THOMSON ADSWORTH. 2003
7. Cowan, J.M., D.W. Wara, S. Packaman, A.J. Ammann, M. Yoshino, L. Sweetman and W. Nyhan, 1979, Multiple Biotin Dependent Carboxylase Deficiencies Associated with Detects in T Cell and B Cell Immunity, Lancet.
8. Dreyfus, P.M., 1973, Thoughts on the Pathophysiology of Wernick's Disease, Ann. N.Y.Acad. Sci.
9. Elo, H.A., S. Raisanen, and P.J. Tuohimaa, 1980, Induction of an Antimicrobial Biotin Binding Egg White Protein (Avidin) in Chick Tissues in Septic Escherichia coli Intection, Experientia.
10. Food and Nutrition Board, National Research Council, 1989, Recommended Dietary Allowances, 10th edition, National Academy Press: Washington, D.C.
11. Henderson, G.B., et al., 1979, Mechanism of Folate Transport in Lactobacillus cesei : Evidence for a Component Shared with the Thiamine and Biotin Transport Systems, J. Bacteriol.
12. Herbert, V., and N. Colman, 1988, Folic acid and vitamin B12, In Modern nutrition in health and disease, eds., M.E. Shils and V.R. Young. Philadelphia : Lea & Febiger.
13. Hornig, D.H., U. Moser, and B.E. Glatthaar, Ascorbic acid. 1988, In Modern nutrition in health and disease, eds. M.E. Shils and V.R. Young, Philadelphia : Lea & Febigter.
14. Horwitt, M.K., A.E. Ifaper, and L.M. henderson, 1981, Niacin-triptophan relationships for evaluation niacin equivalents, Am. J. Clin., Nutr.
15. Hurt, S.M., and J.L. Groft, 1990, Advancd Nutirtion and human metabolism, West Publishing Company.
16. Jerance, D., and M. Stanulovic, 1980, in Vitamin B6 Metabolism and Role in Growth, G.P. Tryfiates, Editor. Food and Nutrition Press, Westport, CT.
17. Kanazawa, S., and V. Herbert, 1983, Mechanism of Enterohepatic Circulation of Vitamin B12, Movement of Vitamin B12 from Bile R Binder to Intrinsic Factor Due to the Action of Pancreatic Trypsin. Clin. Res.
18. Leklem, J.E., 1988, Vitamin B6 bioavailability and its application to human nutrition, Food Technology.
19. Levin, C.I., and C.J. Bates, 1975, Ascorbic Acid and Collagen Syntheses in Cultured Fibroblasts, Ann. N.Y. Acad. Sci.
20. Levy, G., and W.J. Jusko, 1966, Factors Affecting the Absorption of Riboflavin in Man, J. Pharm. Sci.
21. Linder, M.C., 1990, Nutritional Biochemistry and Metabolism.
22. Liu, F.R., and N.J. Leonard, 1979, Avidin Biotin Interaction, Synthesis, Oxidation and Spectroscopic Properties of Linked Models. J. Am. Chem.Soc.
23. Lohmann, K., and Ph. Schuster, 1937, Untersuchungen Uber die Cocarboxylase. Biochem. Z.
24. Lumeng, L., and T.K. Li, 1980, Vitamin B6 Metabolism and Role in Growth. G.P. Tryfiates, Editor. Food and Nutrition Press, Westport, CT.
25. McCormick, D.B., (4 chapters) 1988, Thiamin. Riboflavin. Niacin. Biotin. In Modern nutrition in health and disease, eds. M.E. Shils and V.R. Young. Philadephia : Lea & Febiger.
26. McCormick, D.B., and A.H. Merrill, Vitamin B6 Metabolism and Role in Growth, G.P. Tryfiates, Editor. Food and

Nutrition Press, Westport, CT.
27. Merrill, A.H., Jr. G. Shapira, and D.B. McCormick, 1982, in Flavins and Flavoproteins. Seventh International Symposium. V. Massey and C.H. Williams, Jr., Editors. Elsevier North Holland, New York.
28. Myllyla, R.a., E.R. Kuiff-Savolainen, and K. Kivirikko, 1978, The Role of Ascorbate in the Protyl Hydroxylase Reaction, Biochem. Biophys. Res. Commun.
29. Nutrition Reviews, 1984, Present Knowledge in Nutrition, 5th edition, The Nutrition Foundation, Inc.: Washington, D.C.
30. Olson, R.E., 1984, Present Knowledge in Nutrition, 5th ed., The Nutrition Foundation, Inc.
31. Rindi G., and U. Ventura, 1972, Thiamine Intestinal Transport, Physiol. Rev.
32. Scott, J.M., and D.G. Weir, 1976, Folate Composition, Synthesis and Function in Natural Materials. Clin. Haematol.
33. Sebrell, W.H., Jr., and R.S. Harris, Editors, 1972, The Vitamins. Chemistry, Physiology, Parthology, Methods, Academic Press, New York.
34. Shin, Y.S., E.S. Kim, J.E. Watson, and E.L.R. Stokstad, 1975, Studies on Folic Acid Compounds in Nature. IV. Folic Acid Compounds in Soybeans and Cow's Milk. Can J. Biochem.
35. Tamura, T., and E.L.R. Stokstad, 1973, The Availability of Food Folate in Man. Br. J. Haematol.
36. Tryfiates, G.B., Editor, 1980, Vitamin B6 Metabolism and Role in Growth, Nutrition Press, Westport, CT.
37. Williams, E.R., and M.A., 1984, Caliendo, Nutrition, McGraw-Hill Book Co.
38. Williams, S.R., 2000, Nutrition and Diet Therapy, Times Mirror/Mosby Collge Publishing.
39. Wilson, C.W.M., Colds, 1975, Ascorbic Acid Metabolism and Vitamin C, J. Clin. Pharmacol.

[10장]
1. 서정숙·서광희·이승교·최미숙, 1996, 『최신고급영양학』, 지구문화사.
2. 이기열·문수열, 1990, 『기초영양학』, 수학사.
3. 이양자, 2001, 『고급영양학』, 신광출판사
4. 이혜수, 1986, 『증정 영양학』, 교문사.
5. 이혜수, 천종희, 1990, 『고급 영양학』, 교문사.
6. 홍종만, 1988, 『최신 영양학개론』, 일신사.
7. 강신주 , 1975, 最新營養學과 食品學, 형설출판사.
8. 見主柱三 編, 1985, 『最新 營養學』 (上卷), 同文書院.
9. Abbott laboratories, 1960, Fluid electolytes.
10. Burke, S.R., 1980, The Composition and Function of Body Fluids, 3rd ed., St.Louis, C.V. Mosby Company.
11. Carroll, H.J., Oh, M.S., Water, 1978, Electrolytes and Acid-Base Metabolism, Philadephia, J.B. Lippincott.
12. Gamble, J.L., 1954, chemical Anatomy, Physiology of E.tracellular Fluid, 6th ed., Cambridge, Harvard University Press.
13. Goodhart, R.S., Shils, M.E., eds., 1980, Modern Nutrition in Health and Disease, 6th ed., Philadelphia, Lea & Febiger, Chapter 8, water, electrolytes and acid-base balance.
14. Grier, M.E., 1981, Physiology and Pathophysiology of Body Fluids, st. Louis, C.V., Mosby Company.
15. Guyton, A.C., 1981, Te.tbook of Medical Physiology, 6th ed., Philadelphia, W.b.. Saunders Company.
16. Lyckmann, J., Sorensen, K.C., 1980, Medical-Surgical Nursing. 2nd ed., Philadelphia, W.B. Saunders Company, Chapter 12, Fluid and electrolyte imbalances.
17. Moses. C., ED., 1980, Sodium in Medixine and Health, Baltimore, Reese Press, Inc.
18. Simopoulos, A.P., Bartter, F.C., 1980, The metabolic consequences of chloride deficiency, Nutr, Rev.
19. Stoot, V., Lee, C., F.a. Davis, Scdhper, C.A., 1977, Fluids and Electrolytes: A Practical Approach, Philadelphia.
20. Vanatta, J.C., Fogelman, M.J., 1982, Mayer's Fluid Balance-A Clinical Manual, 3rd ed., Chicago, Year Book Medical Publishers, Inc.
21. Washington, D.C., 1980, Food and Nutrition Board, National Research Council, Recommended Dietary Allowances 9th ed, National Academy of Science.

[저자 소개]

• 최향숙 교수 - 경인여자대학교 식품영양과
• 정지영 교수 - 창원문성대학 식품영양과
• 김서현 교수 - 장안대학교 식품영양학과
• 김영숙 교수 - 안산대학교 식품영양학과
• 이상준 교수 - 연성대학교 호텔외식조리과
• 배인영 교수 - 극동대학교 식품영양학과

기초영양학

2022년 3월 2일 1판 1쇄 인 쇄
2022년 3월 10일 1판 1쇄 발 행

지 은 이 : 최향숙 · 정지영 · 김서현
김영숙 · 이상준 · 배인영
펴 낸 이 : 박 정 태

펴 낸 곳 : **광 문 각**

10881
경기도 파주시 파주출판문화도시 광인사길 161
광문각 B/D 4층
등 록 : 1991. 5. 31 제12-484호
전 화(代) : 031) 955-8787
팩 스 : 031) 955-3730
E - mail : kwangmk7@hanmail.net
홈페이지 : www.kwangmoonkag.co.kr

ISBN : 978-89-7093-745-8 93590

값 : 26,000원

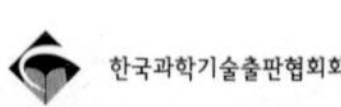